信息技术人才培养系列规划教材

慕课版

Python 程序设计案例教程

尤新华 闫攀 刘亚杰 ◎ 主编　施一飞 刘世军 仲宝才 ◎ 副主编

明日科技 ◎ 策划

人民邮电出版社

北京

图书在版编目（CIP）数据

Python程序设计案例教程 ：慕课版 / 尤新华，闫攀，刘亚杰主编. -- 北京 ：人民邮电出版社，2023.1（2023.8重印）
信息技术人才培养系列规划教材
ISBN 978-7-115-59749-6

Ⅰ. ①P… Ⅱ. ①尤… ②闫… ③刘… Ⅲ. ①软件工具－程序设计－教材 Ⅳ. ①TP311.561

中国版本图书馆CIP数据核字(2022)第125676号

内 容 提 要

本书是 Python 入门图书，适合初学者使用。全书共 9 章，通过 64 个有趣的案例介绍 Python 基础知识，主要内容包括搭建 Python 开发环境、Python 基础、字符串与列表、字典、if 语句、循环语句、循环嵌套语句、文件与系统、函数。

本书为慕课版教材，在人邮学院（www.rymooc.com）平台上提供了本书的配套慕课，同时编者还为本书各章节的主要内容配备了以二维码为载体的微课。此外，本书还提供课程资源包，资源包中有本书所有实例的源代码、制作精良的电子课件等内容。资源包可在人邮教育社区（www.ryjiaoyu.com）下载，其中的源代码已全部经过测试，能够在 Windows 7、Windows 8、Windows 10 操作系统下编译和运行。

本书可作为高等教育本专科院校 Python 程序设计相关课程的教材，也可作为编程爱好者的参考书，还可供相关领域的培训机构使用。

◆ 主　　编　尤新华　闫　攀　刘亚杰
副 主 编　施一飞　刘世军　仲宝才
责任编辑　王　宣
责任印制　王　郁　陈　犇

◆ 人民邮电出版社出版发行　　北京市丰台区成寿寺路 11 号
邮编　100164　　电子邮件　315@ptpress.com.cn
网址　https://www.ptpress.com.cn
北京隆昌伟业印刷有限公司印刷

◆ 开本：787×1092　1/16
印张：16　　2023 年 1 月第 1 版
字数：434 千字　　2023 年 8 月北京第 3 次印刷

定价：69.80 元

读者服务热线：(010)81055256　印装质量热线：(010)81055316
反盗版热线：(010)81055315
广告经营许可证：京东市监广登字 20170147 号

前言
Preface

党的二十大报告中提到："科技是第一生产力、人才是第一资源、创新是第一动力。"

为了培养 Python 开发技术人才，人民邮电出版社充分发挥在线教育方面的技术优势、内容优势和人才优势，经过潜心研究，为读者提供通过"纸质图书+在线课程"全方位学习 Python 开发技术的解决方案。读者可以根据个人需求，利用图书和人邮学院平台上的在线课程进行系统化、移动化的学习，以便快速、全面地掌握 Python 开发技术。

一、慕课版课程的学习

本课程依托于人民邮电出版社自主开发的在线教育慕课平台——人邮学院（www.rymooc.com）。该平台为读者提供优质的课程，课程结构严谨；读者可以根据自身情况，自主安排学习进度。该平台具有完备的在线"学习、笔记、讨论、测验"功能，可为读者提供完善的一站式学习服务。

为了使读者更好地完成慕课版课程的学习，人民邮电出版社录制了"人邮学院网站功能介绍（指导视频）"，视频中介绍了登录人邮学院观看慕课的具体操作步骤，读者可以扫码观看。

关于使用人邮学院平台的任何疑问，读者可登录人邮学院咨询在线客服，或致电：010-81055236。

二、本书特点

Python 是由荷兰人吉多·范罗苏姆（Guido van Rossum）发明的一种面向对象的解释型高级编程语言。因为可以把用其他语言（如 C 语言、C++等）制作的各种模块轻松地联结在一起，所以 Python 又被称为"胶水"语言。Python 语法简洁、清晰，代码可读性强，编程模式符合人类的思维方式和习惯。目前，大多数高校的计算机专业和 IT 培训学校都将 Python 作为教学内容之一，这对培养学生的计算机应用能力具有非常重要的意义。

在当前的教育体系下，案例教学是计算机语言教学的有效方法之一。编者将 Python 的知识点和案例结合起来，跟随 Python 的发展趋势，面向人才市场需求，精选内容，突出重点，强调实用性，使本书知识讲解全面、系统。本书大多数章节还提供了"完善程序"和"阅读程序写结果"模块，方便读者及时检验自己的学习效果（包括动手实践能力和对理论知识的掌握程度）。

本书作为教材使用时，建议课堂教学 32 学时，实验教学 16 学时。各章主要内容和学时分配如表 1 所示，教师可以根据实际教学情况灵活调整学时。

表 1　学时建议表

章序	章名	建议课堂学时	建议实验学时
第 1 章	搭建 Python 开发环境	2	1
第 2 章	Python 基础	4	2
第 3 章	字符串与列表	4	2
第 4 章	字典	3	2
第 5 章	if 语句	4	2
第 6 章	循环语句	5	2
第 7 章	循环嵌套语句	3	1
第 8 章	文件与系统	4	2
第 9 章	函数	3	2
合计		32	16

党的二十大报告中提到："坚持以人民为中心发展教育，加快建设高质量教育体系，发展素质教育，促进教育公平。"为了立体化服务院校教学，编者为本书精心打造了 PPT、源代码、慕课视频、习题答案等教辅资源。院校教师可以通过人邮教育社区（www.ryjiaoyu.com）进行下载。

鉴于编者水平有限，书中难免存在不足之处，敬请读者朋友批评指正。

编　者

2023 年 6 月

目录
Contents

PART 01

第1章 搭建Python开发环境

本章要点

- 搭建Python开发环境
- 在IDLE中编写并运行第一个Python 程序

■ Python是一种跨平台的、开源的、免费的、解释型的高级编程语言。近几年其发展势头迅猛，在2020年3月的TIOBE编程语言排行榜中已经升至第三名，在IEEE Spectrum发布的2019年度编程语言排行榜中位居榜首。另外，Python的应用领域非常广泛，Web编程、图形处理、黑客编程、大数据处理、网络爬虫和科学计算等都可以使用Python实现。

1.1 了解 Python

了解 Python

Python，本义为“蟒蛇”。1989 年，荷兰人吉多・范罗苏姆（Guido van Rossum）发明了一种面向对象的解释型高级编程语言，并将其命名为 Python，其标志如图 1.1 所示。Python 的设计理念为“优雅、明确、简单”，实际上，Python 始终贯彻着这一理念，以至于现在网络上流传着“人生苦短，我用 Python”的说法，可见 Python 有着代码简单、开发速度快和容易学习等特点。

图 1.1　Python 的标志

Python 是一种扩充性极强的编程语言。它具有丰富且强大的库，能够把使用其他语言（尤其是 C 语言、C++）制作的各种模块轻松地联结在一起，所以 Python 又被称为“胶水”语言。

1. Python 的版本

自发布以来，Python 主要有 3 个版本：1994 年发布的 Python 1.0 版本（已过时）、2000 年发布的 Python 2.0 版本（截至 2020 年 10 月已经更新到 2.7.18）和 2008 年发布的 Python 3.0 版本（截至 2022 年 5 月已经更新到 3.11 测试版）。

2. Python 的应用领域

Python 作为一种功能强大的编程语言，因其简单易学而受到很多开发者的青睐。那么 Python 的应用领域有哪些呢？概括起来主要有以下几个。

☑ 应用程序开发：Python 拥有脚本编写、软件开发等“标配”功能。

☑ AI（Artificial Intelligence，人工智能）：Python 在机器学习、神经网络、深度学习等方面得到广泛的支持和应用。

☑ 数据分析：Python 是大数据行业的基石。

☑ 自动化运维开发：Python 是运维工程师首选的编程语言之一。

☑ 云计算：Python 在此领域拥有成功案例 OpenStack。

☑ 网络爬虫：Python 是大数据行业获取数据的核心工具。

☑ Web 开发：Python 拥有完善的框架支持，开发速度快。

☑ 游戏开发：Python 简单、高效、代码少。

1.2 搭建 Python 开发环境

搭建 Python 开发环境

“工欲善其事，必先利其器”，在正式学习 Python 开发技术前，需要先搭建好 Python 开发环境。Python 是跨平台的开发工具，可以在多个操作系统上进行编程，编写好的程序也可以在不同系统上运行。进行 Python 开发常用的操作系统及说明如表 1.1 所示。

表 1.1　进行 Python 开发常用的操作系统及说明

操作系统	说　明
Windows	Windows 7 及以上版本均可使用（推荐使用 Windows 10） 注意，Python 3.5 及以上版本不能在 Windows XP 操作系统上使用
Mac OS	从 Mac OS X 10.3 Panther 版本开始支持 Python
Linux	推荐 Ubuntu 版本

在个人开发学习阶段推荐使用 Windows 操作系统，本书将基于 Windows 操作系统进行介绍。

1.2.1 下载并安装 Python

由于 Python 是解释型编程语言，所以要进行 Python 开发，需要先安装 Python 解释器，这样才能运行编写的代码。下面以 Windows 操作系统为例，介绍安装 Python 的方法。这里说的安装 Python 实际上就是安装 Python 解释器。

1. 查看计算机操作系统的位数

现在，很多软件（尤其是编程工具）为了提高开发效率，分别针对 32 位操作系统和 64 位操作系统做了优化，推出了不同的开发工具包。Python 也不例外，所以安装 Python 前，需要了解计算机操作系统的位数。

（1）在 Windows 7 中查看操作系统的位数

在桌面上找到“计算机”图标，在该图标上单击鼠标右键，在弹出的快捷菜单中选择“属性”选项，如图 1.2 所示。在弹出图 1.3 所示的“计算机系统”窗口的“系统类型”标签处标示着 64 位操作系统或 32 位操作系统，该信息就是操作系统的位数。

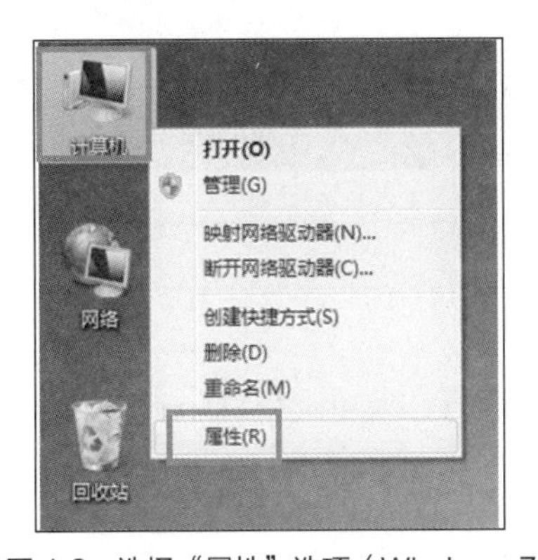

图 1.2 选择“属性”选项（Windows 7）

图 1.3 查看“系统类型”（Windows 7）

（2）在 Windows 10 中查看操作系统的位数

在桌面找到“此电脑”图标，在该图标上单击鼠标右键，在弹出的快捷菜单中选择“属性”选项，如图 1.4 所示。在弹出图 1.5 所示的“计算机系统”窗口的“系统类型”标签处标示着 64 位操作系统或 32 位操作系统，该信息就是操作系统的位数。

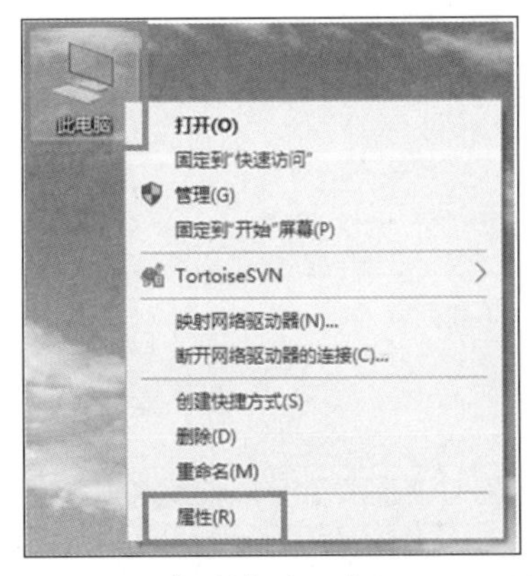

图 1.4 选择“属性”选项（Windows 10）

图 1.5 查看“系统类型”（Windows 10）

2. 下载 Python 安装包

在 Python 的官方网站可以很方便地下载 Python 的开发环境，具体下载步骤如下。

（1）打开浏览器（如 Google Chrome 浏览器），输入 Python 官方网站的网址进入其官网首页，如图 1.6 所示。

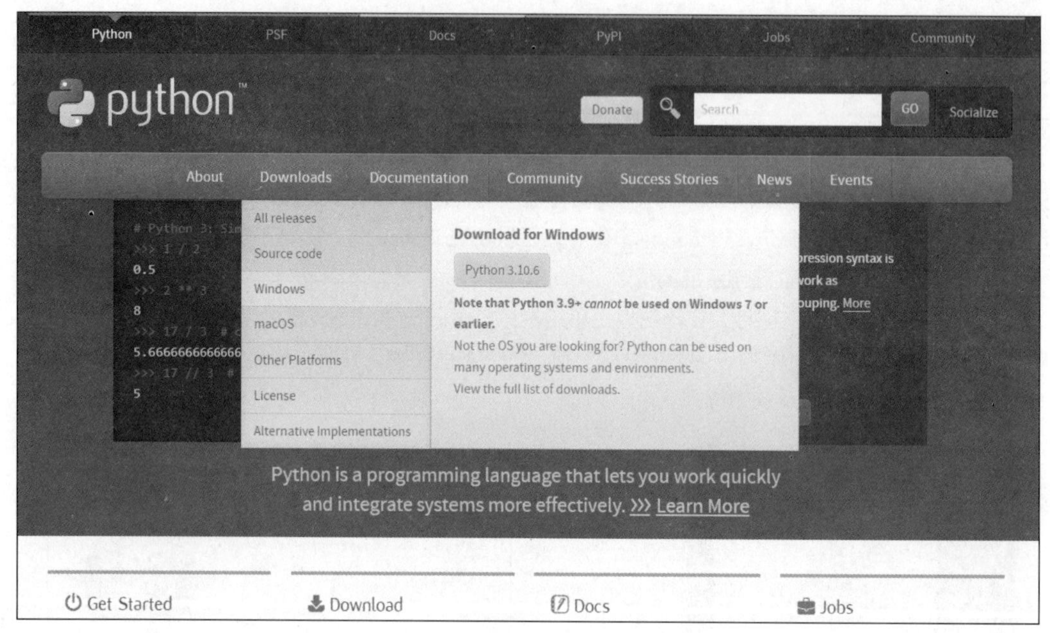

图 1.6　Python 官方网站首页

（2）将鼠标指针移到“Downloads”菜单上，将显示和下载有关的菜单项。如果使用的是 32 位的 Windows 操作系统，那么直接单击“Python 3.10.6”按钮下载 32 位的安装包；否则，选择“Windows”选项，打开详细的下载列表。由于编者的计算机安装的是 64 位的 Windows 操作系统，所以选择“Windows”菜单项，打开图 1.7 所示的下载列表。

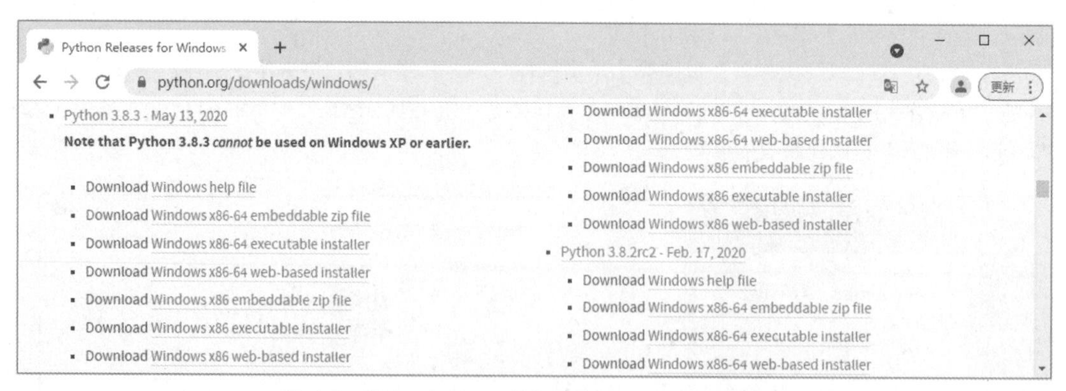

图 1.7　适合 Windows 操作系统的 Python 下载列表

如果选择“Windows”选项时没有显示右侧的下载按钮，则应该是页面没有加载完成，请耐心等待。

在图 1.7 所示的列表中，带有“x86”字样的压缩包表示开发工具可以在 Windows 32 位的系统上使用，而带有“x86-64”字样的压缩包表示开发工具可以在 Windows 64 位的系统上使用。另外，带有“web-based installer”字样的压缩包，表示需要联网才能完成安装；带有“executable installer”字样的压缩包，表示需要通过可执行文件(*.exe)方式离线安装；带有“embeddable zip file”字样的压缩包，表示为嵌入式版本，可以集成到其他应用中。

（3）在 Python 下载列表页面中，提供了 Python 各个版本的下载链接。读者可以根据需要下载。本书使用的版本是 Python 3.8.3，所以找到图 1.8 所示的位置，单击“Windows x86-64 executable installer”超链接，下载适用于 Windows 64 位操作系统的 Python 离线安装包。

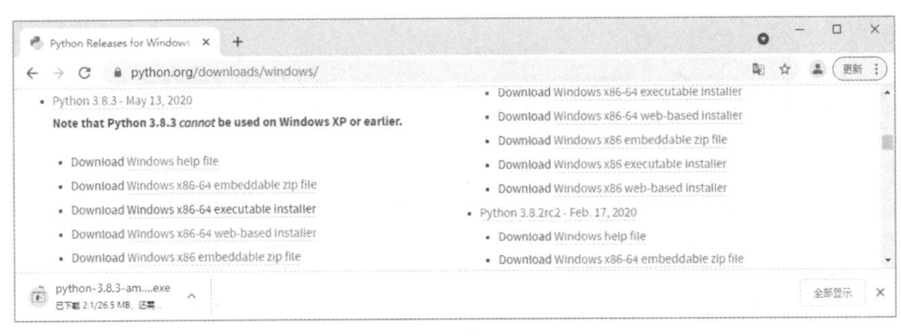

图 1.8　下载 Python

（4）下载完成后，浏览器会自动提示“此类型的文件可能会损害您的计算机。您仍然要保留 python-3.8.3-am….exe 吗？”，此时单击“保留”按钮，保留该文件即可。

（5）最终将得到一个名称为“python-3.8.3-amd64.exe”的安装文件。

3. 在 Windows 64 位操作系统中安装 Python

在 Windows 64 位操作系统中安装 Python 3.8.3 的步骤如下。

（1）双击下载的安装文件 python-3.8.3-amd64.exe，弹出安装向导对话框，选中“Add Python 3.8 to PATH”复选框，以自动配置环境变量，如图 1.9 所示。

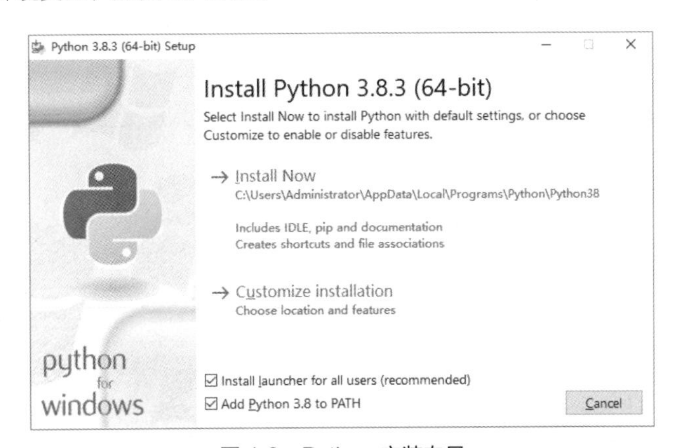

图 1.9　Python 安装向导

一定要选中“Add Python 3.8 to PATH”复选框，否则在后面的学习过程中会出现“XXX 不是内部或外部命令”的错误。

（2）单击“Customize installation”按钮，进行自定义安装（自定义安装可以修改安装路径），在安装选项界面中保留默认设置，如图 1.10 所示。

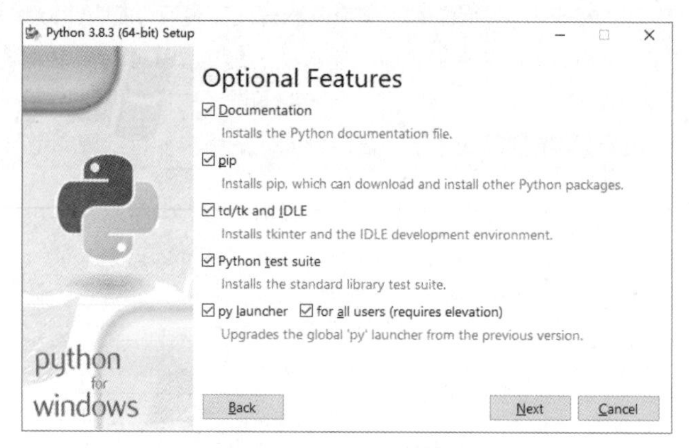

图 1.10 安装选项界面

（3）单击“Next”按钮，进入高级选项界面。在此界面中设置安装路径为“C:\Python\Python38”（读者也可自行设置路径），其他采用默认设置，如图 1.11 所示。

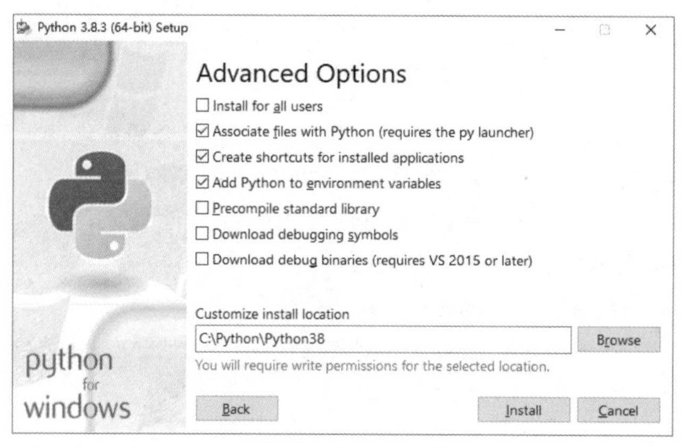

图 1.11 高级选项界面

（4）单击“Install”按钮，开始安装 Python，如图 1.12 所示。

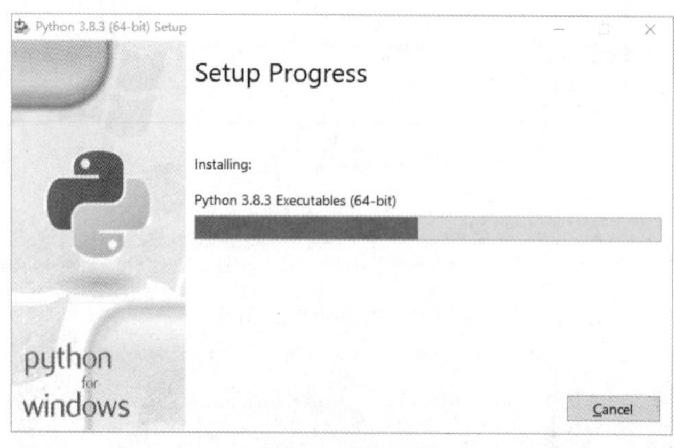

图 1.12 正在安装

（5）安装完成后将显示图 1.13 所示的界面。

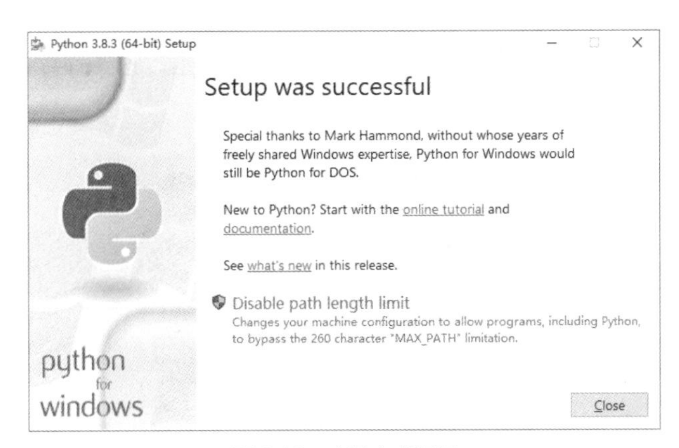

图 1.13　安装完成界面

1.2.2　测试安装是否成功

Python 安装完成后，需要检测 Python 是否安装成功。例如，在 Windows 10 中检测 Python 是否安装成功，可以在“开始”菜单右侧的“在这里输入你要搜索的内容”文本框中输入“cmd”，启动“命令提示符”窗口，在当前的命令提示符后面输入“python”，按<Enter>键，如果出现图 1.14 所示的信息，则说明 Python 安装成功，同时系统进入交互式 Python 解释器中。

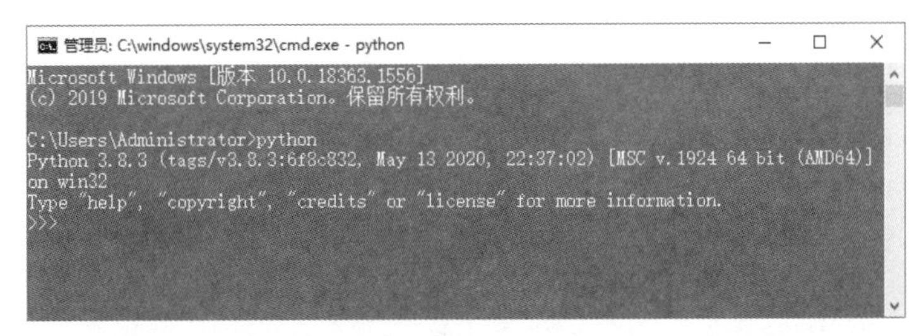

图 1.14　在“命令提示符”窗口中运行的 Python 解释器

图 1.14 中的信息是编者计算机中安装的 Python 的相关信息，包括 Python 的版本、该版本发布的时间、安装包的类型等。选择的 Python 版本不同，这些信息可能会有差异。命令提示符变为“>>>”即说明 Python 已经安装成功，正在等待用户输入 Python 命令。

如果输入“python”后，没有出现图 1.14 所示的信息，而是显示“'python'不是内部或外部命令，也不是可运行的程序或批处理文件。”，如图 1.15 所示，则说明安装出现了问题。

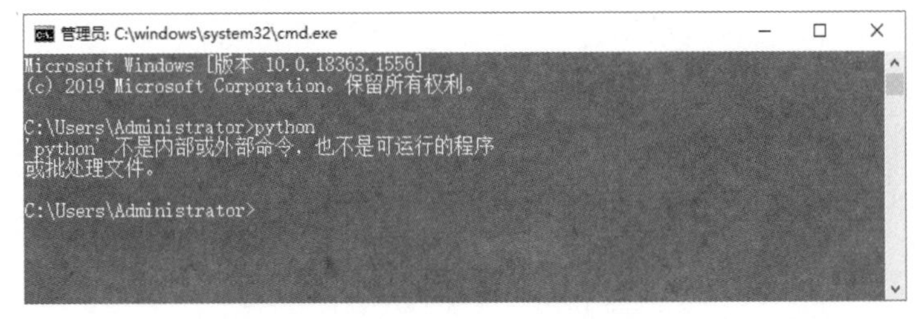

图 1.15　输入“python”命令后出错

出现该问题是因为在当前的路径中找不到 python.exe 可执行程序，解决方法是配置环境变量，具体步骤如下。

（1）在“此电脑”图标上单击鼠标右键，在弹出的快捷菜单中选择“属性”选项，在打开的窗口左侧单击“高级系统设置”超链接，弹出图 1.16 所示的“系统属性”对话框。

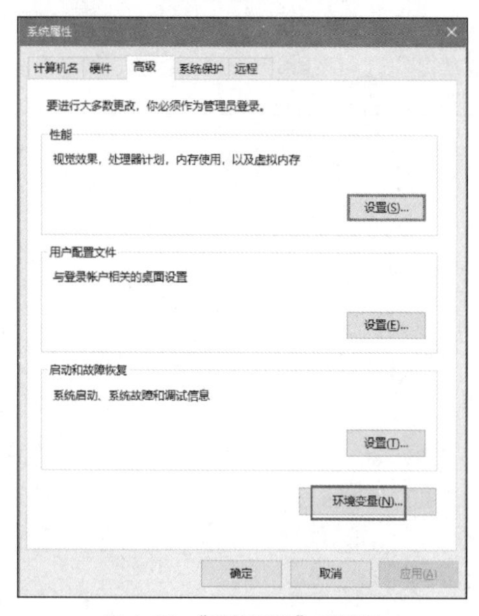

图 1.16 “系统属性”对话框

（2）单击“环境变量”按钮，弹出“环境变量”对话框，如图 1.17 所示。选中“系统变量”栏中的 Path 变量，单击“编辑”按钮。

图 1.17 “环境变量”对话框

（3）在弹出的“编辑环境变量”对话框中单击“新建”按钮，输入 Python 的安装路径“C:\Python\Python38\”。再次单击“新建”按钮，输入“C:\Python\Python38\Scripts\”（编者的 Python 安装在 C 盘，读者可以根据实际情况进行修改），如图 1.18 所示。单击“确定”按钮完成环境变量的设置。

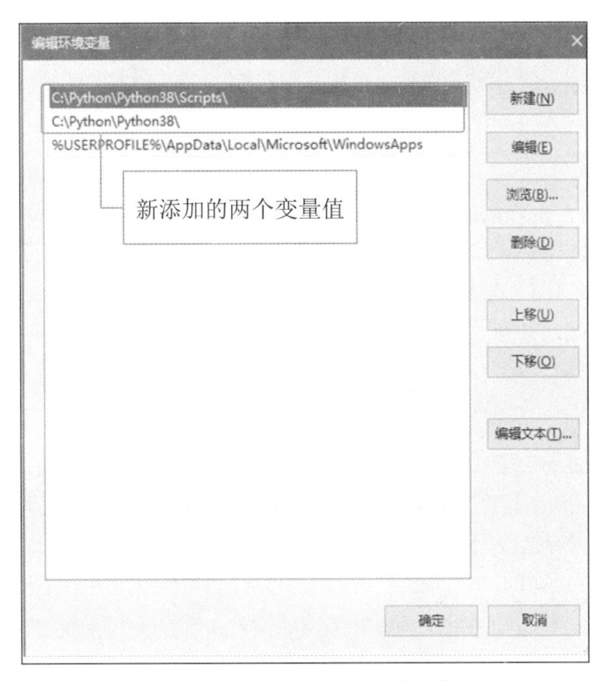

图 1.18　设置 Path 环境变量值

（4）在“命令提示符”窗口中输入“python”，即可进入 Python 交互式解释器，如图 1.19 所示。

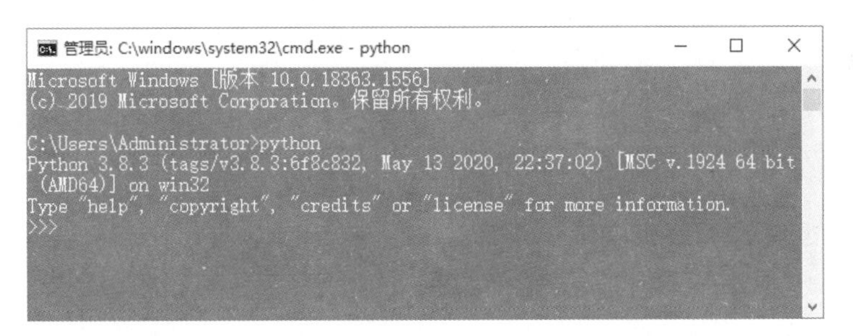

图 1.19　在“命令提示符”窗口中运行的 Python 解释器

1.3　第一个 Python 程序

第一个 Python 程序

Python 安装后会自动安装 IDLE（Integrated Development and Learning Environment，集成开发和学习环境）。它是一个 Python Shell（可以在打开的 IDLE 窗口的标题栏中看到），程序开发人员可以利用 Python Shell 与 Python 交互。本书介绍使用 IDLE 开发 Python 程序的方法。

1.3.1　在 IDLE 中编写“Hello World”

单击 Windows 10 的“开始”菜单，然后依次选择“所有程序”→“Python 3.8”→“IDLE (Python 3.8 64-bit)”

选项，即可打开 IDLE 主窗口，如图 1.20 所示。

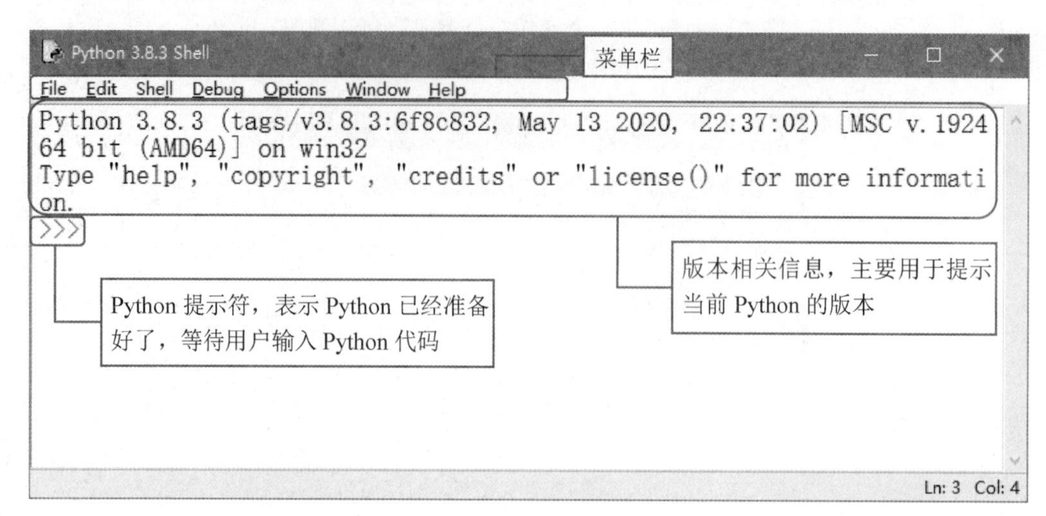

图 1.20 IDLE 主窗口

在 IDLE 主窗口中可以输出简单的语句，但是实际开发时，通常不只一行代码。当需要编写多行代码时，可以单独创建一个文件来保存这些代码，在代码全部编写完成后一起执行。具体方法如下。

（1）选择“File”→“New File”选项，打开一个新窗口，在该窗口中，可以直接编写 Python 代码。输入一行代码后按<Enter>键，将自动换到下一行，等待继续输入，如图 1.21 所示。

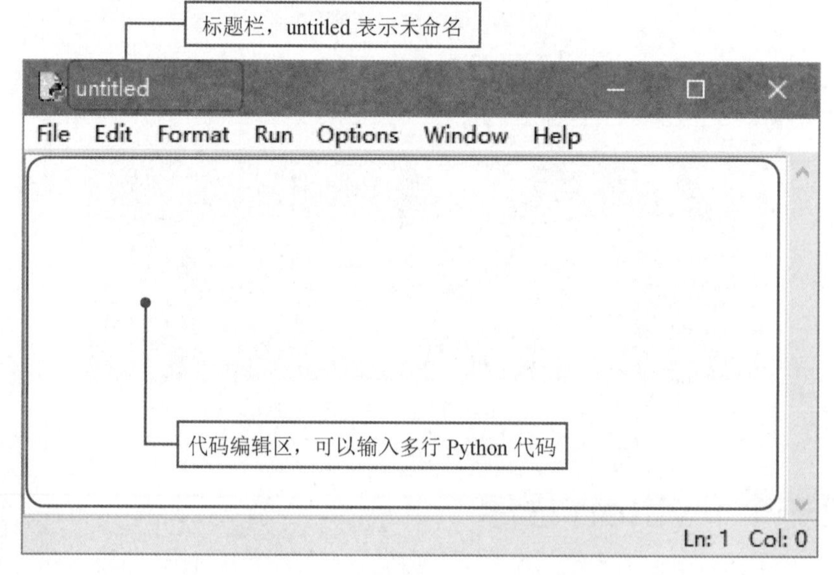

图 1.21 新创建的 Python 文件窗口

（2）还可以在代码编辑区中编写多行代码。例如，要输出中英文版的“人生苦短，我用 Python。”，代码如下：

```
print('人生苦短，我用Python。')
print('Life is short,I use Python.')
```

编写代码后的 Python 文件窗口如图 1.22 所示。

（3）按快捷键<Ctrl+S>保存文件，这里将文件名称设置为“demo.py”。其中，.py 是 Python 文件的扩展名。

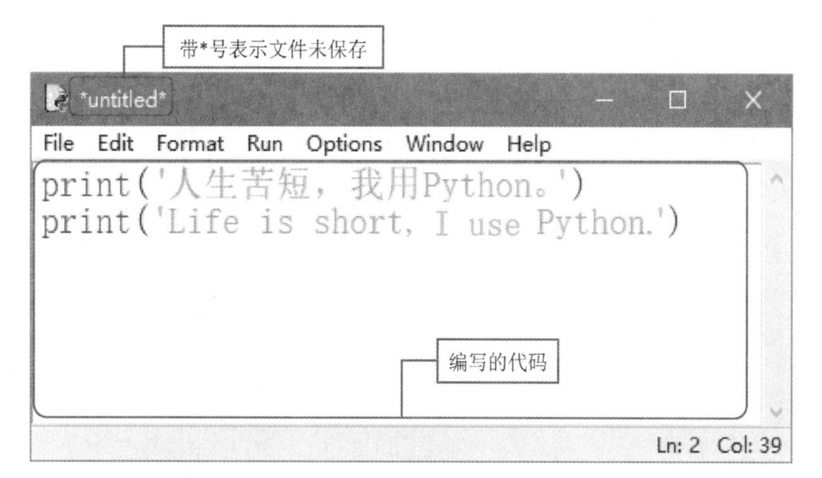

图 1.22 编写代码后的 Python 文件窗口

1.3.2 运行 Python 程序

1. 在 IDLE 中运行 Python 程序

要在 IDLE 中运行已经编写好的 Python 程序，可以在菜单栏中选择“Run”→“Run Module”选项（或按<F5>键）实现。例如，要运行 1.3.1 小节编写的 Python 程序，可以在菜单栏中选择“Run”→“Run Module”选项（也可以直接按快捷键<F5>），如图 1.23 所示。

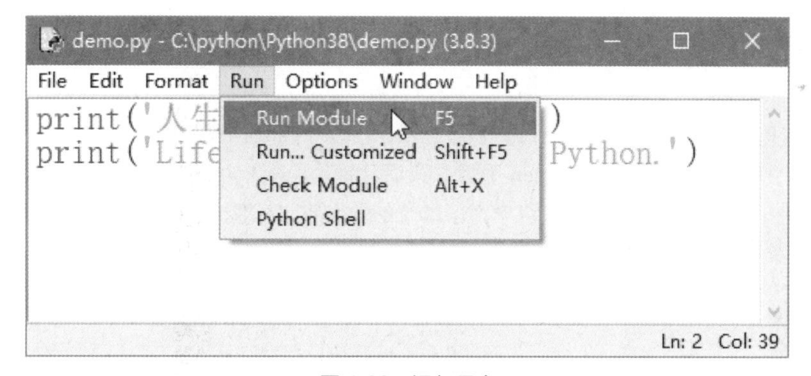

图 1.23 运行程序

运行程序后，将打开 IDLE 窗口显示运行结果，如图 1.24 所示。

图 1.24 运行结果

2. 在 Python 交互模式中运行.py 文件

要运行一个已经编写好的.py 文件，可以在“开始”菜单右侧的“在这里输入你要搜索的内容”文本框中输入“cmd”，并按<Enter>键，启动“命令提示符”窗口，然后输入以下格式的代码：

```
python 完整的文件名（包括路径）
```

例如，要运行路径为“C:\python\Python38\demo.py”的文件，可以使用下面的代码：

```
python C:/python/Python38/demo.py
```

运行结果如图 1.25 所示。

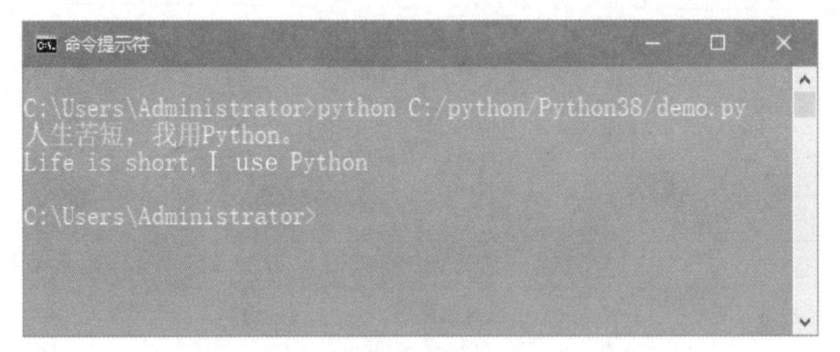

图 1.25　在 Python 交互模式下运行.py 文件

多学两招

在运行.py 文件时，如果文件名或者路径比较长，可先在“命令提示符”窗口中输入“python”加一个空格，然后直接把文件拖曳到空格的位置。这时，文件的完整路径将显示在空格的右侧，再按<Enter>键运行即可。

1.4　本章小结

本章首先对 Python 进行了简要的介绍，然后介绍了搭建 Python 开发环境的方法，接下来使用 Python 自带的开发工具 IDLE 编写了第一个 Python 程序，最后介绍了运行 Python 程序的方法。Python 开发环境的搭建和 IDLE 的使用是本章学习的重点。在学习了本章的内容后，希望读者能够成功搭建学习时需要的开发环境，并且完成第一个 Python 程序的编写和运行，迈出 Python 开发的第一步。

1.5　习题

任务一　输出“XXX（自己的名字）开始学习 Python 啦”

Python 开发环境搭建好后，让我们趁热打铁做一个练习吧。打开 IDLE，在 Python 提示符“>>>”的右侧输入一行代码，实现输出“XXX（自己的名字）开始学习 Python 啦”。例如，小明输出的效果如图 1.26 所示（提示：使用 print()函数可以向屏幕输出文字）。

```
小明　开始学习Python啦
```

图 1.26　输出效果

任务二　输出自己的新年寄语

新的一年马上开始了，新年新气象，用 Python 给自己写一段新年寄语吧。例如，我给自己的新年寄语是“新年寄语：新的一年，不忘初心，砥砺前行。加油！”，实现效果如图 1.27 所示。

```
新年寄语：新的一年，不忘初心，砥砺前行。加油！
```

图 1.27　输出自己的新年寄语

任务三　输出中英文版的乔布斯的语录

苹果公司的联合创始人乔布斯 2005 年在斯坦福大学演讲时提到过他最喜欢的一句话“Stay hungry,Stay foolish.”。在 IDLE 中编写一个 Python 程序，输出该条语录的英文版和中文版，实现效果如图 1.28 所示（提示：在两行内容之间增加一个空行，可以使用转义字符“\n”）。

```
ʚʚʚʚʚʚʚʚʚʚʚʚʚʚʚʚ

 Stay hungry, Stay foolish.
  求知若饥        虚心若愚

ʚʚʚʚʚʚʚʚʚʚʚʚʚʚʚʚ
```

图 1.28　输出乔布斯的语录

PART 02

第2章

Python基础

本章要点

- 输入输出函数的应用
- 数据类型与运算符
- 格式化函数的应用
- 使用 ASCII 值与字符串
- 赋值运算符
- 常用的数学函数
- random 模块的应用

■ 熟练掌握一门编程语言的最好方法就是充分了解并掌握其基础知识后动手实践，多敲代码才会熟能生巧。

本章主要介绍Python基础，包括变量、运算符、基本数据类型，以及数据类型间的转换等；还将介绍Python中常用的输入与输出函数、格式化函数、数学函数，以及random模块的应用。

案例 1　人生三重境界——print()函数的应用

案例讲解

案例描述

王国维在《人间词话》中提出古今之成大事业、做大学问者，必须经过三重境界。“昨夜西风凋碧树。独上高楼，望尽天涯路。”此第一境也。“衣带渐宽终不悔，为伊消得人憔悴。”此第二境也。“众里寻他千百度，蓦然回首，那人却在，灯火阑珊处。”此第三境也。

学习编程的过程其实和王国维提出的人生三重境界相似，需要经过迷茫、努力和水到渠成。编写一个程序，输出这三重境界，效果如图 2.1 所示。

```
古今之成大事业、做大学问者，必须经过三重境界
昨夜西风凋碧树。独上高楼，望尽天涯路。——此第一境也。
衣带渐宽终不悔，为伊消得人憔悴。——此第二境也。
众里寻他千百度，蓦然回首，那人却在，灯火阑珊处。——此第三境也。
```

图 2.1　输出效果

知识点讲解

在 Python 中，使用内置的 print()函数可以将结果输出到 IDLE 或者标准控制台上。print()函数的完整语法格式如下：

```
print(value, …, sep=' ', end='\n', file=sys.stdout, flush=False)
```

参数说明如下。

☑ value：表示要输出的值；可以是数字、字符串、各种类型的变量等。

☑ …：值列表，表示可以一次性输出多个值；输出多个值时，可以使用“,”（半角逗号）分隔，输出的各个值之间默认用空格隔开。

☑ sep：表示输出值时各个值之间的间隔符，默认值是一个空格，可以设置为其他的分隔符。

☑ end：表示输出完最后一个值需要添加的字符串，用来设定输出语句以什么结尾，默认以换行符“\n”结尾，即输出完会跳到新行，也可以换成以其他字符串结尾，如“\t”或“ ”（空格）等。

☑ file：表示输出的目标对象，可以是文件也可以是数据流，其默认值是 sys.stdout，可以设置“file=文件存储对象”，把内容存到相应文件中。

☑ flush：表示是否立刻将输出语句输出到目标对象，flush 的值为 False 或者 True，默认 flush=False，表示输出的值会存在缓存中；当 flush=True 时，输出的值将被强制写入文件。

输出内容可以是数字或字符串（字符串需要使用引号引起来），此类内容将直接输出；也可以是包含运算符的表达式，此类内容将输出计算结果。具体如下：

```
01  print()                            # 输出空行
02  print(9)                           # 输出数字“9”
03  print("go big or go home")         # 输出“go big or go home”（要么出众，要么出局）
04  print(3+4)                         # 输出“7”
05  print(2*"b"+"c")                   # 输出“bbc”
```

print()函数默认输出完后以换行符结束，即 end 的默认值是“\n”，输出完会跳到新行。如果想要输

出后不换行，仅须将 end 设置成其他字符串，如 “\t” “ ” “《” 等。下面是将数字 1～4 输出到一行显示的代码：

```
01  print(1, end=' ')
02  print(2, end=' ')
03  print(3, end=' ')
04  print(4, end=' ')
1 2 3 4
```

数字类型的数据可以直接输出，但使用“+”连接数值和其他类型的数据时，系统会将其默认为加法计算，即会报错。此时，可以使用“,”来连接，或者将数值作为字符串来处理，在两端加单引号或双引号：

```
print(2, 0, 2, 0)                 # 使用“,”连接要输出的数值时，输出值中间用空格间隔
2 0 2 0
print(192, 168, 1, 1, sep='.')    # 使用间隔符“.”连接输出的数值
192.168.1.1
print("广州恒大"+43)               # 不能直接使用“+”连接字符串和数值，会报错
TypeError: can only concatenate str (not "int") to str
print("广州恒大"+str(43))          # 使用“+”连接字符串和数值时，要将数值转换为字符串
广州恒大43
print("广州恒大", 43)              # 使用“,”连接字符串和数值时，输出的字符串和数值之间用空格间隔
广州恒大 43
print("广州恒大", 43, sep=" ")     # 使用空格连接输出的字符串和数值
广州恒大 43
```

案例实现

案例实现代码如下：

```
01  print("古今之成大事业、做大学问者，必须经过三重境界")
02  print("昨夜西风凋碧树。独上高楼，望尽天涯路。",end='——')  # 输出完最后一个值，以“——”作为结尾
03  print("此第一境也。")
04  print("衣带渐宽终不悔，为伊消得人憔悴。",end='——')
05  print("此第二境也。")
06  print("众里寻他千百度，蓦然回首，那人却在，灯火阑珊处。",end='——')
07  print("此第三境也。")
```

实战任务

1. 仿一仿，试一试

（1）用一行代码输出李白的《早发白帝城》。示例代码如下：

```
print("朝辞白帝彩云间，\n千里江陵一日还。\n两岸猿声啼不住，\n轻舟已过万重山。")
```

输出效果如下：

```
朝辞白帝彩云间，
千里江陵一日还。
两岸猿声啼不住，
轻舟已过万重山。
```

（2）输出英文励志名言。示例代码如下：

```
01  print("Stay hungry, Stay foolish")
02  print("I succeeded, because I wanted to succeed, I did not hesitate ")
03  print("The real talent is resolute aspirations")
```

```
04 print("The miracle appear in bad luck")
05 print("Without great aspirations, there would be no great genius")
06 print("Life is a gem that nature pays man to carve")
```

2. 阅读程序写结果

```
01 print("普通人的会：约会、聚会",end=";")
02 print("懒人的会：这也不会，那也不会")
03 print("成功人的会：开会、培训会",end=";")
04 print("奋斗人的会：必须会，一定得会！")
```

运行程序，所有内容将会通过几行输出？（　　）

A. 1 行　　B. 2 行　　C. 3 行　　D. 4 行

3. 完善程序

完善下面的程序代码，在各行间加一个空行然后输出，运行效果如图 2.2 所示。

```
古今之成大事业、做大学问者，必须经过三重境界
昨夜西风凋碧树。独上高楼，望尽天涯路。------------此第一境也。
衣带渐宽终不悔，为伊消得人憔悴。------------此第二境也。
众里寻他千百度，蓦然回首，那人却在，灯火阑珊处。------------此第三境也。
```

图 2.2　运行效果

代码如下：

```
01 print("古今之成大事业、做大学问者，必须经过三重境界____")
02 print("昨夜西风凋碧树。独上高楼，望尽天涯路。",end='------------')
03 print("此第一境也。____")
04 print("衣带渐宽终不悔，为伊消得人憔悴。",end='------------')
05 print("此第二境也。____")
06 print("众里寻他千百度，蓦然回首，那人却在，灯火阑珊处。",end='------------')
07 print("此第三境也。____")
```

可以在需要与下一行产生空行的行尾添加“\n”换行符，在该行与下一行之间自动添加一个空行；也可以在下一行行首添加“\n”换行符，在对应行前添加一个空行；还可以在需要产生空行的代码下面添加代码“print(" ")”，输出空行。

案例 2　古诗加拼音——input()函数的应用

案例讲解

案例描述

《弹歌》是一首古代民歌，反映了原始社会狩猎的生活。春秋末年，越国的国君勾践向楚国的射箭能手陈音询问弓弹的道理，陈音在回答时引用了这首民歌。

弹歌
断竹，
续竹。
飞土，
逐宍。

编写一个程序，为《弹歌》加上拼音，拼音加在文字上方。输出时每句古诗和下一句间空一行。运行程序，输出效果如图 2.3 所示。

```
dan  ge
 弹   歌

duan zhu
 断   竹，

xu   zhu
 续   竹。

fei  tu
 飞   土，

zhu  rou
 逐   宍。
```

图 2.3 输出效果

知识点讲解

在 Python 中，变量严格意义上应该称为“名字”，也可以理解为标签。当把一个值赋给一个名字时，如把值“面朝大海 春暖花开”赋给 string，string 就称为变量。在 Python 中，不需要先声明变量名及其类型，直接赋值即可创建各种类型的变量。但是变量的命名并不是任意的，应遵循以下几条规则。

☑ 变量名必须是一个有效的标识符。

☑ 变量名不能使用 Python 中的保留字。

☑ 慎用小写字母 l 和大写字母 O。

☑ 应选择有意义的单词作为变量名。

为变量赋值可以通过等号“=”来实现，其语法格式为：

```
变量名=value
```

例如，创建一个整型变量，并为其赋值“505”，可以使用下面的语句：

```
number=505                          # 创建变量number并赋值“505”，该变量为数字类型
```

这样创建的变量就是数字类型的变量。如果直接为变量赋值一个字符串，那么该变量就是字符串类型的。例如下面的语句：

```
myname="生化危机"                    # 字符串类型的变量
```

另外，Python 是一种动态类型的语言，也就是说，变量的类型可以随时变化。例如，在 IDLE 中创建变量 myname，并为其赋值字符串“生化危机”，输出该变量的类型，可以看到该变量类型为字符串；再将变量赋值为数值“505”，并输出变量的类型，可以看到该变量类型为整型。执行过程如下：

```
01  >>>myname="生化危机"              # 字符串类型的变量
02  >>>print(type(myname))
03  <class 'str'>
04  >>>myname=505                    # 整型的变量
05  >>>print(type(myname))
06  <class 'int'>
```

在 Python 中，使用内置函数 type()可以返回变量类型。

在 Python 中，使用内置函数 input()可以接收用户的键盘输入。input()函数的基本用法如下：

```
variable=input("提示文字")
```

其中，variable 为保存输入结果的变量，双引号内的文字用于提示要输入的内容。例如，想要接收用户输入的内容，并保存到变量 tip 中，可以使用下面的代码：

```
tip=input("请输入文字：")
```

使用 input()函数输入信息时，提示信息参数可以为空（不提示任何信息），也可以和转义字符结合使用（如提示信息后加“\n”，表示在提示信息后换行输入）。常见应用代码如下：

```
01  name=input("")                       # 无提示型输入，不换行
02  name1=input("name:")                 # 简洁型输入
03  name2=input("请输入您的姓名：")        # 提示型输入，不换行输入
04  name3=input("姓名:\n")                # 提示型输入，换行后输入
```

输出结果为：

```
张三丰
name:李铁
请输入您的姓名：理想
姓名:
李世民
```

案例实现

案例实现代码如下：

```
01  song="弹  歌"                        # 定义变量song，值为“弹  歌”
02  song_a="断  竹，"                    # 定义变量song_a，值为“断  竹，”
03  song_b="续  竹。"                    # 定义变量song_b，值为“续  竹。”
04  song_c="飞  土，"                    # 定义变量song_c，值为“飞  土，”
05  song_d="逐  宍。"                    # 定义变量song_d，值为“逐  宍。”
06  pin=input("")                        # 定义变量pin，接收输入的“弹  歌”的拼音
07  pin_a=input("")                      # 定义变量pin_a，接收输入的“断  竹”的拼音
08  pin_b=input("")                      # 定义变量pin_b，接收输入的“续  竹”的拼音
09  pin_c=input("")                      # 定义变量pin_c，接收输入的“飞  土”的拼音
10  pin_d=input("")                      # 定义变量pin_d，接收输入的“逐  宍”的拼音
11  print(pin+"\n",song+"\n")            # 通过变量pin和song输出带拼音的题目
12  print(pin_a+"\n",song_a+"\n")        # 通过变量pin_a和song_a输出第一句带拼音的词
13  print(pin_b+"\n",song_b+"\n")        # 通过变量pin_b和song_b输出第二句带拼音的词
14  print(pin_c+"\n",song_c+"\n")        # 通过变量pin_c和song_c输出第三句带拼音的词
15  print(pin_d+"\n",song_d+"\n")        # 通过变量pin_d和song_d输出第四句带拼音的词
```

实战任务

1. 仿一仿，试一试

（1）input()函数支持输入多个数据，输入的时候通常使用字符串的 split()方法进行分隔，如同时输入某一地点的坐标值等。示例代码如下：

```
01  x,y=input("请输入出发地点的横、纵坐标值，用英文逗号分隔:").split(',') # 一行输入两个不限定类型的值
02  name,age,height=input('请输入你的姓名、年龄和身高，用英文逗号分隔：\n').split(',')
03  print(x,y)
04  print(name,age,height)
```

（2）将《静夜思》中的诗句输出。示例代码如下：

```
01  a=input("输入第一句：")                # 在输入语句中可以加入提示文字
```

```
02 b=input("输入第二句：")
03 c=input("输入第三句：")
04 d=input("输入第四句：")
05 print(a,b,c,d)                    # 输出已经输入内容的变量
```

2. 阅读程序写结果

```
01 a=input("输入：\n")
02 print(a+"/n"+a,a+"\n")
```

运行程序，输入“go big or go home”，print()语句中的内容将会通过几行输出？（　　）

A. 1 行　　B. 2 行　　C. 3 行　　D. 4 行

案例 3 “燃烧你的卡路里”——数据类型与运算符

案例讲解

案例描述

“卡路里”是热量单位，它的来源与科学史上一次著名的谬误有关。1850 年以前，化学家和物理学家普遍认为：热是一种从较热的物体流向较冷的物体的物质，被命名为“卡路里”。1857 年，德国科学家赫姆霍茨提出：热不是一种流来流去的物质，而是物体内部分子的振动能，它可以与其他的能互相转换。这个说法很快得到承认，但“卡路里”作为新学说中热能的计量单位而被保留下来。物理上规定：使 1 克纯水温度升高 1 度所需要的热能为 1 卡路里，简称“卡路里”或“卡”，在汉语中，把“千卡”称为“大卡”。

编写一个程序，输入体重（千克）、跑步时间（分钟）、跑步速度（千米/小时），可以计算跑步距离和消耗的热量。消耗热量 = 体重（千克）× 运动时间（小时）× 运动系数 k。系数 k = 30 ÷ 速度（分钟/400 米）。运行程序，输出效果如图 2.4 所示。

```
========燃烧你的卡路里========
################################
输入您的体重（千克）：76
速度（千米/小时）：8.1
跑步时间（分钟）：59
跑步距离：7.96 千米
燃烧的热量 ：756.67 卡
```

图 2.4　输出效果

知识点讲解

程序开发经常使用数值记录游戏的得分、网站的销售数据和网站的访问量等信息。Python 提供了数字类型用于保存这些数值。下面介绍数字类型、数字类型相关的运算符及相关内置函数。

1. 数字类型

Python 中的数字类型主要包括整数、浮点数和复数。

（1）整数

整数用来表示整数数值，即没有小数部分的数值。在 Python 中，整数包括正整数、负整数和 0。整数类型包括十进制整数、八进制整数、十六进制整数和二进制整数。

☑　十进制整数。

十进制整数的表现形式大家都很熟悉。例如，下面的数值都是有效的十进制整数：

```
12
12344566
-2018
0
```

☑ 八进制整数。

八进制整数由 0～7 组成，进位规则是“逢八进一”，以 0o 开头，如 0o123（转换成十进制整数为 83）、-0o123（转换成十进制整数为-83）。在 Python 3.*x* 中，八进制整数必须以 0o 或 0O 开头。这与 Python 2.*x* 不同，在 Python 2.*x* 中，八进制整数可以用 0 开头。

☑ 十六进制整数。

十六进制整数由 0～9、A～F 组成，进位规则是“逢十六进一”，以 0x 或 0X 开头，如 0x25（转换成十进制整数为 37）、0XB01E（转换成十进制整数为 45086）。

☑ 二进制整数。

二进制整数只有 0 和 1 两个基数，进位规则是“逢二进一”。如 101（转换为十进制整数为 5）、1010（转换为十进制整数为 10）。

（2）浮点数

浮点数由整数部分和小数部分组成，主要用于处理包含小数的数。例如，1.414、0.5、-1.732、3.14159265358979323846264626 等。浮点数也可以使用科学记数法表示。例如，3.7e2、-3.14e5 和 6.16e-2 等。

（3）复数

Python 中的复数与数学中复数的形式完全一致，都由实部和虚部组成，并且使用 j 或 J 表示虚部。当表示一个复数时，可以将其实部和虚部相加，例如，一个复数，实部为 3.14，虚部为 13.5j，则这个复数为 3.14+13.5j。

2. 算术运算符

算术运算符是处理四则运算的符号，在数字的处理中应用最多。常用的算术运算符如表 2.1 所示。

表 2.1　常用的算术运算符

运 算 符	说　　明	实　　例	结　　果
+	加	12.45+15	27.45
-	减	4.56-0.26	4.3
*	乘	5*3.6	18.0
/	除	7/2	3.5
%	求余，即返回除法的余数	7%2	1
//	取整除，即返回商的整数部分	7//2	3
**	幂，即返回 *x* 的 *y* 次方	2**4	16，即 2^4

3. float()函数——将整数和字符串转换为浮点数

float()函数用于将整数和字符串转换为浮点数。float()函数的语法格式如下：

```
float(x)
```

参数 x 为整数或数字型字符串；返回值为浮点数。如果未提供参数 x，则返回 0.0。

使用 float()函数将整数、运算结果等转换为浮点数，代码如下：

```
01  print(float())                  # 不提供参数，返回0.0
02  print(float(-10))               # 将负整数转换为浮点数，返回-10.0
```

```
03  print(float(2020))                  # 将正整数转换为浮点数，返回2020.0
04  print(float('35'))                  # 将字符串转换为浮点数，返回35.0
05  print(float('-3.1415'))             # 将字符串转换为浮点数，返回-3.1415
```

4. int()函数——整数转换函数

int()函数可用来把浮点数转换为整数，也可以把字符串按指定进制数转换为整数。int()函数的语法格式如下：

```
int(x [,base])
```

参数 x 为数值或者字符串类型数值；base 表示进制数，默认值为 10，即默认为十进制数，用中括号括起来的意思是可以省略。int()函数的返回值为整数，不提供任何参数时，返回的结果为 0。如果 int()函数中的参数 x 为浮点数，则只取其整数部分返回。int()函数的应用示例如下：

```
01  print(int(99.9))                    # 将浮点数转换为整数，返回99
02  print(int('18'))                    # 将字符串转换为整数，返回18
03  print(int(-9.82))                   # 将浮点数转换为整数，返回-9
04  print(int('1011',2))                # 将二进制数转换为十进制整数，返回11
05  print(int('15',8))                  # 将八进制数转换为十进制整数，返回13
06  print(int('0x20',16))               # 将十六进制数转换为十进制整数，返回32
```

案例实现

运动系数 $k=30\div$速度（分钟/400 米），“分钟/400 米”其实就是每 400 米用去的时间，如跑步速度是 6 千米/小时，换算成米和分钟计算速度的计算方法如下：

400 米÷(6000 米÷60 分钟)=400 米×60 分钟÷6000 米=4 分钟，即 4 分钟÷400 米，系数 $k=30\div 4=7.5$

实现代码如下：

```
01  print ("========燃烧你的卡路里========")           # 输出程序标题
02  print (30*"#")                                      # 输出程序标题修饰
03  weight=float(input("输入您的体重（千克）：") )        # 将输入的体重转换为浮点型，以便计算
04  speed=float(input("速度（千米/小时）："))            # 将输入的速度转换为浮点型，以便计算
05  times=int(input("跑步时间（分钟）："))               # 将输入的时间转换为整型，以便计算
06  dista=speed*times/60                                # 根据速度和时间计算跑步距离
07  calo=weight*30/(400/(speed*1000/60))*times/60       # 计算跑步消耗的热量
08  print("跑步距离:",format(dista,'.2f'),'千米')         # 输出跑步距离，保留2位小数
09  print("燃烧的热量:",format(calor,'.2f'),'卡')         # 输出跑步消耗的热量，保留2位小数
```

实战任务

1. 仿一仿，试一试

（1）“+”运算符实现字符串拼接。加运算是人类最早掌握的数学运算，“+”运算符可以实现两个对象的相加或拼接。对于字符串来说，“+”可以将两个字符串拼接成一个字符串，字符串拼接的主要应用如下：

```
01  chart1='www'
02  chart2='mingrisoft'
03  chart3='com'
04  chart4='.'
05  net=input('请输入一个你喜欢的英文名称：')        # 输入“sport”
06  print(chart1+chart4+chart2+chart4+chart3)    # 输出“www.mingrisoft.com”
07  print(chart1+chart4+net+chart4+chart3)       # 输出“www.sport.com”
08  print('zyk'+chart4+chart2+chart4+chart3 )    # 输出“zyk.mingrisoft.com”
09  print(net+'\n999朵玫瑰')                      # 分两行输出，第一行输出“sport”，第二行输出“999朵玫瑰”
```

（2）“+”运算符实现数字相加。对于数字来说，使用“+”是进行数值的相加，相当于数学中的加法。如果要将字符串和数字用“+”相加，需要先将字符串转换为整数或浮点数，否则将会报错。示例代码如下：

```
01  add1=10                                   # 定义数字类型变量add1，值为10
02  add2="5"                                  # 定义字符型变量add2，值为“5”
03  add3=int(input('请输入一个整数：'))       # 定义整型变量add3，值为输入值，例如20
04  add4=input('请输入一个浮点数：')           # 定义字符串型变量add4，值为输入值，例如13.15
05  print(add1+int(add2))                     # 输出“15”
06  print(add1+add3)                          # 输出“30”
07  print(add2+add4)                          # 输出“513.15”
08  print(add1+float(add4))                   # 输出“23.15”
09  print(add3+float(add4))                   # 输出“33.15”
```

2. 阅读程序写结果

```
01  num=float(input("输入一个数字：\n"))
02  num=int(num)
03  num=int((num+5)/2)
04  num=num*2-5
05  num=int(num%5)
06  print(num)
```

输入：14.5

输出：________________

3. 完善程序

在跑步前应该先进行热身。在跑步前 5 分钟进行匀速走热身，步速为 5 千米/小时，后 5 分钟降速恢复为匀速走，步速为 5 千米/小时。这两个时间均包含在设定的运动时间内，请完善下述程序计算跑步距离和燃烧的热量：

```
01  print ("=====燃烧你的卡路里=====")                # 输出程序标题
02  print (30*"#")                                    # 输出程序标题修饰
03  weight=float(input("输入您的体重（kg）："))       # 输入体重，转换为浮点型
04  speed=float(input("速度（千米/小时）："))         # 输入速度，转换为浮点型
05  time=int(input("跑步时间（分钟）："))             # 输入跑步时间，按分钟计算，转换为整型
06  dista=______________*speed/60+(5+5)*5/60          # 计算跑步距离
07  calor=weight*30/(400/(speed*1000/60))*______________________________
08  print("跑步距离:",format(dista,'.2f'),'千米')
09  print("燃烧卡路里:",format(calor,'.2f'),'卡路里')
```

案例 4　温度转换——str()函数

案例讲解

案例描述

现代科技的迅速发展缩小了地球上的时空距离，国际交往日益频繁便利，先进的交通工具和通信工具把世界各国紧密联系在一起，使地球成了一个小小的“地球村”。各国、各地区由于生活区域、文化的不同，形成了不同的标准和习惯。拿与我们生活息息相关的温度来说，英语国家的温标通常采用华氏温标，德国的温标采用开氏温标，我国和大多数国家的温标则采用摄氏温标。各种温标对应关系如图 2.5 所示。

温标	绝对零度	人体正常体温	标准大气压下水的沸点
开氏温标	0.00K	309.95K	373.15K
摄氏温标	-273.15 °C	36.80 °C	100.00 °C
华氏温标	-459.67 °F	98.24 °F	211.97 °F
列氏温标	-218.52 °Ré	29.44 °Ré	80.00 °Ré
兰金温标	0.00R	557.91R	671.647R

图 2.5 温标

众所周知，只有把理论知识同具体实际相结合，才能正确回答实践提出的问题，扎实提升读者的理论水平与实战能力。请读者参考图 2.5 所示的温标，编写一个程序，实现图 2.6 所示的输入摄氏温度，转换后输出图 2.7 所示的华氏、开氏、列氏、兰金温度，帮助旅行者更好地在各国旅游。

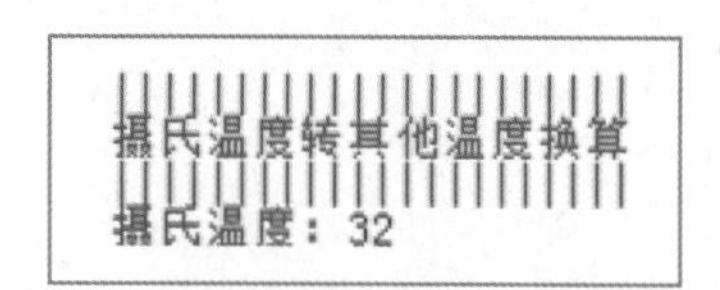

图 2.6 输入摄氏温度

```
摄氏温度： 32.0
华氏温度： 89.6
开氏温度： 305.15
列氏温度： 25.6
兰金温度： 549.27
```

图 2.7 温度转换结果

知识点讲解

字符串就是连续的字符序列，可以是计算机所能表示的一切字符的集合。在 Python 中，字符串属于不可变序列，通常使用单引号“' '”、双引号“" "”或者三引号“''' '''”“""" """”引起来。这 3 种引号在语义上没有差别，只是在形式上有差别。其中单引号和双引号中的字符序列必须在一行上，而三引号内的字符序列可以分布在连续的多行上。

定义 3 个字符串类型变量，并且应用 print()函数输出名言警句，代码如下：

```
01  title='我喜欢的名言警句'                                    # 使用单引号，字符串内容必须在一行
02  mot_cn="命运给予我们的不是失望之酒，而是机会之杯。"          # 使用双引号，字符串内容必须在一行
03                                                              # 使用三引号，字符串内容可以分布在多行
04  mot_en='''Our destiny offers not the cup of despair,
05  but the chance of opportunity.'''
06  print(title)
07  print(mot_cn)
08  print(mot_en)
```

运行程序，结果如图 2.8 所示。

```
Python 3.8.3 Shell
File  Edit  Shell  Debug  Options  Window  Help
我喜欢的名言警句
命运给予我们的不是失望之酒，而是机会之杯。
Our destiny offers not the cup of despair,
but the chance of opportunity.
>>> |
                                        Ln: 9  Col: 4
```

图 2.8 使用 3 种引号定义字符串并输出

字符串开始和结尾使用的引号形式必须一致。另外，当需要表示复杂的字符串时，还可以进行引号的嵌套。例如，下面的字符串也都是合法的：

'在Python中也可以使用双引号（""）定义字符串'

"'(・・)nnn'也是字符串"

'''"""___' "_"***"""'''

Python 中的字符串还支持转义字符。转义字符是指使用反斜杠“\”进行转义的一些特殊字符。常用的转义字符如表 2.2 所示。

表 2.2　常用的转义字符及其作用

转义字符	说　明
\	续行符
\n	换行符
\0	空
\t	水平制表符，用于横向跳到下一制表位
\"	双引号
\'	单引号
\\	一个反斜杠
\f	换页
\0dd	八进制数，dd 代表字符，如\012 代表换行
\xhh	十六进制数，hh 代表字符，如\x0a 代表换行

在字符串界定符的前面加上字母 r 或 R，那么对应字符串将原样输出，其中的转义字符将不进行转义。例如，字符串“"失望之酒\x0a 机会之杯"”将正常输出，转义字符“\x0a”为换行；而字符串“r"失望之酒\x0a 机会之杯"”，则按原样输出，输出结果如图 2.9 所示。

```
>>> print("失望之酒\x0a机会之杯")
失望之酒
机会之杯
>>> print(r"失望之酒\x0a机会之杯")
失望之酒\x0a机会之杯
>>>
```

图 2.9　转义和原样输出的对比

str()函数用于将整数、浮点数、列表、元组、字典和集合转换为字符串类型。str()函数的语法格式如下：

```
str(object)
```

参数说明如下。

☑ object：表示被转换成字符串的参数，该参数可以省略。

☑ 返回值：返回一个 object（对象）的字符串形式。

当 str()函数的参数都省略时，该函数将返回空字符串。这种情况常用来创建空字符串或者初始化字符串变量。

使用 str()函数将数字类型数据转换为字符串的示例代码如下：

```
01  print(str(88))                          # 整型
02  print(str(-2147483648))                 # 整型
03  print(str(52.1314))                     # 浮点型
04  print(str(2345E67))                     # 浮点型
05  print(str(-2.402823E38))                # 浮点型
06  print(str(10/3))                        # 表达式
```

案例实现

实现代码如下：

```
01  print("||||||||||||||||||||||||")       # 标题上边修饰
02  print("摄氏温度转其他温度换算")          # 程序标题
03  print("||||||||||||||||||||||||")       # 标题下边修饰
04  she=float(input("摄氏温度：") )          # 输入摄氏温度，并转换为浮点型
05  hua=she*1.8+32                          # 华氏温度
06  kai=she+273.15                          # 开氏温度
07  lie=she*0.8                             # 列氏温度
08  lan=(she+273.15)*1.8                    # 兰金温度
09  print("摄氏温度："+str(she))
10  print("华氏温度："+str(hua))
11  print("开氏温度："+str(kai))
12  print("列氏温度："+str(lie))
13  print("兰金温度："+str(lan))
```

实战任务

1. 仿一仿，试一试

（1）字符串与数字类型数据混合输出。数字类型与字符串类型连接时，应首先使用 str()函数将数字类型数据转换为字符串，然后再进行连接。示例代码如下：

```
01  str1='明日学院'                          # 定义字符串
02  str2='专注编程教育'                      # 定义字符串
03  num=20                                  # 定义一个整数
04  print(str1+str2+str(num)+'年!')         # 对字符串和整数进行连接
```

（2）模拟调节音量。示例代码如下：

```
01  a=int(input("请输入音量：\n"))
02  print("■"*a)
```

2. 阅读程序写结果

```
01  myint=int(input("数字：\n"))
02  num=myint%7+2
03  num=int(myint/num)
04  num=int(num%7)
05  print(num)
```

输入：22

输出：____________

3. 完善程序

请补全下面的代码，将转换完成的温度各空一个空行输出：

```
01 print("||||||||||||||||||||")
02 print("摄氏温度转其他温度换算")
03 print("||||||||||||||||||||\n")
04 she=float(input("摄氏温度：\n"))
05 hua=she*1.8+32                    # 华氏温度
06 kai=she+273.15                    # 开氏温度
07 lie=she*0.8                       # 列氏温度
08 lan=(she+273.15)*1.8              # 兰金温度
09 print("摄氏温度："+________)       # 加入“\n”，输出一个空行
10 print("华氏温度："+________)       # 加入“\n”，输出一个空行
11 print("开氏温度："+________)       # 加入“\n”，输出一个空行
12 print("列氏温度："+________)       # 加入“\n”，输出一个空行
13 print("兰金温度："+________)       # 加入“\n”，输出一个空行
```

案例 5　圆锥体体积计算——format()函数

案例讲解

案例描述

圆锥也称为圆锥体，是三维几何体的一种。一个圆锥所占空间的大小叫作这个圆锥的体积。圆锥体体积计算公式为：

$$V=\frac{1}{3}Sh=\frac{\pi r^2 h}{3}$$

其中，S 是底面积，h 是高，r 是底面半径。

编写一个程序，根据用户输入底面半径和高，计算出圆锥体的体积（π 值取 3.14，计算结果保留两位小数）。运行程序，输出效果如图 2.10 和图 2.11 所示。

```
=======圆锥体体积计算=======
请输入圆锥体的底面半径：5
请输入圆锥体的高：12
所求圆锥体的体积为： 314.00
```

图 2.10　圆锥体体积计算（a）

```
=======圆锥体体积计算=======
请输入圆锥体的底面半径：3.5
请输入圆锥体的高：12.7
所求圆锥体的体积为： 162.84
```

图 2.11　圆锥体体积计算（b）

知识点讲解

format()函数可以对数据进行格式化处理，语法格式如下：

```
format(value, format_spec)
```

参数 value 为要转换的数据；参数 format_spec 为格式化解释，当参数 format_spec 为空时，等同于函数 str(value)。format_spec 可以设置为非常复杂的格式转换参数，以实现比较完备的数据格式处理。format_spec 的编写方式如下：

```
format_spec ::=[[fill]align][sign][#][0][width][,][.precision][type]
```

format_spec 格式控制符可以分为填充值、文字对齐、标志设置、格式化、类型转换、千位符（数字分组）等主要应用。

使用 format()函数可以进行格式转换。如果未提供 format()函数的参数 format_spec 的值，则默认为将其他格式数据格式化为字符串类型，和调用 str(value)的效果相同。如：

```
format(3.14)                     # 使用format()函数将浮点数转换成字符串
```

输出结果为：

```
'3.14'
```

设置参数 format_spec 的值可以进行相应数据类型的格式化。对字符串类型 format_spec 可以设置的值为“f”“d”“n”“b”“x”等。具体如下：

```
01  print(format(12.2,'f'))          # 转换成浮点数，默认为保留6位小数，输出“12.200000”
02  print(format(12,'d') )           # 转换成十进制数，输出“12”
03  print(format(13))                # 不带参数默认转换为十进制数
04  print(format(13,'n'))            # 转换成十进制数
05  print(format(13,'b') )           # 转换成二进制数
06  print(format(12,'x'))            # 转换成十六进制小写字母表示
```

对数据进行编号，也是对字符串格式化操作的一种方式，使用 format()函数可以实现。实现时只需设置填充字符（编号通常设置为 0），设置对齐方式时可以使用“<”“>”“^”符号表示左对齐、右对齐和居中对齐，对齐填充的符号在“宽度”范围内输出即可。对数字 1 进行 3 位编号、右对齐，需要设置 format()函数的填充字符为 0，对齐方式为右对齐，宽度为 3。具体代码为：

```
print(format(1,'0>3'))               # 设置右对齐，填充值为0，宽度为3
```

输出结果为：

```
001
```

对于不同类型的数据，format()函数的参数 format_spec 提供的值都不一样。对十进制整数 format_spec 可以提供的值有“d”和“n”。针对“d”，举例介绍如下：

```
01  print(format(81,'8d'))           # 格式化为8位整数，不足部分用空格填充
02  print(format(-81,'8d'))          # 格式化为8位负整数，补位空格放到负号前
03  print(format(81,'=8d'))          # 格式化为8位正整数，用空格补位
04  print(format(-81,'=8d'))         # 格式化为8位负整数，补位空格放在负号后
05  print(format(81,'>10'))          # 右对齐，宽度为10个空格
06  print(format(81,'<10'))          # 左对齐，宽度为10个空格
07  print(format(81,'010'))          # 用0填充补位，宽度为10个空格
```

对浮点数类型 format_spec 可以提供的值有“e”“E”“f”“F”“g”“G”“n”“%”，以及 None。用 f 表示浮点类型，并可以在其前面加上精度控制，用于控制输出宽度（如果输出位数大于宽度，就按实际位数输出）。还可以为浮点数指定符号，“+”表示在正数前显示“+”，负数前显示“-”；空格表示在正数前加空格，在负数前加“-”；“-”与什么都不加（{:f}）时一致。.3f 表示浮点数的精度为 3（小数位保留 3 位），3 指定除小数点外的输出位数。例如：

```
01  print(format(3.14159,'.1f'))        # 格式化为保留1位小数的浮点数
02  print(format(3.14159,'.2f'))        # 格式化为保留2位小数的浮点数
03  print(format(3.14159,'.5f'))        # 格式化为保留5位小数的浮点数
04  print(format(-3.14159,'=10.2f'))    # 格式化为保留2位小数的10位浮点数，默认用空格填充
05  print(format(-3.14159,'0=10.2f'))   # 格式化为保留2位小数的10位浮点数，补位用0填充
06  print(format(3.14159,'0^10.2f'))    # 格式化为保留2位小数的10位浮点数，居中显示，补位用0填充
```

格式化字符串主要包括截取字符串、设置字符串对齐方式、填充字符串等几个方面，举例如下：

```
01  print(format('PYTHON','M^20.3'))      # 截取3个字符，宽度为20，居中显示，不足部分用“M”填充
02  print(format("PYTHON",'10'))          # 默认居左显示，不足部分用空格填充
03  print(format('mingrisoft.com','.3'))  # 截取3个字符，默认居左显示
04  print(format("PYTHON",'>10'))         # 居右显示，不足部分用空格填充
```

案例实现

实现代码如下：

```
01  print("=======圆锥体体积计算=======")              # 输出程序标题
02  r=float(input(" 请输入圆锥体的底面半径："))          # 输入圆锥体的底面半径，并转换为浮点型
03  h=float(input(" 请输入圆锥体的高："))                # 输入圆锥体的高，并转换为浮点型
04  v=format(3.14*r**2*h / 3,".2f")                      # 计算圆锥体的体积
05  print(" 所求圆锥体的体积为：", v)                     # 输出圆锥体的体积
```

实战任务

1. 仿一仿，试一试

（1）算一算已经度过多少光阴。示例代码如下：

```
01  age=int(input("请输入你的年龄："))                   # 输入年龄，需要转换为整型
02  days=365*age                                         # 将年转换为天
03  hours=days*24                                        # 将天转换为小时
04  minutes=days*24*60                                   # 将天转换为分
05  seconds=days*24*60**2                                # 将天转换为秒
06  print("你已经度过了：", days, "天")                   # 输出度过多少天
07  print("你已经度过了：", hours, "小时")                # 输出度过多少小时
08  print("你已经度过了：", minutes, "分钟")              # 输出度过多少分钟
09  print("你已经度过了：", seconds, "秒")                # 输出度过多少秒
```

（2）根据输入的边长，求正方体的体积。示例代码如下：

```
01  long=float(input("边长：") )                         # 输入边长，转换为浮点数
02  v=format(long**3,".2f")                              # 计算体积，保留2位小数
03  print(v)                                             # 输出正方体体积
```

2. 阅读程序写结果

```
01  long=float(input("边长：") )
02  v=long**3
03  s=v//3
04  print(format(s,""))
```

运行程序，输入“4”，输出内容为（　　）。

A. 21:00　　B. 21　　C. 21.00　　D. 21.0

3. 完善程序

为程序添加计算圆锥体表面积的功能。圆锥体的表面积计算公式如下（公式中 r 为底面半径，l 为母线，$l^2=r^2+h^2$，h 为高）。

$$S = \pi rl + \pi r^2$$

请根据要求补全下面代码：

```
01  l=(r**2+h**2)**(________)
02  s=3.14*r______2+3.14*r*l
03  s=format(s,"_______")
04  print(" 所求圆锥体的表面积为：", s)
```

案例 6　数字序号转换器——使用 ASCII 值与字符串

案例描述

案例讲解

张帆是一名编辑，在编校文稿时经常和序号打交道，如经常要将数字转换成罗马数字、数字序号等。阿拉伯数字对应的 ASCII 值，数字序号、汉字数字、汉字数字序号、罗马数字和汉字金额大写等对应的 Unicode 值如表 2.3 所示。通过编码值，可以快速输出相应的符号。

表 2.3　各种编码值对应关系

编码名	编码值									
阿拉伯数字	1	2	3	4	5	6	7	8	9	10
ASCII 值	49	50	51	52	53	54	55	56	57	58
罗马数字	Ⅰ	Ⅱ	Ⅲ	Ⅳ	Ⅴ	Ⅵ	Ⅶ	Ⅷ	Ⅸ	Ⅹ
Unicode 值	8544	8545	8546	8547	8548	8549	8550	8551	8552	8553
空心数字序号	①	②	③	④	⑤	⑥	⑦	⑧	⑨	⑩
Unicode 值	9312	9313	9314	9315	9316	9317	9318	9319	9320	9321
实心数字序号	❶	❷	❸	❹	❺	❻	❼	❽	❾	❿
Unicode 值	10102	10103	10104	10105	10106	10107	10108	10109	10110	10111
汉字数字	一	二	三	四	五	六	七	八	九	十
Unicode 值	19968	20108	19977	22235	20116	20845	19971	20843	20061	21313
汉字数字序号	㈠	㈡	㈢	㈣	㈤	㈥	㈦	㈧	㈨	㈩
Unicode 值	12832	12833	12834	12835	12836	12837	12838	12839	12840	12841
汉字金额大写	壹	贰	叁	肆	伍	陆	柒	捌	玖	拾
Unicode 值	22777	36144	21441	32902	20237	38470	26578	25420	29590	25342

编写一个程序，帮张帆实现输入一个数字，输出对应的罗马数字、实心数字序号和汉字数字序号的功能，输出效果如图 2.12 和图 2.13 所示。

```
数字序号转换器
请输入一个非0的数字（如2）：3
罗马数字为： Ⅲ
实心数字序号为： ❸
汉字数字序号为： ㈢
```

图 2.12　输入数字“3”的输出效果

```
数字序号转换器
请输入一个非0的数字（如2）：8
罗马数字为： Ⅷ
实心数字序号为： ❽
汉字数字序号为： ㈧
```

图 2.13　输入数字“8”的输出效果

知识点讲解

在编程时，符号可以使用 ASCII 值的形式输入。ASCII 是美国信息交换标准码，最早只有 127 个字母被编码到计算机里，即英文大小写字母、数字和一些符号。例如，大写字母 A 的编码是 65，小写字母 a 的编码是 97。

ASCII 在编程时经常会用到，学习时要掌握 ASCII 值的一些规律。常用字符与 ASCII 值对照关系如表 2.4 所示。

表 2.4　常用字符与 ASCII 值对照表

ASCII 非打印字符				ASCII 打印字符											
十进制数	字符及解释	十进制数	字符及解释	十进制数	字符	十进制数	字符	十进制数	字符	十进制数	字符	十进制数	字符	十进制数	字符
0	NUL（空）	16	DLE（空格）	32	(space)	48	0	64	@	80	P	96	`	112	p
1	SOH（头标开始）	17	DC1（设备控制 1）	33	!	49	1	65	A	81	Q	97	a	113	q
2	STX（正文开始）	18	DC2（设备控制 2）	34	"	50	2	66	B	82	R	98	b	114	r
3	ETX（正文结束）	19	DC3（设备控制 3）	35	#	51	3	67	C	83	S	99	c	115	s
4	EOT（传输结束）	20	DC4（设备控制 4）	36	$	52	4	68	D	84	T	100	d	116	t
5	ENQ（查询）	21	NAK（反确认）	37	%	53	5	69	E	85	U	101	e	117	u
6	ACK（确认）	22	SYN（同步空闲）	38	&	54	6	70	F	86	V	102	f	118	v
7	BEL（响铃）	23	ETB（传输块结束）	39	'	55	7	71	G	87	W	103	g	119	w
8	BS（退格）	24	CAN（作废）	40	(	56	8	72	H	88	X	104	h	120	x
9	TAB（水平制表符）	25	EM（媒体结束）	41	)	57	9	73	I	89	Y	105	i	121	y
10	LF（换行）	26	SUB（替换）	42	*	58	:	74	J	90	Z	106	j	122	z
11	VT（垂直制表符）	27	ESC（换码）	43	+	59	;	75	K	91	[	107	k	123	{
12	FF（换页）	28	FS（文件分隔符）	44	,	60	<	76	L	92	\	108	l	124	|
13	CR（回车）	29	GS（组分隔符）	45	-	61	=	77	M	93	]	109	m	125	}
14	SO（移位输出）	30	RS（记录分隔符）	46	.	62	>	78	N	94	^	110	n	126	~
15	SI（移位输入）	31	US（单元分隔符）	47	/	63	?	79	O	95	_	111	o	127	(del)

与 ASCII 相关的主要函数有 chr()函数和 ord()函数。chr()函数返回整型参数值所对应的 ASCII 或 Unicode 值字符，如 chr(65)返回 A，chr(42)返回*。chr()函数的语法格式如下：

```
chr(i)
```

参数说明如下。

☑ i：可以是十进制或十六进制数，传入的参数值必须在 0～1114111（十六进制数为 0x10ffff）。

☑ 返回值：返回当前参数值所对应的 ASCII 或 Unicode 值字符。

chr()函数常见的应用如下：

```
01  print('a')                                    # 输出字符“a”
02  print(chr(97))                                # 输出字符“a”
03  print('A')                                    # 输出字符“A”
04  print(chr(66))                                # 输出字符“B”
05  print('+')                                    # 输出字符“+”
06  print(chr(43))                                # 输出字符“+”
07  print(8)                                      # 输出字符“8”
08  print(chr(56))                                # 输出字符“8”
```

使用 chr()函数获取十进制数、十六进制数 ASCII 值或 Unicode 值对应的字符，十六进制数前需要加“0x”作为十六进制的标志。代码如下：

```
01  print(chr(65),chr(97))                        # 获取十进制数ASCII值65和97对应的字符，输出“A, a”
02  print(chr(0x41),chr(0x61))                    # 获取十六进制数ASCII值41和61对应的字符，输出“A, a”
```

知道了字符的对应 Unicode 值，就可以使用 chr()函数输出相应的字符。例如，输出特殊符号“♠♣♥♦”的代码如下：

```
print(chr(9824),chr(9827),chr(9829),chr(9830))    # 输出特殊符号“♠♣♥♦”
```

运行程序，输出结果为：

```
♠♣♥♦
```

ord()函数用于把一个字符转换为其对应的 Unicode 值，如 ord(' a ')返回整数 97、ord('√')返回整数 8730。该函数与 chr()函数的功能正好相反，ord()函数的语法格式如下：

```
ord(c)
```

参数说明如下。

☑ c：表示要转换的字符。

☑ 返回值：返回字符对应的 Unicode 整数数值。

使用 ord()函数将字符转换为相对应的 ASCII 或 Unicode 值的示例，代码如下：

```
01  # 返回对应的整数
02  print(ord('A'))                               # 输出“65”
03  print(ord('z'))                               # 输出“122”
04  print(ord('0'))                               # 输出“48”
05  print(ord('9'))                               # 输出“57”
06  print(ord('①'))                               # 输出“9312”
```

运行程序，输出结果为：

```
65
122
48
57
9312
```

案例实现

实现代码如下：

```
01  print("数字序号转换器")                              # 输出程序标题
02  num=int(input("请输入一个非0的数字（如2）："))         # 输入单个非0数字
03  print("罗马数字为：", chr(num+8543))                 # 输出对应的罗马数字
04  print("实心数字序号为：", chr(num+10101))             # 输出对应的实心数字序号
05  print("汉字数字序号为：", chr(num+12831))             # 输出对应的汉字数字序号
```

实战任务

1. 仿一仿，试一试

（1）输入小写字母，输出其对应的大写字母（小写字母的 ASCII 值比其对应大写字母的 ASCII 值大 32）。示例代码如下：

```
01  num=input("请输入小写字母：")
02  print("大写字母为：", chr(ord(num)-32))
```

运行程序，输出效果如图 2.14 和图 2.15 所示。

```
请输入小写字母：d
大写字母为： D
```

图 2.14　根据小写字母 d 输出大写字母

```
请输入小写字母：y
大写字母为： Y
```

图 2.15　根据小写字母 y 输出大写字母

（2）用阿拉伯数字 1、2 和实心数字序号❶、❷对两大科技公司排名。示例代码如下：

```
01  ascii1=49                       # 数字"1"对应的ASCII值为49
02  ascii2=10102                    # 实心数字序号"❶"对应的Unicode值为10102
03  num=chr(ascii1)                 # 将整数转换为对应的字符
04  num0=chr(ascii2)                # 将整数转换为对应的字符
05  print(num, "apple", "\n", num0, "apple")  # 两种数字编号输出苹果公司的排名
06  ascii1+=1                       # 数字"2"对应的ASCII值等于ascii1+1，为50
07  ascii2+=1                       # "❶"对应的Unicode值+1即"❷"对应的Unicode值
08  num=chr(ascii1)                 # 获取ascii1对应的字符
09  num0=chr(ascii2 )               # 获取ascii2对应的字符
10  print(num, "microsoft", "\n", num0, "microsoft")
```

运行程序，输出效果如图 2.16 所示。

2. 阅读程序写结果

```
01  num=ord(input("请输入一个大写字母："))
02  num=num+32
03  mystr=chr(num)
04  print(mystr)
```

输入：M

输出：________________

3. 完善程序

参考表 2.4 实现输入罗马数字 I 到 X 中任意一个数字后输出对应带 3 位数字编号的数字的功能。程序运行效果如图 2.17 所示。

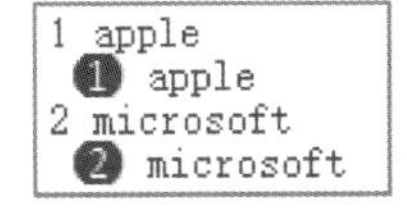

图 2.16　输出效果

```
请输入罗马数字：II
002
```

图 2.17　运行效果

请根据要求补全下面的代码：

```
01  num=input("请输入罗马数字：")
02  new=format(chr(ord(num)-_______),"0<3")
03  print(new)
```

案例 7　记录你的密码——赋值运算符

案例讲解

案例描述

公元前 405 年，雅典和斯巴达之间的伯罗奔尼撒战争已进入尾声。斯巴达军队逐渐占据了优势地位。这时，原来站在斯巴达一边的波斯帝国突然改变态度，停止了对斯巴达的援助。斯巴达军队捕获了一名雅典信使，并从他身上搜出了一条布满杂乱无章希腊字母的腰带，其实腰带上那些杂乱无章的字母是波斯军队送给雅典的一份情报，斯巴达军队根据这份情报马上改变了作战计划，迅速攻击并击溃了毫无防备的波斯军队，解除了后顾之忧。随后，斯巴达军队回师征伐雅典，终于取得了战争的最后胜利。

编写一个程序，让用户输入密码，并从第二次开始提示密码错误，请重新输入。输入 5 次后输出“密码被盗!”，并输出每次输入的密码。（因没讲循环控制语句，此处使用顺序语句实现。）

输出效果如图 2.18 所示。

```
请输入密码：222222
密码错误，还有4次机会，请重新输入：333333
密码错误，还有3次机会，请重新输入：444444
密码错误，还有2次机会，请重新输入：55555
密码错误，还有1次机会，请重新输入：666666

密码被盗！ 222222、333333、444444、55555、666666
```

图 2.18　输出效果

知识点讲解

赋值运算符主要用来为变量等赋值。使用时，可以直接把基本赋值运算符“=”右边的值赋给左边的变量，也可以在进行某些运算后再将结果赋给左边的变量。Python 中常用的赋值运算符如表 2.5 所示。

表 2.5　Python 中常用的赋值运算符

运算符	说　明	举　例	展开形式
=	简单的赋值运算	x=y	x=y
+=	加赋值	x+=y	x=x+y
-=	减赋值	x-=y	x=x-y
*=	乘赋值	x*=y	x=x*y
/=	除赋值	x/=y	x=x/y
%=	取余赋值（取模赋值）	x%=y	x=x%y
**=	幂赋值	x**=y	x=x**y
//=	取整除赋值	x//=y	x=x//y

混淆“=”和“==”是编程中最常见的错误之一。“=”为赋值运算符，作用是将符号右边的值赋给左边的变量，如“num=10”，代表将整数 10 赋值给 num；“==”为逻辑运算符，用于判断符号前后两者是否相等，返回值为 True 或 False，常用于条件测试表达式，如“if num==10”，代表如果 num 等于 10，则执行 if 语句后的语句。

“+=”是加赋值运算符，执行运算时先将该符号左边的值与右边的值相加，再将结果赋值给左边的变量。例如，“a+=1”的计算结果等价于“a=a+1”。在程序编译时，“a+=b”比“a=a+b”执行得更有效率，所以使用“a+=b”有利于编译处理，能提高编译效率并产生质量较高的目标代码。数值、字符串使用“+=”进行赋值的示例代码如下：

```
01 x+=6                      # 加赋值，展开形式为“x=x+6”
02 a+=b                      # 加赋值，展开形式为“a=a+b”
03 b+=(x+1)                  # 加赋值，展开形式为“b=b+(x+1)”
```

“+=”不但可以对数字进行加赋值运算，还可以扩展连接字符串、列表、元组等对象，相当于将两个对象连接后再赋给左边对象。典型应用示例代码如下：

```
01 s='go '
02 y='book'
03 s+='big or go home'       # 值为“go big or go home”，为加赋值
04 y+=s                      # 值为“bookgo big or go home”，为加赋值
```

“*=”为乘赋值运算符，执行运算时先将该符号左边的变量乘以右边的操作数，然后将结果赋给左边的变量，例如，“a*=3”等价于“a=a*3”。典型应用示例代码如下：

```
01 x*=4                      # 乘赋值，等价于“x=x*4”
02 b*=a                      # 乘赋值，等价于“b=b*a”
03 a*=(a+5)                  # 乘赋值，等价于“a=a*(a+5)”
04 char*=4                   # 乘赋值，等价于“char=char*4”
```

“/=”是除赋值运算符，执行运算时先将该符号左边的变量除以右边的操作数，然后将结果赋给左边的变量，例如，“a/=3”等价于“a=a/3”。典型应用示例代码如下：

```
01 x/=9                      # 除赋值，等价于“x=x/9”
02 a/=b                      # 除赋值，等价于“a=a/b”
03 b/=2                      # 除赋值，等价于“b=b/2”
04 x/=(b-3)                  # 除赋值，等价于“x=x/(b-3)”
```

“%=”是取余（取模）赋值运算符，执行运算时先将该符号左边的变量与右边的操作数进行取模运算（两数同为正数时和取余是一样的），然后将结果赋给左边的变量，例如，“a%=3”等价于“a=a%3”。典型应用示例代码如下：

```
01 x%=9                      # 等价于“x=x%9”
02 a%=3                      # 等价于“a=a%3”
03 b%=-3                     # 等价于“b=b%(-3)”
```

“**=”是幂赋值运算符，执行运算时先将该符号左边的变量与右边的操作数进行幂运算，然后将结果赋给左边的变量，例如，“a**=3”等价于“a=a**3”。典型应用示例代码如下：

```
01 x**=5                     # 等价于“x=x**5”
02 b**=(a+1)                 # 等价于“b=b**(a+1)”
03 a**=7                     # 等价于“a=a**7”
```

“//=”是整除赋值运算符，执行运算时先将该符号左边的变量与右边的操作数进行整除运算，然后将结果赋给左边的变量，例如，“a//=3”等价于“a=a//3”。典型应用示例代码如下：

```
01 x//=5                     # 等价于“x=x//5”
02 a//=b                     # 等价于“a=a//b”
03 b//=7                     # 等价于“b=b//7”
```

案例实现

实现代码如下：

```
01 password=""               # 记录用户输入的密码
```

```
02  i=4                                              # 记录用户输入密码的机会
03  password+=input("请输入密码：")
04  password+="、"+input("密码错误，还有"+str(i)+"次机会，请重新输入：")
05  i-=1                                             # 输入密码的机会减少一次
06  password+="、"+input("密码错误，还有"+str(i)+"次机会，请重新输入：")
07  i-=1                                             # 输入密码的机会减少一次
08  password+="、"+input("密码错误，还有"+str(i)+"次机会，请重新输入：")
09  i-=1                                             # 输入密码的机会减少一次
10  password+="、"+input("密码错误，还有"+str(i)+"次机会，请重新输入：")
11  print("\n密码被盗！", password)                  # 输出"密码被盗！"和每次输入的密码
```

实战任务

1. 仿一仿，试一试

（1）整数连加运算（对输入的 3 个数进行加运算）。示例代码如下：

```
01  add=0
02  add+=int(input("请输入第一个数："))
03  add+=int(input("请输入第二个数："))
04  add+=int(input("请输入第三个数："))
05  print("3个数的和为：", add)
```

（2）在添加学生信息时自动生成 5 位学生编号，程序运行效果如图 2.19 所示。示例代码如下：

```
01  i=0
02  names=''
03  name=input("请输入学生姓名：")
04  i+=1
05  names+=format(i,"0>5")+name+'\n'
06  print(names)
07  name=input("请输入学生姓名：")
08  i+=1
09  names+=format(i,"0>5")+name+'\n'
10  print(names)
11  name=input("请输入学生姓名：")
12  i+=1
13  names+=format(i,"0>5")+name+'\n'
14  print(names)
```

```
请输入学生姓名：袁跬海
00001袁跬海

请输入学生姓名：张立见
00001袁跬海
00002张立见

请输入学生姓名：辛鸣山
00001袁跬海
00002张立见
00003辛鸣山
```

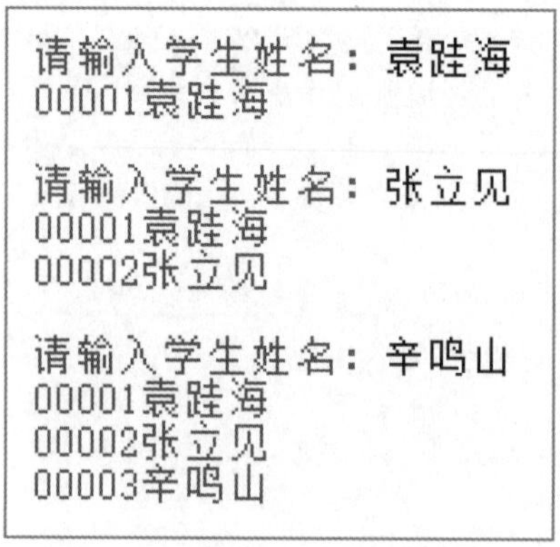

图 2.19　自动添加学生编号的运行效果

2. 阅读程序写结果

```
01 add=20
02 add+=int(input("请输入整数: "))
03 add-=5
04 add/=3
05 add%=7
06 print("结果是: ", int(add))
```

输入：10

输出：____________________

案例 8　超市结账——常用的数学函数

案例讲解

案例描述

超级市场产生于 1930 年的美国纽约，被称为零售业的第三次革命。1930 年 8 月，美国人迈克尔·库仑（Michael Cullen）在美国纽约州开设了第一家超级市场——金库仑联合商店。当时，美国正处在经济大危机时期，迈克尔·库仑精心设计了低价策略和连锁规模进货模式，并首创了自助式销售方式。凭借开放式的销售模式和价廉物美的商品，超级市场很快便征服了用户，像雨后春笋一样遍布世界各地。1978 年，我国也出现了超级市场，当时称作自选商场。

编写一个程序，模拟超市结账系统，根据用户输入的商品名称、价格、折扣，计算出应付金额。根据用户输入的实收金额，进行找零，最后输出购物小票（因没介绍条件语句和循环语句，所以此处只实现对一个商品结账的功能即可）。程序运行效果如图 2.20 和图 2.21 所示。

```
lele超市收银系统
商品名称: 伊利酸奶
商品价格: 8.35
商品数量: 7
商品折扣: 0.85
应付金额: 49.68
实收: 100
```

图 2.20　超市收银系统效果

```
lele超市 购物小票
商品名称      价格      数量      折扣
伊利酸奶      8.35      *7        *0.85
应付:   49.68
实收:   100.0
找零:   50.32
```

图 2.21　购物小票效果

知识点讲解

1. round()函数

round()函数用于返回数值的四舍五入值，其语法格式如下：

```
round(number[, ndigits])
```

参数说明如下。

☑ number：表示需要格式化的数值。

☑ ndigits：可选参数，表示小数点后保留的位数。

☑ 返回值：返回四舍五入值。

使用 round()函数对浮点数进行四舍五入求值，常见用法如下：

```
01 print(round(3.1415926))        # 不提供参数ndigits，四舍五入取整，值为3
02 print(round(3.1415926, 0))     # 参数ndigits为0，保留0位小数，四舍五入后值为3.0
03 print(round(3.1415926, 3))     # 保留小数点后3位，值为3.142
```

```
04  print(round(-0.1233, 2))          # 保留小数点后2位，值为-0.12
05  print(round(20 / 6, 2))           # 保留计算结果小数点后2位，值为3.33
06  print(round(10.15, 1))            # 保留小数点后1位，值为10.2
```

当 round()函数的参数 ndigits 小于 0 时，对浮点数的整数部分进行四舍五入，参数 ndigits 用来控制对整数部分的后几位进行四舍五入，小数部分全部清零，返回类型是浮点型。如果 number 的整数部分位数小于或等于 ndigits 的绝对值，则返回 0.0。常见用法如下：

```
01  print(round(23645.521,-1))        # 对整数部分的后一位进行四舍五入，值为23650.0
02  print(round(23645.521, 2))        # 对整数部分倒数第二位以后的部分进行四舍五入，值为23600.0
03  print(round(23645.521,-3))        # 对整数部分倒数第三位以后的部分进行四舍五入，值为24000.0
04  print(round(23645.521,-6))        # 整数部分位数小于ndigits的绝对值，值为0.0
```

round()函数不仅可以对浮点数进行操作，还可以对整数进行操作，返回类型为整型。代码如下：

```
01  print(round(23665,-2))            # 对整数倒数第二位进行四舍五入，值为23700
02  print(round(23665,-4))            # 对整数倒数第四位进行四舍五入，值为20000
```

2. pow()函数

pow()函数用于返回两个数值的幂运算值，如果提供可选参数 z 的值，则返回幂运算结果之后再对 z 取余。其语法格式如下：

```
pow(x, y[, z])
```

参数说明如下。

☑ x：必需参数，表示底数。

☑ y：必需参数，表示指数。

☑ z：可选参数，表示对结果取余。

☑ 返回值：返回 x 的 y 次方（相当于 x**y），如果提供 z 的值，则返回结果之后再对 z 取余（相当于 pow(x,y)%z）。

通过 pow()函数获取两个数值幂运算值的示例代码如下：

```
01  # 如果参数x和y都是整数，则结果也是整数；如果y是负数，则结果返回的是浮点数
02  print(pow(3,2))                   # 相当于print(3**2)，值为9
03  print(pow(-2,7))                  # 参数x为负数，值为-128
04  print(pow(2,-2))                  # 参数y为负数，值为0.25
05  # 如果参数x和y有一个是浮点数，则结果将转换成浮点数
06  print(pow(2,0.7))                 # 参数y为浮点数，值为1.624504792712471
07  print(pow(3.2,3))                 # 参数x为浮点数，值为32.76800000000001
```

通过 pow()函数获取幂运算值与指定整数模值的示例代码如下：

```
01  # 指定参数z的值，参数x和y必须为整数，且参数y不能为负数
02  print(pow(2,3,3))                 # 相当于print(pow(2,3)%3)
```

3. divmod()函数

divmod()函数用于返回两个数值（非复数）相除得到的商和余数组成的元组。其语法格式如下：

```
divmod(x, y)
```

参数说明如下。

☑ x：表示被除数。

☑ y：表示除数。

☑ 返回值：返回由商和余数组成的元组。

使用 divmod()函数获取商和余数元组的示例代码如下：

```
01  print(divmod(9,2))                # 被除数为9，除数为2，值为(4, 1)
02  print(divmod(100,10))             # 被除数为100，除数为10，值为(10, 0)
03  print(divmod(15.5,2))             # 被除数为15.5，除数为2，值为(7.0, 1.5)
```

案例实现

实现代码如下：

```
01 print("lele超市收银系统")                                    # 输出程序标题
02 name=input("商品名称：")
03 price=input("商品价格：")
04 count=input("商品数量：")
05 off=input("商品折扣：")
06 pay=round(int(count)*float( price)*float(off),2)             # 计算应付金额，进行四舍五入
07 print("应付金额：", pay)
08 get=float(input("实收："))
09 ret=get-pay                                                  # 计算找零金额
10 print("lele超市 购物小票")
11 print("商品名称   价格   数量    折扣")
12 print(name,"    "+price+" *"+count+" *"+off)                # 输出商品销售信息
13 print("应付：",pay)
14 print("实收：",get)
15 print("找零：",ret)
```

实战任务

1. 仿一仿，试一试

（1）利用 divmod()函数和用户输入的秒数，计算共过了多少分钟、小时、天和年。程序运行效果如图 2.22 所示。

```
请输入你从出生到现在大概度过了多少秒：
989990000
你已经度过了16499833分钟零20秒
你已经度过了274997小时零13分钟
你已经度过了11458天零5小时
你已经度过了31年零143天
```

图 2.22　运行效果

示例代码如下：

```
01 second=int(input("请输入你从出生到现在大概度过了多少秒：\n"))  # 用户输入目前度过的秒数
02 minute=divmod(second,60)                 # 根据秒数计算返回的整数分钟和秒数
03 print("你已经度过了{}分钟零{}秒".format(minute[0],minute[1]))
04 hour=divmod(minute[0],60)                # 根据分钟数计算返回的整小时和分钟
05 print("你已经度过了{}小时零{}分钟".format(hour[0],hour[1]))
06 day=divmod(hour[0],24)                   # 根据小时数计算返回的整天数和小时
07 print("你已经度过了{}天零{}小时".format(day[0],day[1]))
08 year=divmod(day[0],365)                  # 根据天数计算返回的年数和天数
09 print("你已经度过了{}年零{}天".format(year[0],year[1]))
```

（2）根据输入的正方体边长，计算正方体的体积。程序运行效果如图 2.23 所示。

示例代码如下：

```
01 long=float(input("正方体边长："))
02 v=pow(long,3)
03 print("正方体体积为：",v)
```

```
正方体边长：6
正方体体积为：  216.0
```

图 2.23　计算正方体体积程序的运行效果

2. 阅读程序写结果

```
01  long=float(input("输入一个浮点数："))
02  x,y=divmod(long,3)
03  x=pow(x,3)
04  x+=10
05  print(x)
```

输入：12.5

输出：____________

案例讲解

案例 9　数字验证码——random 模块的应用

案例描述

雅虎是世界上最早的互联网公司之一，也是互联网时代早期重要的免费电子邮箱提供商。在还没有网络验证码的时候，雅虎的邮箱每天都受到数以万计的垃圾邮件的“狂轰滥炸”。问题是时代的声音，回答并指导解决问题是理论的根本任务。当时年仅 21 岁的编程天才——Luis von Ahn 巧妙地设计了一种网络验证方式，很好地解决了网络邮箱验证的问题。其原理是计算机先产生一个随机的字符串，然后用程序把这个字符串的图像进行随机的扭曲变形，能辨认出变形字符串的就是用户，否则认为是恶意用户使用软件进行的机器识别，类似验证码如图 2.24 所示。现在，验证码被广泛应用于各种网络平台，验证方式也多种多样。

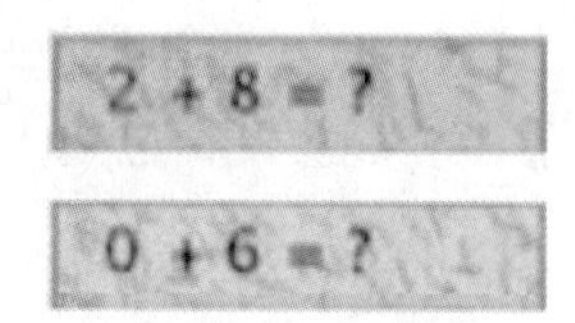

图 2.24　验证码

假设公司正在做一个大数据项目，而你被安排做验证模块。其中一项工作是生成数字计算的验证码，如生成“3*9=？”或“8+3=？”。尝试编写实现这一功能的程序，背景统一为紫色，文字颜色为白色，运行效果如图 2.25 所示（本案例的开发环境为 Pycharm）。

2 + 6 =?

0 * 3 =?

图 2.25　运行效果

知识点讲解

random 模块是 Python 的内置模块，用于生成随机数。使用前一定要导入该模块，代码如下：

```
import random
```

下面主要介绍该模块的常用功能。

（1）random.shuffle(seq)：重新随机排列数据。实现洗牌功能，即将数字顺序打乱的代码如下：

```
01  import random
02  num=[1,2,3,4,5,6]
03  random.shuffle(num)          # 将数字1～6的顺序打乱
04  print (num)
```

输出结果如下：

```
[3,1,5,4,6,2]
```

将变量（国家）的顺序打乱的代码：

```
01  import random
02  a="德国"
03  b="法国"
04  c="美国"
05  d="俄罗斯"
06  data=[a,b,c,d]
07  random.shuffle(data)         # 将“德国”“法国”“美国”“俄罗斯”4个国家的顺序打乱
08  print(list)
```

（2）random.sample(seq,n)：从序列中选择 *n* 个随机且不重复的元素。例如，选择 5 个随机数字并输出，代码如下：

```
01  import random
02  num=[1,2,3,4,5,6,7,8,9,0]
03  print (random.sample(num,5))
```

输出结果如下：

```
[2,5,1,0,9]
```

从 4 个国家中随机抽取 2 个国家并输出，代码如下：

```
01  import random
02  a="德国"
03  b="法国"
04  c="美国"
05  d="俄罗斯"
06  data=[a,b,c,d]
07  print (random.sample(data,2)
```

输出结果如下：

```
["美国","俄罗斯"]
```

从 4 组语言或数据库组合中输出 2 个组合，代码如下：

```
01  import random
02  data=[["Java","Oracle"],["C#","ASP.NET"],["PHP","MySQL"],["C","C++"]]
03  print (random.sample(data,2)                  # 从4组语言或数据库组合中输出2个组合
```

输出结果如下：

```
[["PHP","MySQL"], ["Java","Oracle"]]
```

（3）random.choice(seq)：从列表中随机返回任意一个元素，输出元素不包含引号或双引号。例如，从字母列表["a","b","c","d","e","f "]中随机输出一个字母，代码如下：

```
print(random.choice(["a","b","c","d","e","f "]))      # 从字母列表中输出一个字母
```

输出结果如下：

```
d
```

从 4 个国家中随机抽取 1 个国家并输出，代码如下：

```
01  import random
02  a="德国"
03  b="法国"
04  c="美国"
05  d="俄罗斯"
06  data=[a,b,c,d]
07  print (random.choice(data)
```

输出结果如下：

```
德国
```

输出 NBA 球星中的 1 位球员，代码如下：

```
print(random.choice(['科比', '乔丹', '库里', '', '科比', '乔丹'])        # 输出NBA球星中1位球员
```

输出结果如下：

```
库里
```

（4）random.randrange([start], stop[, step])：从指定范围内，按基数递增的方式获取 1 个随机数。范围包含首数 start，不包含尾数 stop。step 为步进值，默认为 1。

从 1 到 10（不包含 10）的整数中，随机返回 1 个数，默认 step 值为 1，代码如下：

```
print ( random.randrange(1,10)            # 相当于从[1, 2, 3, …, 8, 9]序列中返回一个随机数
```

输出结果如下：

```
5
```

从 20 到 40（不包含 40）的偶数中，随机返回 1 个数，代码如下：

```
01  import random
02  m=random.randrange(20, 40, 2)       # 相当于从[20, 22, 24, …, 36, 38]序列中返回一个随机数
03  print(m)
```

输出结果如下：

```
24
```

案例实现

实现代码如下：

```
01  import random
02  no1=random.randint(0, 9)
03  no2=random.randint(0, 9)
04  no3=random.randint(0, 9)
05  no4=random.randint(0, 9)
06  print()
07  print("\033[1;37;45m\t", no1, "+", no2, "=?\t\t\033[0m")
08  print()
09  print("\033[1;37;45m\t", no3, "*", no4, "=?\t\t\033[0m")
```

实战任务

1. 仿一仿，试一试

随机产生一注福彩 3D 彩票号码。示例代码如下：

```
01  import random
02  no=str(random.randint(0, 9))
```

```
03 no+=str(random.randint(0, 9))
04 no+=str(random.randint(0, 9))
05 print(no)
```

2. 完善程序

修改本案例代码，要求可以随机生成“+”或“-”运算符，实现加减验证码，随机生成“*”或“//”运算符，实现乘除验证码。请根据要求补全下面代码：

```
01 import random
02 no1=random.randint(0, 9)
03 no2=random.randint(0, 9)
04 no3=random.randint(0, 9)
05 no4=random.randint(0, 9)
06 option1=random.________(["+","-"])
07 option2=random.________(["*","//"])
08 print()
09 print("\033[1;37;45m\t", no1,option1 , no2, "=?\t\t\033[0m")
10 print()
11 print("\033[1;37;45m\t", no3, option2, no4, "=?\t\t\033[0m")
```

PART 03

第3章 字符串与列表

■ 在Python中，序列是最基本的数据结构，它是一块用于存放多个值的连续内存空间，Python中内置了5种常用的序列结构，分别是字符串、列表、字典、元组和集合。本章主要介绍字符串和列表。

字符串是所有编程语言在项目开发过程中涉及非常多的一种序列结构。大部分项目的运行结果，都需要以文本的形式展示给客户，例如财务系统的总账报表、电子游戏的比赛结果、火车站的列车时刻表等。这些结果都是由程序经过精密的计算、判断和梳理后用文本形式直观地展示出来的。曾经有一位“久经沙场”的老程序员说过这样一句话“开发一个项目，基本上就是在不断地处理字符串。”

列表由一系列特定顺序排列的元素组成，它是 Python 中内置的可变序列。在形式上，列表的所有元素都放在一对中括号“[ ]”中，两个相邻元素间使用逗号“,”分隔。在内容上，可以将整数、字符串、列表、元组等任何类型的内容放入列表中，并且在同一个列表中，元素的类型可以不同，因为它们之间没有任何关系。由此可见，Python 中的列表是非常灵活的。

接下来结合案例介绍一些操作字符串和列表的常用方法。

本章要点

- 字符串切片与连接 ■
- 字符串的 replace()方法 ■
- 字符串检索与查询 ■
- 字符串的 split()方法 ■
- 字符串大小写转换 ■
- 列表的基本操作 ■
- 使用 sort()方法对列表元素进行排序 ■
- 使用 sum()函数对列表元素进行求和 ■
- 列表推导式 ■
- 使用 decode()方法实现解码操作 ■

案例 10　藏头诗——字符串切片与连接

案例讲解

案例描述

藏头诗是杂体诗中的一种，常见的体例是将要表达的内容分藏于诗句之首，每句的第一个字连起来可以表达特定的含义。如《水浒传》中“吴用智赚玉麒麟”，军师吴用假扮算命先生，为卢俊义题写 4 句藏头诗：

芦花丛中一扁舟，
俊杰俄从此地游。
义士若能知此理，
反躬逃难可无忧。

藏头诗中每句第一个字连起来是“芦俊义反”，从而将卢俊义逼上了梁山。

编写一个程序，将输入的诗句分别存储到一个字符串变量中，然后分别输出每句诗中的第一个字并连接起来，显示藏头诗句，如图 3.1 所示。运行程序，输出效果如图 3.2 所示。

```
输入4句藏头诗
我以相思寄春风
喜怒缥缈恨无踪
欢颜一展逢君处
你我相识情自浓
```

图 3.1　输入藏头诗

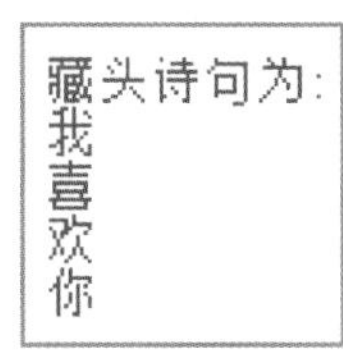

图 3.2　输出藏头诗句

知识点讲解

字符串是由一个或多个单字符组成的一串字符，在实际开发中经常会用到。在 Python 中，字符串是一种数据类型，因此可以通过特定的函数实现对字符串的拼接、截取及格式化等操作。

在 Python 中定义字符串非常简单，只需要使用引号“' '”或“" "”就可以创建一个字符串，同时需要将字符串分配给一个变量，这样在后面的代码中就可以访问相应的字符串。其基本语法格式如下：

```
var="Hello World!"
```

以上是以双引号定义的字符串。除了双引号，还可以使用单引号来定义字符串，格式如下：

```
var='Hello World!'
```

在 Python 中，可以对字符串进行遍历操作，还可以使用切片的方式来截取字符串，其语法格式如下：

```
string[start : end : step]
```

这里的 string 表示要截取的字符串或字符串变量。在中括号中以冒号分隔索引值，其中参数 start 表示要截取的开始索引值，参数 end 表示要截取的结束索引值，参数 step 表示切片步长，默认值为 1。这 3 个参数实际上都可以单独省略，例如，只需要指定开始位置，或者只需要指定结束位置，甚至只指定步长参数也是允许的。示例代码如下：

```
01 var="www.mingrisoft.com"
02 print(var[0])                # 截取第一个字符，输出“w”
03 print(var[-1::])             # 截取最后一个字符，输出“m”
04 print(var[2:6])              # 截取索引值为2至5位置的字符，输出“w.mi”
05 print(var[2:-1])             # 截取索引值为2至-2位置的字符，输出“w.mingrisoft.co”
06 print(var[-5:-1:])           # 截取索引值为-5至-2位置的字符，输出“t.co”
```

```
07  # 当开始索引和结束索引为字符串开始和结束时可以省略不写
08  print(var[:])                  # 截取全部字符，输出“www.mingrisoft.com”
09  print(var[1:])                 # 截取索引值1至最后的字符，输出“ww.mingrisoft.com”
10  print(var[0:6])                # 截取索引值从0到5位置的字符，输出“www.mi”
11  print(var[0::3])               # 从索引值0开始，每隔两个字符截取字符，输出“w.nifc”
12  print(var[2::2])               # 从索引值2开始，每隔一个字符截取字符，输出“wmnrsf.o”
13  print(var[-3:])                # 截取末尾3个字符，输出“com”
14  new=var[::-1]                  # 翻转字符串，输出“moc.tfosirgnim.www”
15  print(new)
16  new=str[-1::-1]                # 翻转字符串，输出“moc.tfosirgnim.www”
17  print(new)
```

在软件开发过程中，会经常用到字符串的拼接操作，最常用的拼接方式是使用“+”符号进行拼接，格式如下：

```
variable=str1+str2+str3+…
```

多个字符串之间使用“+”进行拼接，可以将常量值和变量值拼接后赋给另一个变量，代码如下：

```
01  import datetime                                    # 导入datetime模块
02  message="今天是："                                  # 定义变量message的值
03  ToDay=datetime.datetime.today().date()             # 获取当前系统日期，赋给ToDay变量
04  message1=",星期"                                    # 定义变量message1的值
05  weekDay=datetime.datetime.now().weekday()          # 获取当前为一周的第几天
06  # 使用“+”符号将字符串拼接，输出“今天是：2018-09-26，星期2”
07  print(message+str(today)+message1+str(weekday))
```

在进行字符串拼接时，所有参与拼接的常量或变量的类型必须是 string 类型，例如上例中的 weekDay 变量，它实际上是 int 类型，如果不使用 str()函数进行转换，程序就会报出异常错误。

有时，也可以通过多行代码来拼接，此方式只适合常量字符串拼接。相比于三引号定义方式，这种方式可以忽略回车符。代码如下：

```
01  # 通过一对小括号“()”实现一行字符串内容的多行定义拼接
02  varStr=("python"
03          "字符串"
04          "拼接")
05  print(varStr) # 输出结果为“python字符串拼接”
```

案例实现

实现代码如下：

```
01  print("输入4句藏头诗")
02  word1=input("")
03  word2=input("")
04  word3=input("")
05  word4=input("")
06  new=word1[0]+word2[0]+word3[0]+word4[0]
07  print("藏头诗为:",new)
```

实战任务

1. 仿一仿，试一试

（1）数字翻转，姓名翻转。示例代码如下：

```
01  num=input("请输入一串数字：")
02  print(num[::-1])                    # 翻转数字
03  name=input("请输入您的姓名：")
04  print(name[::-1])                   # 翻转姓名
```

（2）提取身份证号中的生日信息。示例代码如下：

```
01  num=input("请输入你的身份证号：")
02  birth=num[6:10]+"年"+num[10:12]+"月"+num[12:14]+"日"
03  print(birth)
```

2. 阅读程序写结果

```
01  var=input("请输入你的电话号码：")
02  num1=int(var[-2:])
03  num2=int(var[0:2])
04  num2+=num1
05  num1+=num2
06  num2//=3
07  num1%=num2
08  print(num1)
```

输入：18686522122

输出：____________________

3. 完善程序

修改本案例代码，实现对输入的一首诗的每一句进行翻转输出，同时输出翻转后的藏头诗（每行第一个字）。请根据要求补全下面代码：

```
01  print("输入4句藏头诗")
02  word1=input("")_______
03  word2=input("")_______
04  word3=input("")_______
05  word4=input("")_______
06  new=word1[0]+word2[0]+word3[0]+word4[0]
07  print("藏头诗为:",new)
```

案例 11　虚拟生成用户姓名——字符串的 replace()方法

案例描述

案例讲解

随着个人通信信息、身份信息等泄露事件的发生，隐私已成为当今社会普遍议论的话题，大家对个人隐私越来越重视。个人隐私涉及的面很广，每个人的姓名也属于隐私，如果被侵犯可以依法起诉并要求赔偿。如果在产品宣传、运营中涉及大量姓名数据推广和运营，应该如何避免隐私泄露问题？

根据提供的 3 个字符串 surname、second 和 third，编写一个生成虚拟用户姓名的程序，实现随机生成 3 个字姓名和两个字姓名的功能，字符串 surname、third 和 second 字符之间用中文逗号“，”间隔。输出效果如图 3.3 所示。

```
卫万乐
陈渝
```

图 3.3　程序输出效果

知识点讲解

replace()方法用于将某一字符串中一部分字符替换为指定的新字符，如果不指定新字符，那么原字符将被直接去除，效果如图 3.4 和图 3.5 所示。

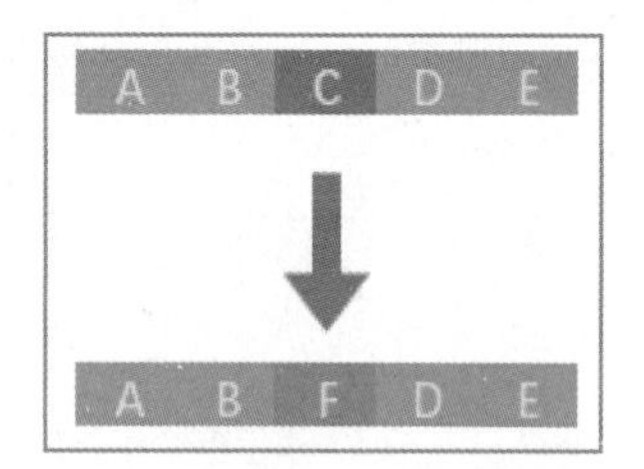

图 3.4　replace()方法指定新字符

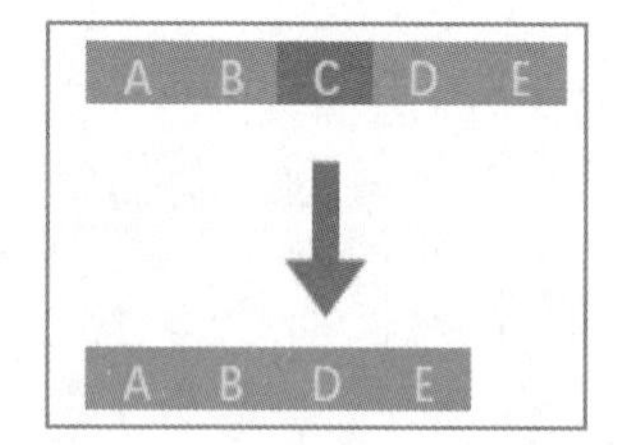

图 3.5　replace()方法不指定新字符

replace()方法的语法格式如下：

```
str.replace(old [, new [, count]])
```

参数说明如下。

☑ old：表示将被替换的子字符串。

☑ new：表示用于替换 old 的新字符串。

☑ count：可选参数，表示要替换的次数，如果不指定该参数，则会替换所有匹配字符，而指定替换次数时的替换是从左向右依次进行的。

使用 replace()方法将字符串“www.mingrisoft.com”中的“soft”替换为“book”，代码如下：

```
01 str1='www.mingrisoft.com'
02 print(str1.replace('soft', 'book'))
```

运行程序，输出结果为：

```
www.mingribook.com
```

身份证号或手机号等重要的数据不能随意传递，可以把其中几个重要数字用星号代替，以起到保护隐私的作用，如图 3.6 所示。

	A	B
1	原始身份证号	隐藏后的身份证号
2	111111201509092222	111111********2222
3	222222201509093333	222222********3333
4	333333201509094444	333333********4444

图 3.6　身份证号中的重要数字用星号代替

下面使用 replace()方法将身份证号中的个人出生日期信息替换为星号“*”，代码如下：

```
01 str1='333333201501012222'
02 s1=str1[6:14]
03 print(str1.replace(s1, '********'))
```

删除任意位置的相同字符。例如，字符串中有多处包含了“\t”，使用 replace()方法可将所有“\t”删除，代码如下：

```
01  # 去除字符串中相同的字符
02  s='\tmrsoft\t888\tbook'
03  print(s.replace('\t',''))
```

多次使用 replace()方法将文本中的特殊字符删除，如“/”“_”“*”等，代码如下：

```
01  temp='天生/ 我_材/必*有用'
02  print(temp.replace(' ','').replace("*",'').replace('_','').replace('/',''))
```

有时，需要对字符串进行一些基本的数据处理，例如，删除包含的空格、制表符、换行符或其他特殊字符等。图 3.7 所示的字符串的首尾处出现了特殊字符，这种情况可能是用户输入或数据源不统一导致的，所以，为了使数据更准确，必须去除掉这些字符。

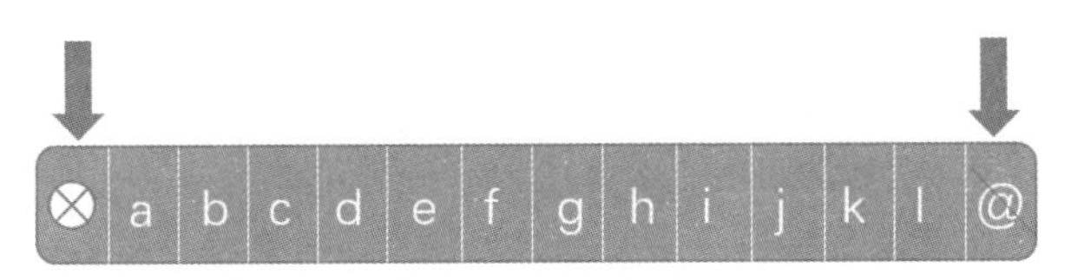

图 3.7　字符串的首尾处出现了特殊字符

在 Python 中，不需要人工实现查找、判断和去除这些特殊字符的功能，因为 Python 的字符串对象提供了几个可用的方法，其基本定义如下：

```
str.strip([chars])
str.lstrip([chars])
str.rstrip([chars])
```

上述 3 个方法都是用于去除字符串中的空格或特殊字符的，区别在于 strip()方法用于去除字符串左右两边的特殊字符或空格，而 lstrip()方法用于去除字符串左边的特殊字符或空格，rstrip()方法用于去除字符串右边的特殊字符或空格。3 个方法的参数是相同的，也都是可选参数，如果传递该参数，那么该参数的值表示要去除的字符；如果不指定该参数值，则默认将去除空格、制表符“\t”、回车符“\r”和换行符“\n”等。代码如下：

```
01  s1=" hello python"                    # 定义字符串
02  s2="hello python "                    # 定义字符串
03  s3="hello python*"                    # 定义字符串
04  s4="%hello python "                   # 定义字符串
05  print(s1.lstrip())                    # 输出“hello python”
06  print(s2.rstrip())                    # 输出“hello python”
07  print(s3.strip("*"))                  # 输出“hello python”
08  print(s4.strip("%"))                  # 输出“hello python”
```

案例实现

实现代码如下：

```
01  import random                         # 导入随机模块
02  surname='赵，钱，孙，李，周，吴，郑，王，冯，陈，褚，卫，蒋，沈，韩，杨，朱，秦，尤，许'
03  second='中，万，斯，近，元，伟，丽，利，国，士，文，连，百，宏，可，立，成，海'
04  third='隆，智，渝，顺，乐，天，杰，夫，煜，兵，思，霆，炜，祺，亮，剀，炫，翔，维，瑞，韬，嘉，林，
    庆，玮'
05  surname=surname.replace("，","")      # 删除字符串中的间隔符
06  second=second.replace("，","")        # 删除字符串中的间隔符
```

```
07  third=third.replace("，",""）                    # 删除字符串中的间隔符
08  # 随机产生一个3个字的姓名
09  name1=random.choice(surname)+random.choice(second)+random.choice(third)
10  # 随机产生一个2个字的姓名
11  name2=random.choice(surname)+random.choice(third)
12  print(name1)
13  print(name2)
```

实战任务

1. 仿一仿，试一试

（1）银行卡号分段显示。银行卡号一般都是大于 15 位的数字，不容易记而且在抄写的过程中容易出错。一般我们在写银行卡号时，习惯将银行卡号分段书写，如银行卡号每 4 位一个空格，如图 3.8 所示。

	A	B
1	姓名	银行卡号
2	张三	6212 2111 1111 1111 222
3	李四	6212 2333 3333 3333 444
4	王五	6212 2555 5555 5555 666

图 3.8　银行卡号分段显示效果

示例代码如下：

```
01  str1='6212211111111111222' # 定义字符串
02  substr1=str1[0:4]
03  substr2=str1[4:8]
04  substr3=str1[8:12]
05  substr4=str1[12:16]
06  substr5=str1[16:19]
07  print(substr1+' '+substr2+' '+substr3+' '+substr4+' '+substr5)
```

（2）将车牌号中的“澳 C”用星号替换。示例代码如下：

```
01  number="澳C-KM516,澳C-GN516,澳C-KD516,澳C-EV516,澳C-EG516,澳C-KB516,澳C-QU516"
02  new=number.replace( "澳C","**")
03  print(new)
```

（3）输入你的个人信息，输出时需要滤除输入的空格。示例代码如下：

```
01  word=input("输入你的姓名：").strip(" ")+"."
02  word+=input("输入你的身高：").strip(" ")+"."
03  word+=input("输入你的体重：").strip(" ")+"."
04  print(word)
```

2. 阅读程序写结果

```
01  num=input("请输入你的身份证号：")
02  year=int(num[8:10])
03  month=int(num[10:12])
04  day=int(num[12:14])
05  year%=month
06  day%=month
07  year+=day
08  num=year%month
09  print(num)
```

输入：220109200307052121

输出：________________

3. 完善程序

修改本案例代码，为生成的虚拟姓名提供一个 QQ 邮箱账号，邮箱账号固定 4 位由小写字母和数字随机生成，如 hg2u@qq.com。

请根据要求补全下面代码：

```
01 import random                                # 导入随机模块
02 surname='赵，钱，孙，李，周，吴，郑，王，冯，陈，褚，卫，蒋，沈，韩，杨，朱，秦，尤，许'
03 second='中，万，斯，近，元，伟，丽，利，国，士，文，连，百，宏，可，立，成，海'
04 third='隆，智，渝，顺，乐，天，杰，夫，煜，兵，思，霆，炜，祺，亮，剀，炫，翔，维，瑞，韬，嘉，林，
   庆，玮'
05 surname=surname.replace("，","")              # 删除字符串中的间隔符
06 second=second.replace("，","")                # 删除字符串中的间隔符
07 third=third.replace("，","")                  # 删除字符串中的间隔符
08 # 随机产生一个3个字的姓名
09 name=random.choice(surname)+random.choice(second)+random.choice(third)
10 print(name)
11 num="________________________________________________"
12 # 随机从字母与数字列表中选出4个字符组成邮箱账号名
13 post=random.choice(num)+random.choice(num)+random.choice(num)+random.choice(num)+"@qq.com"
14 print(post)
```

案例 12　小说词频统计——字符串检索与查询

案例讲解

案例描述

词频统计是文献计量学中传统的和具有代表性的一种内容分析方法，用以评估一个词对于一个文件或者一个语料库中的一个领域文件集的重复程度。可通过词频分析确定热点及其变化趋势。词频统计为学术研究提供了新的方法和视野，是文本挖掘的重要手段。

《三国演义》是我国的四大名著之一，关羽是《三国演义》中有名的武将。根据给定的《三国演义》的片段，输出字符串 name 中前两个字符"云长"出现的次数和位置。程序运行效果如图 3.9 所示。

```
云长出现次数： 3
云长出现位置：14  98  127
```

图 3.9　程序运行效果

知识点讲解

Python 提供了以下几个用于实现字符串检索的方法，通过这些方法可以实现字符串中字符的检索、统计和位置检索等。

1. count()方法

count()方法可用于查询一个子字符串在其本身字符串对象中出现的次数，语法格式如下：

```
str.count(sub[,beg[,end]])
```

count()方法是字符串对象本身的一个实现方法，所以可以直接在原字符串对象上调用。该方法包含 3 个

参数，其中参数 sub 是必须的，表示要检索的子字符串；而 beg 和 end 都是可选参数，分别表示检索范围的起始位置索引值和结束位置索引值。如果不指定这两个参数，则起始位置将是字符串的最左侧，而结束位置则是字符串的结尾处。count()方法统计时区分字母大小写。应用示例代码如下：

```
01  surname='赵构钱丽孙周可安李冯赵周同吴钱郑周王冯初陈'
02  print(surname.count("周"))                          # 输出3
03  print(surname.count("冯",3))                        # 从索引值为3的位置开始检索，输出2
04  name="www.mingrisoftr.com,www.huawei.com,www.jd.com"
05  print(name.count("com",5))                          # 输出3
06  print(name.count("WWW"))                            # 输出为0，区分大小写
```

2. find()方法

find()方法可用于查询一个子字符串在其本身字符串对象中首次出现的索引位置，如果没有检索到相应字符串，则返回-1。find()方法的语法格式如下：

```
str.find(sub[,start[,end]])
```

该方法包含 3 个参数，其中参数 sub 是必须的，表示要检索的子字符串；而 start 和 end 都是可选参数，分别表示检索范围的起始位置索引值和结束位置索引值。如果不指定这 2 个参数，则起始位置将是字符串的最左侧，而结束位置则是字符串的结尾处。

rfind()方法与 find()方法功能相同，区别在于 rfind()方法是从右向左检索的，类似的还有 rindex()方法。

3. index()方法

index()方法可用于查询一个子字符串在其本身字符串对象中首次出现的索引位置，语法格式如下：

```
str.index(sub[,start[,end]])
```

index()方法与 find()方法功能相同，区别在于当 find()方法没有检索到指定的字符串时会返回-1，而 index()方法会抛出 ValueError 异常。该方法包含 3 个参数，这 3 个参数与 find()方法的相同。例如，从指定的文本内容中先检索“Python”首次出现的位置，然后再从该位置开始，到指定的结束位置检索“python”的出现位置的实现代码如下：

```
01  # 定义字符串文本
02  vars="""Welcome to Python 3.7's help utility!
03  If this is your first time using Python, you should definitely check out
04  the tutorial on the Internet at https://docs.python.org/3.7/tutorial/.
05  """
06  firstIndex=vars.index("Python")                      # 在整个字符串中检索“Python”首次出现的
                                                         位置
07  print("Python，首次出现的位置为:",firstIndex)          # 输出“Python，首次出现的位置为: 11”
08  lastIndex=vars.index("python",firstIndex+1,100)      # 在指定开始位置和结束位置间查找“Python”
                                                         首次出现的位置
09  print("关键字：python，第二次出现的位置为:",lastIndex)  # 如果能够检索到则输出位置
```

运行该程序，在第一次检索并输出结果后，程序会抛出如下异常信息：

```
Traceback (most recent call last):
  File "F:/Python 开发详解/MR/Code/Demo/11/10/Demo.py", line 8, in<module>
    lastIndex=vars.index("python",firstIndex+1,100)      # 在指定开始位置后进行查找
ValueError: substring not found
```

在检索“python”时，所指定的结束位置在“python”的前面，所以本次检索不包含小写“python”，这时程序就会抛出异常。

Python 提供了 len()函数用于计算字符串的长度或元素的个数，包括字符串、列表、元组等。len()函数的语法格式如下：

```
len(s)
```

参数 s 表示对象，可以是字符串、列表、元组、字典等。

例如，定义一个字符串，内容为“人生苦短，我用 Python!”，然后使用 len()函数计算该字符串的长度，代码如下：

```
01 str1='人生苦短，我用Python!'    # 定义字符串
02 length=len(str1)              # 计算字符串的长度
03 print(length)                 # 输出“14”
```

案例实现

实现代码如下：

```
01 word="当下两军相对，玄德出马，左有云长，右有翼德，扬鞭大骂："反国逆贼，何不早降！"程远志大怒，遣副将邓茂出战。张飞挺丈八蛇矛直出，手起处，刺中邓茂心窝，翻身落马。程远志见折了邓茂，拍马舞刀，直取张飞。云长舞动大刀，纵马飞迎。程远志见了，早吃一惊，措手不及，被云长刀起处，挥为两段。"
02 name="云长翼德"
03 count=word.count(name[0:2])          # 统计词“云长”的出现次数
04 order=''
05 size=-2
06 for i in range(count):                # 按出现次数查找位置
07     size=word.find(name[0:2],size+len(name[0:2])) # 列出出现位置
08     order+=str(size)+"  "
09 print(name[0:2]+"出现次数：",count)
10 print(name[0:2]+"出现位置："+order)
```

实战任务

1. 仿一仿，试一试

统计 2020 年前 20 期福彩 3D 彩票开奖结果中各位数字出现的次数。示例代码如下：

```
01 num="296049623434251586137447705397389574602496296804807004337087"
02 order=""
03 for i in range(10):
04     count=num.count(str(i))
05     order+=str(i)+":"+str(count)+"\n"
06 print(order)
```

2. 阅读程序写结果

```
01 year=int(input("请输入你的出生年份："))
02 name=input("请输入你的姓名：")
03 year-=1900
04 year%=len(name)
05 year+=len(name)
06 print(year)
```

输入：1989　　　章名扬

输出：________________

3. 完善程序

修改本案例代码，在所有“云长”两字旁加上位置索引。请根据要求补全下面代码：

```
01 word="当下两军相对，玄德出马，左有云长，右有翼德，扬鞭大骂："反国逆贼，何不早降！"程远志大怒，
   遣副将邓茂出战。张飞挺丈八蛇矛直出，手起处，刺中邓茂心窝，翻身落马。程远志见折了邓茂，拍马舞刀，
   直取张飞。云长舞动大刀，纵马飞迎。程远志见了，早吃一惊，措手不及，被云长刀起处，挥为两段。"
02 name="云长翼德"
03 count=word.count(name[0:2])
04 order=""
05 size=-2
06 new=""
07 for i in range(count):     # 按“云长”出现次数添加位置索引
08     size_new=word.find(name[0:2],size+len(name[0:2]))
09     new+=word[size:size_new+len(name[0:2])]+"("+____________+")"
10     order+=str(size)+"  "
11     size=size_new+________________
12 new=new+word[size:]
13 print(new)
```

案例 13　福布斯富豪排行榜——字符串的 split()方法

案例描述

案例讲解

2020 年福布斯富豪榜的前 5 名依次为杰夫・贝佐斯、比尔・盖茨、伯纳德・阿诺特、沃伦・巴菲特、拉里・埃里森。编写一个程序，用 3 位数字编号输出福布斯富豪榜的前 5 名。输出效果如下所示。

```
001 杰夫・贝佐斯
002 比尔・盖茨
003 伯纳德・阿诺特
004 沃伦・巴菲特
005 拉里・埃里森
```

知识点讲解

在 Python 中，用 split()方法进行字符串分隔后，将会得到一个字符串列表。split()方法的语法格式如下：

```
str.split(sep,maxsplit)
```

字符串对象本身的 split()方法可以实现分隔操作，它含有 2 个参数，其中参数 sep 是分隔符，参数 maxsplit 是要分隔的次数，如果不指定该参数，则分隔所有匹配字符，而指定分隔次数时的分隔是从左向右依次进行的。示例代码如下：

```
01 s1='a,b,c'                 # 定义字符串
02 s2='a b c d'               # 定义字符串
03 s1Split=s1.split(',')      # 按逗号分隔
04 s2Split1=s2.split()        # 按默认值分隔。默认为None，包括空格、换行符和制表符等
05 s2Split2=s2.split(' ',2)   # 按空格分隔，同时只分隔前两个空格
```

在 Python 中，列表是非常常见、也是使用非常多的序列结构。创建列表时，也可以使用赋值运算符“=”

直接将一个列表赋给变量。具体的语法格式如下：

```
listname=[element 1,element 2,element 3,…,element n]
```

其中，listname 表示列表的名称，可以是任何符合 Python 命名规则的标识符；“element 1”“element 2”“element 3”“element n”表示列表中的元素，个数没有限制，并且只要是 Python 支持的数据类型就可以。例如，下面定义的列表都是合法的：

```
01  num=[7,14,21,28,35,42,49,56,63]
02  verse=["圣安东尼奥马刺","洛杉矶湖人","金州勇士","休斯敦火箭"]
03  untitle=['Python',28,"人生苦短，我用Python",["爬虫","自动化运维","云计算","Web开发"]]
04  python=['优雅',"明确",''' 简单''' ]
```

在 Python 中，数值列表很常用。例如，在考试系统中记录学生的成绩，或者在游戏系统中记录每个角色的位置、各个玩家的得分情况等都可应用数值列表。在 Python 中，可以使用 list()函数直接将 range()函数循环出来的结果转换为列表。list()函数的基本语法格式如下：

```
list(data)
```

其中，参数 data 表示可以转换为列表的数据，其类型可以是 range 对象、字符串、元组或者其他可迭代类型的数据。

例如，创建一个包含 10～20（不包括 20）所有偶数的列表，可以使用下面的代码：

```
list(range(10, 20, 2))
```

在 Python 中，也可以创建空列表。例如，要创建一个名称为 emptylist 的空列表，可以使用下面的代码：

```
emptylist=[]
```

切片操作是访问序列中元素的另一种方法，它可以访问一定范围内的元素。切片操作可以生成一个新的序列。实现切片操作的语法格式如下：

```
sname[start : end : step]
```

sname 为序列的名称；start 为切片的开始位置（包括该位置），如果不指定，则默认为 0；end 为切片的截止位置（不包括该位置），如果不指定，则默认为序列的长度；step 为切片的步长，如果省略，则默认为 1，当省略该参数时，最后一个冒号也可以省略。

例如，通过切片操作获取 NBA 历史上十大巨星列表中的第二个到第五个元素，以及获取第一个、第三个和第五个元素，可以使用下面的代码：

```
01  nba=["乔丹","拉塞尔","贾巴尔","张伯伦","约翰逊","布莱恩特","邓肯","詹姆斯","伯德","奥尼尔"]
02  print(nba[1:5])                # 获取第二个到第五个元素
03  print(nba[0:5:2])              # 获取第一个、第三个和第五个元素
```

遍历列表中的所有元素是常用的一种操作，在遍历的过程中可以完成查询、处理等操作。在生活中，如果想要看看商场中是否有你想要的衣服，就需要在商场中逛一遍，逛商场的过程就相当于列表的遍历。在 Python 中遍历列表的方法有多种，下面介绍一种常用的方法。

直接使用 for 循环遍历列表，只能输出元素的值。语法格式如下：

```
for item in listname:


# 输出item
```

其中，item 用于保存获取到的元素值，要输出元素内容时，直接输出该变量即可；listname 为列表名称。例如，定义一个保存 2018 年俄罗斯世界杯四强的列表，然后通过 for 循环遍历该列表，并输出各个国家队名称的代码如下：

```
01  print("2018年俄罗斯世界杯四强：")
02  team=["法国","比利时","英格兰","克罗地亚"]
03  for item in team:
04      print(item)
```

案例实现

实现代码如下：

```
01  money="1:杰夫·贝佐斯,2:比尔·盖茨,3:伯纳德·阿诺特,4:沃伦·巴菲特,5:拉里·埃里森"
02  net=money.split(",")
03  for item in net:
04      new=item.split(":")
05      print(format(new[0],"0>3"),new[1])
```

实战任务

1. 仿一仿，试一试

把字符串转为列表输出，使用“\n”作为分隔符。示例代码如下：

```
01  year='''2013
02  2014
03  2015
04  2016'''
05  List_year=year.split("\n")
06  print(list_year)
```

2. 阅读程序写结果

```
01  high=input("请输入你的身高(厘米)：")
02  num=5
03  for item in high:
04      num+=int(item)
05  num+=len(high)
06  print(num)
```

输入：173

输出：____________________

3. 完善程序

（1）修改本案例代码，使用“NO”作为排名标志，效果如图 3.10 所示。

请根据要求补全下面代码：

```
01  money="1:杰夫·贝佐斯,2:比尔·盖茨,3:伯纳德·阿诺特,4:沃伦·巴菲特,5:拉里·埃里森"
02  net=money.split(",")
03  for item in net:
04      new=item.split(":")
05      print("NO"+__________)
```

（2）修改本案例代码，将名去掉，只保留姓，效果如图 3.11 所示。

```
NO1 杰夫·贝佐斯
NO2 比尔·盖茨
NO3 伯纳德·阿诺特
NO4 沃伦·巴菲特
NO5 拉里·埃里森
```

图 3.10　以“NO”作为排名标志的输出效果

```
NO1 贝佐斯
NO2 盖茨
NO3 阿诺特
NO4 巴菲特
NO5 埃里森
```

图 3.11　只保留姓的输出效果

请根据要求补全下面代码：

```
01  money="1:杰夫·贝佐斯,2:比尔·盖茨,3:伯纳德·阿诺特,4:沃伦·巴菲特,5:拉里·埃里森"
02  net=money.split(",")
03  for item in net:
```

```
04    new=item.split(":")          # 用“:”分隔item
05    name=item.________           # 用“·”分隔item
06    print("NO"+________)
```

案例 14　密码加密——字符串大小写转换

案例讲解

案例描述

在现实生活和虚拟网络中，每个人都有很多账号，如果所有账号的密码都一样，虽然便于记忆，但是安全性很差。如果一个账号对应一个密码又难以记忆和管理，这时你可以自己编写一个密码加密程序来管理密码。

编写一个程序，将个人的各种密码统一加密保存起来，要求加密的密码可以包含英文字母或数字。加密方式是将每位原密码的 ASCII 值加 3 返回新字母或数字，然后在新生成的每位密码前后各加一位随机生成的假密码。输出效果如下：

```
输入你的英文密码:
mingri123
新生成密码:  7pvQl4QqfEjx2udMl2Z4pD5fJ6x
```

知识点讲解

1. 大小写转换

Python 提供了几个用于进行字母大小写转换的方法，在所支持的转换中，除了将全部字母进行大小写转换外，还提供了将首字母转换成大写和将所有单词首字母转换成大写的转换方法。具体方法如下：

```
str.upper()
str.lower()
str.capitalize()
str.title()
```

从方法名称可以看出，upper()方法用于将所有字母转换成大写，而 lower()方法用于将所有字母转换成小写，capitalize()和 title()两个方法实现了只将首字母转换成大写的功能，其中 capitalize()方法用于将整段内容的首字母转换成大写，并且无论后面剩余字母是否为大写，都会将其转换成小写；title()方法用于将每个单词的首字母转换成大写。

这几个方法的应用示例代码如下：

```
01  s1="Python"                        # 定义字符串
02  upperS1=s1.upper()                 # 全部转换成大写
03  print(upperS1)                     # 输出“PYTHON”
04  lowerS1=upperS1.lower()            # 全部转换成小写
05  print(lowerS1)                     # 输出“python”
06  s2="heLLo woRld"                   # 定义字符串
07  capitalizeS2=s2.capitalize()       # 将首字母转换成大写，剩余全部小写
08  print(capitalizeS2)                # 输出“Hello world”
09  titleS2=s2.title()                 # 将每个单词的首字母转换成大写，剩余全部小写
10  print(titleS2)                     # 输出“Hello World”
11  s3="吃饭了吗abc"                   # 定义字符串
12  titleS3=s3.title()                 # 将遇见的第一个字母转换成大写
13  print(titleS3)                     # 输出“吃饭了吗Abc”
14  s4="xzyabc"                        # 定义字符串
```

```
15 titleS4=s4.title()                # 将第一个字母转换成大写
16 print(titleS4)                    # 输出“Xzyabc”
```

2. range()函数遍历字符串和数列

range()函数用于返回一系列连续整数的可迭代对象，而不是列表类型，其语法格式如下：

```
range(start, stop[, step])
```

参数说明如下。

- ☑ start：表示计数从 start 开始，默认从 0 开始。例如，range(9)等价于 range(0,9)。
- ☑ stop：表示计数到 stop 结束，但不包括 stop。例如，range(0, 3)是 [0, 1, 2]，没有 3。
- ☑ step：表示步长，默认为 1。例如，range(0,5)等价于 range(0, 5, 1)。

```
01 range(8)          # 返回从0开始到8（不包含8），默认步长为1，输出“[0, 1, 2, 3, 4, 5, 6, 7]”
02 range(5, 10)      # 返回从5开始到10（不包含10），默认步长为1，输出“[5, 6, 7, 8, 9]”
03 range(0,20, 5)    # 返回从0开始到20（不包含20），步长为5，输出“[0, 5,10, 15]”
```

利用 range()函数对字符串、数列、元组等进行遍历。如遍历字符串 name，代码如下：

```
01 name="赵钱孙李周吴郑王"
02 for i in range(len(name)):
03     print(name[i])
```

遍历数列 money 的代码如下：

```
01 money=["杰夫・贝佐斯", "比尔・盖茨", "伯纳德・阿诺特", "沃伦・巴菲特", "拉里・埃里森"]
02 for i in range(len(money)):
03     print(format(i, "0>3"), money[i])
```

3. 使用 enumerate()函数遍历序列

使用 for 循环和 enumerate()函数可以实现同时输出索引值和元素内容的功能。它的语法格式如下：

```
for index,item in enumerate(listname):

# 输出index和item
```

说明如下。

- ☑ index：表示用于保存元素的索引。
- ☑ item：表示用于保存获取到的元素值，要输出元素内容时，直接输出该变量即可。
- ☑ listname：表示列表名称。

例如，定义一个保存 2018 年俄罗斯世界杯四强的列表，然后通过 for 循环和 enumerate()函数遍历该列表，并输出索引和球队名称的代码如下：

```
01 print("2018年俄罗斯世界杯四强：")
02 team=["法国","比利时","英格兰","克罗地亚"]
03 for index,item in enumerate(team):
04     print(index+1,item)
```

运行程序，输出效果如下：

```
2018年俄罗斯世界杯四强：
1 法国
2 比利时
3 英格兰
4 克罗地亚
```

■ 案例实现

实现代码如下：

```
01 import random
```

```
02 word=input("输入你的英文密码:\n").strip(" ")
03 num='abcdefghijklmnopqrstuvwxyz1234567890'
04 password=""
05 for item in word:
06     new=chr(ord(item)+3)
07     low=random.choice(num)              # 随机输出一个num中的字符
08     upp=random.choice(num).upper()      # 随机输出一个num中的字符，并转换为大写
09     password+=upp+new+low
10 print("新生成密码：",password)
```

实战任务

1. 仿一仿，试一试

生成包含数字和英文大小写字母混合的 4 位验证码，判断用户输入的验证码是否正确。示例代码如下：

```
01 import random
02 num='abcdefghijklmnopqrstuvwxyz1234567890ABCDEFGHIJKLMNOPQRSTUVWXYZ'
03 word=random.choice(num)                    # 随机输出一个num中的字符
04 option=random.choice(num)+random.choice(num)+random.choice(num)+random.choice(num)
05 print("验证码：",option)
06 var=input("请输入验证码:\n").strip(" ")
07 if option.lower()==var.lower():            # 全部转换为小写进行比较
08     print("验证通过！")
09 else:
10     print("输入错误！")
```

2. 阅读程序写结果

```
01 num=input("请输入3个字母（大小写均可）：")
02 rev=num[-1::-1]
03 upp=num.upper()
04 low=rev.lower()
05 mid=num.capitalize()
06 num=low[1]+mid[1]+upp[1]
07 var=num[::-1]
08 print(var)
```

输入：jmv

输出：____________________

3. 完善程序

（1）修改本案例代码，将密码保存到 save 列表中。请根据要求补全下面代码：

```
01 import random
02 word=input("输入你的英文密码:\n").strip(" ")
03 num='abcdefghijklmnopqrstuvwxyz1234567890'
04 password=""
05 save=____________
06 for item in word:
07     new=chr(ord(item)+3)
08     low=random.choice(num)
09     upp=random.choice(num).upper()      # 随机从num中选取一个字符并转为大写
10     password+=upp+new+low
```

```
11  print("新生成密码：",password)
12  save.__________(password)
13  print(save)
```

（2）为密码加密程序编写解密程序，将保存到 save 列表中的密码还原。请根据要求补全下面代码：

```
01  word=save[0]
02  password=""
03  for i in range(1,len(word),3):
04      new=__________                    # 对元素的ASCII值减3再返回对应字符
05      password+=new
06  print("还原密码：",password)
```

案例 15　双色球——列表的基本操作

案例讲解

案例描述

中国福利彩票双色球是由中国福利彩票发行管理中心制定的，是一种联合发行的“乐透型”福利彩票。“双色球”每注投注号码由 6 个红色球号码和一个蓝色球号码组成。红色球号码从 1～33 中选择；蓝色球号码从 1～16 中选择。“双色球”采取全国统一奖池计奖。

编写一个程序，不用循环语句生成一注福彩双色球号码，前 6 个号码为红色球号码，在 1～33 中产生；后一个号码为蓝色球号码，在 1～16 中产生。程序运行效果如图 3.12 所示。

```
福彩双色球号码：
31 3 7 5 6 10 8
```

图 3.12　输出一注福彩双色球号码

知识点讲解

添加、修改和删除列表元素等操作称为更新列表。在实际的开发工作中，经常需要对列表进行更新。下面分别介绍如何实现列表元素的添加、修改和删除。

1. 添加元素

列表对象的 append()方法用于在列表的末尾追加元素，语法格式如下：

```
listname.append(obj)
```

其中，listname 为要添加元素的列表名称；参数 obj 为要添加到列表末尾的对象。

例如，定义一个包含 4 个元素的列表，然后应用 append()方法向该列表的末尾添加一个元素，可以使用下面的代码：

```
01  phone=["摩托罗拉","诺基亚","三星","OPPO"]
02  len(phone)                        # 获取列表的长度
03  phone.append("iPhone")
04  len(phone)                        # 获取列表的长度
05  print(phone)
```

上面介绍的是向列表中添加一个元素，如果想要将一个列表中的全部元素添加到另一个列表中，可以使用列表对象的 extend()方法实现。extend()方法的具体语法格式如下：

```
listname.extend(seq)
```

其中，listname 为原列表名称，参数 seq 为要添加的列表。语句执行后，seq 的内容将追加到原列表元素的后面。

如果想要向列表的指定位置插入元素，可以使用列表对象的 insert()方法实现。其语法格式如下：

```
listname.insert(index,obj)
```

说明如下。

☑ listname：表示原列表。

☑ index：表示对象 obj 需要插入的索引值。

☑ obj：表示要插入列表中的对象。

定义一个包含 5 个元素的列表，然后应用 insert()方法在该列表的第二个位置添加一个元素，示例代码如下：

```
01  building=['北京','长安','洛阳','金陵','汴梁']           # 定义原列表
02  print('原列表：', building)
03  building.insert(1, '杭州')                             # 向原列表的第二个位置添加元素
04  print('新列表：', building)
```

运行程序，输出结果为：

```
原列表：  ['北京', '长安', '洛阳', '金陵', '汴梁']
新列表：  ['北京', '杭州', '长安', '洛阳', '金陵', '汴梁']
```

用 insert()方法向列表中添加的元素的类型可以与原列表中的元素类型不同，示例代码如下：

```
01  building=['二锅头','五粮春','茅台','红花郎','老村长']      # 原列表
02  print('原列表：', building)
03  building.insert(0, 4000)                              # 在原列表的第1个位置添加数字类型的元素
04  print('添加数字类型元素的新列表：', building, '\n')
```

2. 修改元素

要修改列表中的元素只需要通过索引获取相应元素，然后再为其重新赋值即可。例如，定义一个保存 3 个元素的列表，然后修改索引值为 2 的元素的代码如下：

```
01  verse=["德国","西班牙","俄罗斯"]
02  verse[2]="意大利"                                      # 修改列表的第三个元素“俄罗斯”为“意大利”
```

3. 删除元素

删除元素主要有两种情况，一种是根据索引删除，另一种是根据元素值删除。

（1）根据索引删除

删除列表中的指定元素和删除列表类似，都可以使用 del 语句来实现，不同的是在指定列表名称时，要换为列表元素。例如，定义一个保存 5 个元素的列表，删除其中的最后一个元素，可以使用下面的代码：

```
01  verse=["德国","西班牙","俄罗斯","葡萄牙","法国"]
02  del verse[-1]                                         # 删除列表的第五个元素“法国”
03  del verse[2]                                          # 删除列表的第三个元素“俄罗斯”
```

（2）根据元素值删除

如果想要删除一个位置确定的元素（根据元素值删除），可以使用列表对象的 remove()方法实现。例如，要删除列表中内容为“西班牙”的元素，可以使用下面的代码：

```
01  verse=["德国","西班牙","俄罗斯","葡萄牙","法国"]
02  verse.remove("西班牙")
```

使用列表对象的 remove()方法删除元素时，如果指定的元素不存在，将出现异常信息。所以在使用 remove()方法删除元素前，最好先判断相应元素是否存在，示例代码如下：

```
01  team=["火箭","勇士","开拓者","爵士","鹈鹕","马刺","雷霆","森林狼"]
02  value="公牛"                                          # 指定要删除的元素
```

```
03 if team.count(value)>0:                          # 判断要删除的元素是否存在
04       team.remove(value)                         # 删除指定的元素
05 print(team)
```

案例实现

实现代码如下：

```
01 import random
02 print("福彩双色球号码：\n")
03 lan=[]
04 lan.append(str(random.randrange(1, 34)))       # 随机产生一个红色球号码
05 lan.append(str(random.randrange(1, 34)))       # 随机产生一个红色球号码
06 lan.append(str(random.randrange(1, 34)))       # 随机产生一个红色球号码
07 lan.append(str(random.randrange(1, 34)))       # 随机产生一个红色球号码
08 lan.append(str(random.randrange(1, 34)))       # 随机产生一个红色球号码
09 lan.append(str(random.randrange(1, 34)))       # 随机产生一个红色球号码
10 blue=str( random.randrange(1, 17))             # 随机产生一个蓝色球号码
11 print(" ".join(lan)+" "+blue)
```

实战任务

1. 仿一仿，试一试

循环遍历二维列表，比较子列表是否与目标列表相同，如果相同，就将对应的子列表清空。示例代码如下：

```
01 two_lst=[[1, 2, 3], ['1', '2', '3'], [1, 2, 3]]          # 二维列表
02 target_list=[1,2,3]                                      # 目标列表
03 for i in two_lst:
04       if i==target_list:                                 # 如果二维列表中子列表与目标列表相同
05             i.clear()                                    # 清空二维列表中的子列表
06             print('清空后的二维列表：',two_lst)
```

2. 阅读程序写结果

```
01 eight=["乾","坎","艮","震","巽","离","坤","兑"]
02 num=int(input("请输入50以内大于0的数字："))
03 good=num%24
04 num%=8
05 luky=eight[num]
06 for item in eight[0:num+1]:
07       num+=len((item))
08 num+=len(eight)+12
09 num%=good
10 print("幸运号码",num)
```

输入：37

输出：________________

3. 完善程序

修改本案例代码，实现将单位数字号码转为双位数字号码，如将“5”转为“05”。请根据要求补全下面代码：

```
01 import random
```

```
02  print("福彩双色球号码：\n")
03  lan=[]
04  lan.append(format(str(random.randrange(1, 34)),"____"))      # 随机产生一个两位的红色球号码
05  lan.append(format(str(random.randrange(1, 34)),"____"))      # 随机产生一个两位的红色球号码
06  lan.append(format(str(random.randrange(1, 34)),"____"))      # 随机产生一个两位的红色球号码
07  lan.append(format(str(random.randrange(1, 34)),"____"))      # 随机产生一个两位的红色球号码
08  lan.append(format(str(random.randrange(1, 34)),"____"))      # 随机产生一个两位的红色球号码
09  blue=format(str(random.randrange(1, 17)),"0>2")              # 随机产生一个两位的蓝色球号码
10  print(" ".join(lan)+" "+blue)
```

运行程序，效果如下：

```
福彩双色球号码：
32 33 03 21 27 16 12
```

4．手下留神

数值列表不能直接使用 join()方法进行连接，如图 3.13 所示，需要将元素转换为字符才可使用 join()方法，否则会出现图 3.14 所示的错误。正确的代码及运行效果如图 3.15 和图 3.16 所示。

```
num=[1,2,3,4,5,6,7,8]
print(" ".join(num))
```

图 3.13　错误代码

```
TypeError: sequence item 0: expected str instance, int found
```

图 3.14　错误提示

```
num=["1","2","3","4","5","6","7","8"]
print(" ".join(num))
```

图 3.15　正确代码

```
1 2 3 4 5 6 7 8
```

图 3.16　运行效果

案例 16　成绩统计——sort()方法

案例讲解

案例描述

高考对于学生来说，是一个里程碑，能够在高考的竞争中有所收获，一定要克服各种困难。而克服困难的过程，是对自信心、学习能力、自控力、总结反思能力、毅力的极好磨炼。可以说，除了优秀的成绩，收获的强大的学习能力、综合素质和心理素质也是非常宝贵的财富。

编写一个程序，根据某学校高三模拟考试部分学生总成绩，降序输出学生成绩，并输出最高分和最低分。运行效果如图 3.17 所示。

```
吴慧明 687
张寒冰 656
周吉林 609
高南鹏 598
宋明理 578
李牧野 546
赵子辉 542
杨继辉 476
本次考试最高分: 吴慧明 687
本次考试最低分: 杨继辉 476
```

图 3.17　运行效果

知识点讲解

列表对象中提供了 sort()方法，该方法用于对原列表中的元素进行排序，排序后原列表中的元素顺序将发生改变。其语法格式如下：

```
listname.sort(key=None[reverse=False])
```

说明如下。

☑ listname：表示要进行排序的列表名称。

☑ key：表示指定一个从每个列表元素中提取的用于比较的键。例如，设置“key=str.lower”表示在排序时不区分字母大小写。

☑ reverse：可选参数，如果将其值指定为 True，则表示降序排列；如果为 False，则表示升序排列；默认为升序排列。

定义一个保存 10 名学生 Python 理论成绩的列表，然后应用 sort()方法对其进行排序，示例代码如下：

```
01 grade=[98,99,97,100,100,96,94,89,95,100]        # 10名学生Python理论成绩的列表
02 print('原列表：',grade)
03 grade.sort()                                    # 进行升序排列
04 print('升  序：',grade)                         # [89, 94, 95, 96, 97, 98, 99, 100, 100, 100]
05 grade.sort(reverse=True)                        # 进行降序排列
06 print('降  序：',grade)                         # [100, 100, 100, 99, 98, 97, 96, 95, 94, 89]
```

使用 sort()方法对字符串列表进行排序时，采用的规则是先对大写字母排序，然后再对小写字母排序。如果想要对字符串列表进行不区分大小写字母的排序，需要指定其参数 key。例如，定义一个保存英文字符串的列表，然后应用 sort()方法对其进行升序排列的代码如下：

```
01 char=['cat','Tom','Angela','pet']               # 原列表
02 char.sort()                                     # 默认区分字母大小写
03 print('区分字母大小写：',char)                   # ['Angela', 'Tom', 'cat', 'pet']
04 char.sort(key=str.lower)                        # 不区分字母大小写
05 print('不区分字母大小写：',char)                 # ['Angela', 'cat', 'pet', 'Tom']
```

采用 sort()方法对列表进行排序时，由于其对中文的支持不是很好，因此排序的结果与常用的音序排序法或者笔画排序法都不一致。如果需要实现对中文内容的列表进行排序，还需要重新编写相应的方法进行处理，不能直接使用 sort()方法。

Python 提供了一个内置的 sorted()函数，用于对列表进行排序。使用该函数进行排序后，原列表的元素顺序不变。例如，定义一个保存 10 名学生 Python 理论成绩的列表，然后应用 sorted()函数对其进行排序的示例代码如下：

```
01  grade=[98,99,97,100,100,96,94,89,95,100]         # 10名学生Python理论成绩的列表
02  grade_as=sorted(grade)                           # 进行升序排列
03  print('升序：',grade_as)                          # [89, 94, 95, 96, 97, 98, 99, 100, 100, 100]
04  grade_des=sorted(grade,reverse=True)             # 进行降序排列
05  print('降序：',grade_des)                         # [100, 100, 100, 99, 98, 97, 96, 95, 94, 89]
```

列表对象的 sort()方法和内置 sorted()函数的作用基本相同，不同的就是使用 sort()方法时，会改变原列表的元素排列顺序；而使用 storted()函数时，会建立一个原列表的副本，该副本为排序后的列表。

min()函数用于获取指定数值或指定序列中最小的数值。min()函数的语法格式如下：

```
min(a,b,c,…)
```

或：

```
min(seq)
```

参数说明如下。

☑ a，b，c：指定的数值。

☑ seq：表示序列对象，如列表、元组等。

```
01  print(min(6,8,10,100))                # 6
02  print(min(-20,100/3,7,100))           # -20
03  print(min(0.2,-10,10,100))            # -10
```

max()函数用于获取指定数值或指定序列中最大的数值。max()函数的语法格式如下：

```
max(a,b,c,…)
```

或：

```
max(seq)
```

参数说明如下。

☑ a，b，c…：指定的数值。

☑ seq：表示序列对象，如列表、元组等。

```
01  print(max(6,8,10,100))                # 100
02  print(max(-20,100/3,7,100))           # 100
03  print(max(0.2,-10,10,100))            # 100
```

内置函数 max()还可以进行复杂的最大值计算。其语法格式如下：

```
max(iterable,*[, key, default])
max(arg1, arg2,*args[, key])
```

max()函数的功能为取传入的多个参数中的最大值，或者传入的可迭代对象元素中的最大值。默认为数字类型参数时，取值大者；为字符型参数时，取字母表排序靠后者。还可以传入命名参数 key，用来指定取最大值的方法。参数 default 用来指定最大值不存在时返回的默认值。示例代码如下：

```
01  max(-1,-5,key=abs)                       # 先执行abs()函数再执行max()函数
02  max(1.3,'5',key=int)
03  max([1,2],(1,3),key=lambda x:x[1])       # 列表和元组
04  array=[[1,2,3],[1,0,0],[4,1,-3],[2,2,3]]
05  min(array)          # [1,0,0]，先比较各列表低索引值的数，如果相同，再继续比较下一个索引值的数
06  max(array)          # [4,1,-3]
07  array=[[5,2,3],[6,9,6],[5,1,8],[5,1,7]]
08  min(array)          # [5,1,7]
09  max(array)          # [6,9,6]
```

案例实现

实现代码如下：

```
01 test='''李牧野 546，张寒冰 656，周吉林 609，赵子辉 542，宋明理 578，杨继辉 476，高南鹏 598，
   吴慧明 687'''
02 new=[]
03 stad=test.split("，")                  # 对test字符串使用“，”分隔符进行分隔
04 for item in stad:                      # 遍历新生成的列表
05     lin=item.split(" ")                # 分解学生姓名和成绩
06     new.append([lin[1],lin[0]])        # 将成绩和学生姓名添加到new列表，成绩放前面很关键
07 new.sort(reverse=True)                 # 将new列表降序排列
08 for item in new:                       # 遍历输出排序后的结果
09     print(item[1],item[0])
10 test_max=max(new)                      # 获取new列表成绩中的最大值
11 test_min=min(new)                      # 获取new列表成绩中的最小值
12 print("本次考试最高分："+test_max[1],test_max[0])
13 print("本次考试最低分："+test_min[1],test_min[0])
```

实战任务

1. 阅读程序写结果

```
01 data=[1,11,21,31,41,51,61,71,81,91]
02 data.sort(reverse=True)
03 print(data)
04 num=int(input("请输入一个数字："))
05 num=num%len(data)
06 print(num)
07 lucky=data[num]
08 lucky%=num+7
09 print(lucky)
```

输入：15

输出：____________________

2. 完善程序

修改本案例代码，输出这几名学生的成绩平均分。请根据要求补全下面代码：

```
01 test='''李牧野 546，张寒冰 656，周吉林 609，赵子辉 542，宋明理 578，杨继辉 476，高南鹏 598，
   吴慧明 687'''
02 new=[]
03 stad=test.split("，")
04 for item in stad:
05     lin=item.split(" ")
06     new.append(int(lin[1]))
07 print(new)
08 avg=________________
09 print("考试平均分：",avg)
```

3. 手下留神

使用 sum()函数计算列表的和，要求必须是数值列表，如图 3.18 所示。即使列表的每个元素都是数字，但如果其为字符串形式，就不能使用 sum()函数求和，如图 3.19 所示；否则会出现图 3.20 所示的错误。

```
num=[98,99,89,78,55,28,76]
all=sum(num)
```

图 3.18 正确代码

```
num=["98","99","89","78","55","28","76"]
all=sum(num)
```

图 3.19 错误代码

```
TypeError: unsupported operand type(s) for +: 'int' and 'str'
```

图 3.20 错误提示

案例 17 报名系统——sum()函数

案例讲解

案例描述

夏令营（Summer Camp）起源于美国。1861 年夏天，一位来自康涅狄格州的教师肯恩，率领孩童进行为期两周的登山、健行、帆船、钓鱼等户外活动，来锻炼孩童身心。“肯恩营队”每年八月在一座森林的湖畔集结，持续进行了 12 年之久。1992 年，由日本提出建议，在内蒙古草原上举办了一场中日草原探险夏令营。此后，国内夏令营的组织者不再只是学校、教育部等教育部门，能参与到夏令营中的学生也逐渐增加，这时，真正意义上的大众化夏令营才开始发展，出现了大批收费低廉的夏令营活动。

请编写一个程序，帮助夏令营组织者建立一个报名程序，需要录入学生姓名和缴费信息，如图 3.21 所示。录入时要为每一位学生按照报名顺序建立 3 位编号，输出时按照编号从高到低的顺序输出学生信息，并统计收取的总费用，如图 3.22 所示。

```
=======夏令营报名系统=======
姓    名：李寅林
缴纳费用：800
姓    名：张子悦
缴纳费用：600
姓    名：吉莉佳
缴纳费用：1200
姓    名：胡克
缴纳费用：600
```

图 3.21 录入信息

```
=======报名情况统计=======
004 胡克 600
003 吉莉佳 1200
002 张子悦 600
001 李寅林 800
缴纳总费用： 3200
```

图 3.22 输出效果

知识点讲解

sum()函数可以用于可迭代对象的求和计算，例如，通过 sum()函数对列表中的元素进行求和，可以使用如下代码：

```
01 number=[10, 20, 30, 40, 50, 60, 70]
02 print('原列表：', number)
03 print('元素和：', sum(number))
```

输出结果为：

```
原列表： [10, 20, 30, 40, 50, 60, 70]
元素和： 280
```

如果列表为嵌套列表，要对子列表的某一元素求和，就需要将各个子列表的同位置元素提取到一个新元组后，再使用 sum()函数求和。示例代码如下：

```
01  money=[['1月',2531],['2月',3352],['3月',1528]]        # 某商品前3个月的销量
02  tup=tuple(a[1] for a in money)                         # 将销量数据提取成元组
03  print('1月至3月总销量为：',sum(tup))
```

运行程序，输出结果为：

```
1月至3月总销量为： 7411
```

列表对象提供了 reverse()方法，使用该方法可以将列表中的所有元素进行反转。其语法格式如下：

```
listname.reverse()
```

说明如下。

☑ listname：表示列表的名称。

定义一个含有 5 个元素的列表，然后应用 reverse()方法将原列表中的所有元素反转，示例代码如下：

```
01  num=['一','二','三','四','五']
02  print('原列表：', num)
03  num.reverse()                                          # 反转列表中的所有元素
04  print('新列表：', num)
```

输出结果为：

```
原列表： ['一', '二', '三', '四', '五']
新列表： ['五', '四', '三', '二', '一']
```

对于混合类型的列表，也可以应用 reverse()方法将原列表中的所有元素反转，示例代码如下：

```
01  num=[1,'二',['Ⅲ',4],(5,'⑥')]
02  print('原列表：', num)
03  num.reverse()                                          # 反转列表中的所有元素
04  print('新列表：', num)
```

输出结果为：

```
原列表： [1, '二', ['Ⅲ', 4], (5, '⑥')]
新列表： [(5, '⑥'), ['Ⅲ', 4], '二', 1]
```

案例实现

实现代码如下：

```
01  print("=======夏令营报名系统=======")
02  term=[]
03  for i in range(1,5):
04      order=format(i,"0>3")                              # 建立3位学生编号
05      name=input(" 姓      名：")
06      money=int(input(" 缴纳费用："))
07      term.append([order,name,money])                    # 添加学生信息到term列表
08  print("=======报名情况统计=======")
09  term.reverse()                                         # 反转列表中的所有元素
10  for item in term:
11      print(item[0],item[1],item[2])                     # 输出学生信息
12  tup=tuple(a[2] for a in term)                          # 将缴费金额提取成元组
13  total=sum(tup)                                         # 对元组的金额进行求和
14  print("缴纳总费用：",total)
```

实战任务

1. 仿一仿，试一试

2019年，中国境内（不含港、澳、台）国产电影总票房为411.75亿元，同比增长8.65%，其中排名前5的电影《哪吒之魔童降世》《流浪地球》《我和我的祖国》《中国机长》《疯狂的外星人》的票房均超过20亿元，对整体电影发展起到了极大的拉动作用，这5部电影的票房如列表film所示：

```
film=[["哪吒之魔童降世",49.34],["流浪地球", 46.18],["我和我的祖国", 31.46],["中国机长",28.84],
["疯狂的外星人", 21.83]]
```

根据film列表，使用3种方法，按票房由高到低的顺序输出这5部电影及票房收入，并计算输出这5部电影的总票房。运行程序，输出效果如图3.23所示。

```
2019年中国境内（不含港、澳、台）国产电影票房排名
NO.1    哪吒之魔童降世  49.34
NO.2    流浪地球        46.18
NO.3    我和我的祖国    31.46
NO.4    中国机长        28.84
NO.5    疯狂的外星人    21.83
前5部电影总票房         177.65
```

图3.23 票房由高到低的输出效果

（1）通过遍历列表的方法实现：

```
01 film=[["哪吒之魔童降世",49.34],["流浪地球", 46.18],["我和我的祖国", 31.46],["中国机长",28.84],
["疯狂的外星人", 21.83]]
02 record=""
03 total=0
04 i=0
05 for item in film:
06     i+=1
07     record+="NO."+str(i)+"\t"+item[0]+"\t"+str(item[1])+"\n"
08     total+=item[1]
09 print("2019年中国境内（不含港、澳、台）国产电影票房排名\n"+record)
10 print("前5部电影总票房："+format(total,".2f"))
```

（2）通过遍历列表索引值的方法实现：

```
01 film=[["哪吒之魔童降世",49.34],["流浪地球", 46.18],["我和我的祖国", 31.46],["中国机长",28.84],
["疯狂的外星人", 21.83]]
02 record=""
03 money=[]
04 for i in range(len(film)):
05     record+="NO."+str(i+1)+"\t"+film[i][0]+"\t"+str(film[i][1])+"\n"
06     money.append(film[i][1])
07 print("2019年中国境内（不含港、澳、台）国产电影票房排名\n"+record)
08 print("前5部电影总票房："+format(sum(money),".2f"))
```

（3）通过使用enumerate()函数的方法实现：

```
01 film=[["哪吒之魔童降世",49.34],["流浪地球", 46.18],["我和我的祖国", 31.46],["中国机长",28.84],
["疯狂的外星人", 21.83]]
02 record=""
03 money=[]
04 for index,item in enumerate(film):
```

```
05        record+="NO."+str(index+1)+"\t"+item[0]+"\t"+str(item[1])+"\n"
06        money.append(item[1])
07  print("2019年中国境内（不含港、澳、台）国产电影票房排名\n"+record)
08  print("前5部电影总票房："+format(sum(money),".2f"))
```

2. 阅读程序写结果

```
01  new=[1, 2, 3, 4, 5, 6, 7]
02  num=int(input("请输入一个数字："))
03  new.reverse()
04  total=sum(new)
05  num%=len(new)
06  total=new[num]%total
07  print(total)
```

输入：8

输出：________________

3. 完善程序

夏令营报名信息录入完成后，发现输出内容没有列对齐，同时“编号”“姓名”“缴费金额”等标题没有输出出来，如图 3.24 所示。对输出部分的代码进行修改，实现输出标题名称和输出内容列对齐的效果，运行效果如图 3.25 所示。

```
=======报名情况统计=======
004 胡克 600
003 吉莉佳 1200
002 张子悦 600
001 李寅林 800
缴纳总费用： 3200
```
没有对齐

图 3.24　输出内容没对齐

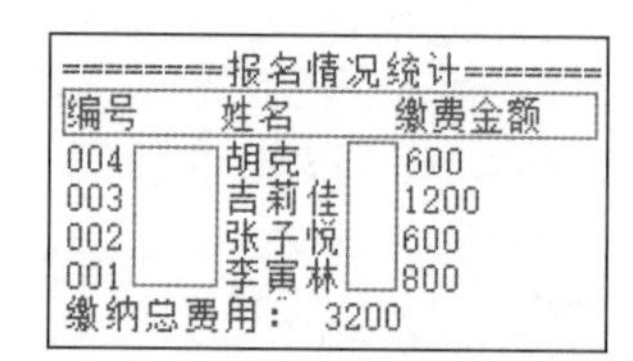

图 3.25　输出标题名称和输出内容列对齐效果

请根据要求补全下面代码：

```
01  print("========报名情况统计=======")
02  term.reverse()                                    # 反转列表中的所有元素
03  print("编号"+_____+"姓名"+_____+"缴纳费用")          # 输出学生信息
04  for item in term:
05       print(item[0]+_____+item[1]+_____+str(item[2]))  # 输出学生信息
06  tup=tuple(a[2] for a in term)                      # 将缴费金额提取成元组
07  total=sum(tup)                                     # 对元组的金额进行求和
08  print("缴纳总费用：",total)
```

案例 18　歌咏比赛打分——列表推导式

案例讲解

案例描述

随着国民经济快速发展，大众的娱乐生活也越来越丰富。网络平台的发展使信息延伸到每一个角落，青歌赛通过不断地赛制改革和创新，通过电视、网络等高科技平台与观众的有效互动，成为音乐和电视文艺节目的黄金组合，始终引领中国的音乐风潮，生动地记录了时代变迁下大众审美的变化。

江南市计划举行一场“畅想明天”歌咏比赛，需要编写一个歌手打分程序。该程序能够在输入 7 名评委的打分（0～10 分），去掉一个最低分和一个最高分后，输出选手的得分（平均分）。程序运行的效果如图 3.26 所示。

```
畅想明天歌咏比赛打分程序
========================================
请输入7名评委的打分，用英文逗号间隔分数:
8,9,8,7,8,7,9
['8', '9', '8', '7', '8', '7', '9']
去掉一个最低分: 7
去掉一个最高分: 9
该选手得分: 8.00
```

图 3.26　运行效果

知识点讲解

使用列表推导式可以快速生成一个列表，或者根据某个列表生成满足指定需求的列表。列表推导式通常有以下几种常用的语法格式。

（1）生成指定范围的数值列表，语法格式如下：

```
list=[Expression for var in range]
```

说明如下。

☑ list：表示生成的列表名称。

☑ Expression：表示表达式，用于计算新列表的元素。

☑ var：表示循环变量。

☑ range：表示采用 range()函数生成的 range 对象。

例如，生成一个包含 10 个随机数的列表，要求数的范围为[10,100]，代码如下：

```
01  import random    # 导入random标准库
02  randomnumber=[random.randint(10,100) for i in range(10)]
03  print("生成的随机数为：",randomnumber)
```

运行程序，输出结果为：

```
生成的随机数为： [38, 12, 28, 26, 58, 67, 100, 41, 97, 15]
```

（2）根据列表生成指定需求的列表，语法格式如下：

```
newlist=[Expression for var in list]
```

说明如下。

☑ newlist：表示新生成的列表名称。

☑ Expression：表示表达式，用于计算新列表的元素。

☑ var：表示变量，值为后面列表的每个元素值。

☑ list：表示用于生成新列表的原列表。

例如，定义一个记录商品价格的列表，然后应用列表推导式生成一个将全部商品价格打五折的列表的代码如下：

```
01  price=[1200,5330,2988,6200,1998,8888]
02  sale=[int(x*0.5) for x in price]
03  print("原价格：",price)
04  print("打五折的价格：",sale)
```

运行程序，输出结果为：

```
原价格： [1200, 5330, 2988, 6200, 1998, 8888]
打五折的价格： [600, 2665, 1494, 3100, 999, 4444]
```

（3）从列表中选择符合条件的元素组成新的列表，语法格式如下：

```
newlist=[Expression for var in list if condition]
```

说明如下。

☑ newlist：表示新生成的列表名称。

☑ Expression：表示表达式，用于计算新列表的元素。

☑ var：表示变量，值为后面列表的每个元素值。

☑ list：表示用于生成新列表的原列表。

☑ condition：表示条件表达式，用于指定筛选条件。

例如，定义一个记录商品价格的列表，然后应用列表推导式生成一个商品价格高于 5000 元的列表的具体代码如下：

```
01  price=[1200,5330,2988,6200,1998,8888]
02  sale=[x for x in price if x>5000]
03  print("原列表：",price)
04  print("价格高于5000元的：",sale)
```

运行程序，输出结果为：

```
原列表： [1200, 5330, 2988, 6200, 1998, 8888]
价格高于5000元的： [5330, 6200, 8888]
```

案例实现

实现代码如下：

```
01  print("畅想明天歌咏比赛打分程序".center(30))
02  print('='*40 )
03  score=[]                                  # 创建空列表，存储选手分数
04  data=input("请输入7名评委的打分，用英文逗号间隔分数:\n")
05  score=data.split(',')                     # 将输入的分数转换为列表
06  print(score)                              # 输出选手的打分
07  print('去掉一个最低分:' ,str(min(score)))
08  print('去掉一个最高分:' ,str(max(score)))
09  score.remove(max(score))                  # 去掉最高分
10  score.remove(min(score))                  # 去掉最低分
11  digit=[float(i) for i in score]           # 将字符型数字转换为浮点型数字，以便使用sum()函数求和
12  avg=format(sum(digit)/len(digit),".2f")   # 格式化平均成绩，保留2位小数
13  print('该选手得分:',avg)
```

实战任务

1. 仿一仿，试一试

用一行代码输出数字 1～100：

```
print("".join([str(i) for i in range(1,101)]))
```

用一行代码输出数字 1～100 的和：

```
print(sum([i for i in range(1,101)]))
```

用一行代码输出数字 0～9：

```
print([chr(i) for i in range(48,58)])
```

用一行代码输出所有大写字母：

```
print([chr(i) for i in range(65,91)])
```

用一行代码输出所有小写字母：

```
print([chr(i) for i in range(97,123)])
```

2. 阅读程序写结果

```
01 num=int(input("请输入一个数字："))
02 new=range(3,num)
03 sub=max(new)-min(new)
04 add=max(new)+min(new)
05 num%=(add-sub)
06 print(num)
```

输入：20

输出：____________________

3. 完善程序

在调试案例程序时，发现不小心输入空格影响了程序运行，同时输出的平均分需要保留3位小数。修改程序，以解决上述问题，满足上述需求，请将代码补全：

```
01 data=input("请输入7名评委的打分，用英文逗号间隔分数:\n")
02 score=data.split(',').____________________
03 print('去掉一个最低分:' ,str(min(score)))
04 print('去掉一个最高分:' ,str(max(score)))
05 score.remove(max(score))
06 score.remove(min(score))
07 digit=[float(i) for i in score]
08 avg=format(sum(digit)/len(digit),____________________)
09 print('该选手得分:',avg)
```

案例19　医院分诊排号系统——decode()方法

案例讲解

案例描述

医院分诊排队叫号系统是目前各大医院普遍采用的智能化分诊和排队叫号管理系统。该系统可有效地解决病人就诊时排队的无序、医生工作量的不平衡等问题，也可使病人做到就诊时间心中有数，避免拥堵排队，大大提升了医院的服务水平。图3.27所示为某医院“B超\化验”分诊的排队叫号系统，该叫号系统可将要进行B超和化验检查的患者自动分解排号，有效化解分诊科室检查的不均衡问题。

图3.27　医院分诊排号系统

请编写一个程序，根据下面提供的menu、user列表，将患者按先后顺序自动分成B超室和化验室两组并排序，程序运行效果如图3.28所示。

```
menu=["B超室","化验室"]
user="张来,黎明,常冒,李薇,吉舜锋,辛叶,冲余力,余人明,傅山,岳宁琳,昌紫衫,笪莎莉"
```

```
==================================
        电子科分组排队系统
==================================
    B超室                  化验室
A001 张来              B001 黎明
A002 常冒              B002 李薇
A003 吉舜锋            B003 辛叶
A004 冲余力            B004 余人明
A005 傅山              B005 岳宁琳
A006 昌紫衫            B006 笪莎莉
```

图 3.28　模拟医院分诊排号系统

知识点讲解

Python 与其他编程语言一样，支持多种字符编码格式，根据不同的字符类型可以使用不同的编码。常用字符编码格式如表 3.1 所示。

表 3.1　常用字符编码格式

编　码	制定时间	作　用	所占字节数
ASCII	1967	英语及西欧语言	8bit/1byte
GB2312	1980	简体中文字符集，兼容 ASCII	2bytes
Unicode	1991	国际标准组织统一标准字符集	2bytes
GBK	1995	GB2312 的扩展字符集，支持繁体字，兼容 GB2312	2bytes
UTF-8	1992	不定长编码	1 ~ 3bytes

在 Python 中，字符串编码操作有 3 种数据状态：首先，是明文字符串，也就是程序员所定义的字符；然后，明文字符串经过转换，在内存中将以 Unicode 编码形式存储；最后，保存到硬盘上时会转换成相应的 UTF-8 或 GBK 等编码格式。转换过程如图 3.29 所示。

图 3.29　字符串编码的转换过程

图 3.29 中，红色箭头表示编码过程，在 Python 中使用字符串对象的 encode()方法来实现编码；绿色箭头表示解码过程，解码字符串则需要使用 bytes 对象的 decode()方法来实现。

encode()方法是字符串对象内置的一个实现方法，用于实现编码操作。语法格式如下：

```
str.encode([encoding[,errors]])
```

参数 encoding 表示要进行编码的字符格式，如果不指定该参数，则默认编码格式为 UTF-8；参数 errors 用于指定错误的处理方式，它的值可以是 strict（遇到非法字符抛出异常）、ignore（忽略非法字符）、replace（用“?”替换非法字符）或 xmlcharrefreplace（使用 XML 的字符引用）等，默认值为 strict。

下面将一段带有中文内容的字符串进行编码。代码如下：

```
01  var="弄清楚Python字符编码，以免被编码问题所困扰!"          # 定义字符串
02  utf8Str=var.encode(encoding="UTF-8")                      # 采用UTF-8编码
03  gbkStr=var.encode(encoding="GBK")                         # 采用GBK编码
04  print(utf8Str)                                            # 输出UTF-8编码内容
05  print(gbkStr)                                             # 输出GBK编码内容
```

运行程序，输出结果为：

```
b'\xe5\xbc\x84\xe6\xb8\x85\xe6\xa5\x9aPython\xe5\xad\x97\xe7\xac\xa6\xe7\xbc\x96\xe7\xa0\
x81\xef\xbc\x8c\xe4\xbb\xa5\xe5\x85\x8d\xe8\xa2\xab\xe7\xbc\x96\xe7\xa0\x81\xe9\x97\xae\
xe9\xa2\x98\xe6\x89\x80\xe5\x9b\xb0\xe6\x89\xb0!'
b'\xc5\xaa\xc7\xe5\xb3\xfePython\xd7\xd6\xb7\xfb\xb1\xe0\xc2\xeb\xa3\xac\xd2\xd4\xc3\xe2\
xb1\xbb\xb1\xe0\xc2\xeb\xce\xca\xcc\xe2\xcb\xf9\xc0\xa7\xc8\xc5!'
```

decode()方法是 bytes 对象内置的一个实现方法，用于实现解码操作。其语法格式如下：

```
bytes.decode([encoding[,errors]])
```

参数 encoding 表示要进行解码的字符格式，如果不指定该参数，则默认编码格式为 UTF-8；参数 errors 用于指定错误的处理方式，它的值可以是 strict（遇到非法字符抛出异常）、ignore（忽略非法字符）、replace（用“?”替换非法字符）或 xmlcharrefreplace（使用 XML 的字符引用）等，默认值为 strict。

下面对已经编码的 bytes 内容进行解码。代码如下：

```
01  # 定义字节编码
02  Bytes1=bytes(b'\xe5\xbc\x84\xe6\xb8\x85\xe6\xa5\x9aPython\xe5\xad\x97\xe7\xac\xa6\xe7\
    xbc\x96\xe7\xa0\x81\xef\xbc\x8c\xe4\xbb\xa5\xe5\x85\x8d\xe8\xa2\xab\xe7\xbc\x96\xe7\xa0\x81\
    xe9\x97\xae\xe9\xa2\x98\xe6\x89\x80\xe5\x9b\xb0\xe6\x89\xb0!')
03  # 定义字节编码
04  Bytes2=bytes(b'\xc5\xaa\xc7\xe5\xb3\xfePython\xd7\xd6\xb7\xfb\xb1\xe0\xc2\xeb\xa3\xac\
    xd2\xd4\xc3\xe2\xb1\xbb\xb1\xe0\xc2\xeb\xce\xca\xcc\xe2\xcb\xf9\xc0\xa7\xc8\xc5!')
05  str1=Bytes1.decode("UTF-8")   # 进行UTF-8解码
06  str2=Bytes2.decode("GBK")     # 进行GBK解码
07  print(str1)                   # 输出UTF-8解码后的内容
08  print(str2)                   # 输出GBK解码后的内容
```

运行程序，输出结果为：

```
弄清楚Python字符编码，以免被编码问题所困扰!
弄清楚Python字符编码，以免被编码问题所困扰!
```

zip()函数用于将可迭代的对象作为参数，将对象中对应的元素打包成一个个的元组，然后返回由这些元组组成的列表。如果各个迭代器的元素个数不一致，则返回列表的长度与最短的对象相同，利用“*”操作符，可以对元组进行解压。

语法如下：

```
zip([iterable,…])
```

参数说明如下。

☑ iterable：表示一个或多个迭代器。

☑ 返回值：表示元组列表。

图 3.30 所示为 2018 年欧洲 3 个国家德国、英国和法国主要汽车品牌销量情况数据。用列表 gem、eng 和 fra 分别存储各国汽车销量前六的品牌和销量。

2018年德国、英国和法国主要汽车品牌销量情况					
德国	销量	英国	销量	法国	销量
大众	643518	福特	254082	雪铁龙	698985
奔驰	319163	大众	203150	雷诺	547704
宝马	265051	雪铁龙	177298	大众	259268
福特	252323	奔驰	172238	福特	82633
雪铁龙	227967	宝马	172048	现代	77855
雷诺	130825	奥迪	143739	宝马	84931

图 3.30　德国、英国和法国的汽车销售数据

如果要对各品牌汽车销量进行汇总分析，可以使用 zip()函数将元组打包成一个列表，然后输出。代码如下：

```
01 gem=[["大众",643518],["奔驰",319163],["宝马",265051],["福特",252323],["雪铁龙",227967],
   ["雷诺",130825]]
02 fra=[["雪铁龙", 698985],["雷诺",547704],["大众",259268],["福特",82633],["现代",77855],
   ["宝马",84931]]
03 eng=[["福特",254082],["大众",203150],["雪铁龙",177298],["奔驰",172238],["宝马",172048],
   ["奥迪",143739]]
04 for item1,item2,item3 in zip(gem,fra,eng):
05        print(item1[0],item1[1]," ",item2[0],item2[1]," ",item3[0],item3[1])
```

案例实现

实现代码如下：

```
01 i=1
02 menu=["B超室","化验室"]
03 user="张来,黎明,常冒,李薇,吉舜锋,辛叶,冲余力,余人明,傅山,岳宁琳,昌紫衫,笪莎莉"
04 usergroup=user.split(",")                # 将用户信息按照“,”分隔成usergroup列表
05 user1=usergroup[0::2]                    # 将usergroup列表中的奇数位用户放到列表user1
06 user2=usergroup[1::2]                    # 将usergroup列表中的偶数位用户放到列表user2
07 print("="*35)
08 print("电子科分组排队系统  ".center(25))
09 print("="*35)
10 print((menu[0]+"                    "+menu[1]).center(25))
11 template="{}"
12 for item1,item2 in zip(user1,user2):
13       len1=len(item1.encode("GBK"))       # 按GBK编码格式输出用户姓名的长度
14       len0=len(item1)
15       len3=round((len1-len0)/2)-1
16       item3="A%03d"% i+" "+item1
17       item4="B%03d"% i+" "+item2
18       print (item3.ljust(18-len3 )+item4)
19       i=i+1
```

实战任务

1. 仿一仿，试一试

随着经济的发展和人民生活水平的提高，出境旅游的人越来越多。出境的时候，通常需要兑换一定的货币。请编写一个程序，完成以下任务。

（1）输出图 3.31 所示的人民币实时兑换价格。

（2）输入需要兑换的货币数值，同步计算可兑换 6 种货币的数值，保留整数，输出效果如图 3.32 所示。

```
人民币实时兑换价格
1人民币=1.1674(港币)HKD
1人民币=1.1917(澳门元)MOP
1人民币=4.5521(新台币)TWD
1人民币=0.131(欧元)EUR
1人民币=0.1487(美元)USD
1人民币=0.1142(英镑)GBP
```

图 3.31　人民币实时兑换价格

```
请输入需要兑换的人民币金额：
 1200
1200人民币= 1401港币(HKD)
1200人民币= 1430澳门元(MOP)
1200人民币= 5463新台币(TWD)
1200人民币= 157欧元(EUR)
1200人民币= 178美元(USD)
1200人民币= 137英镑(GBP)
```

图 3.32　兑换人民币计算结果

示例代码如下：

```
01 meney=[1.1674,1.1917,4.5521,0.1310,0.1487,0.1142]
02 chi=["港币","澳门元","新台币","欧元","美元","英镑"]
03 eng=["HKD","MOP","TWD","EUR","USD","GBP"]
04 print("人民币实时兑换价格")
05 for item1,item2,item3 in zip(meney,chi,eng):          # 遍历由zip()函数打包生成的新列表
06     print("1人民币="+str(item1)+"("+item2+")"+item3 )    # 输出人民币兑换各货币的价格
07 print("")
08 many=input("请输入需要兑换的人民币金额:\n ")           # 输入要兑换的人民币金额
09 for item1,item2,item3 in zip(meney,chi,eng):          # 遍历zip()函数打包生成的新列表
10     change=format(int(many)*item1,".0f")              # 计算兑换的其他货币金额
11     print(many+"人民币="+change+item2+"("+item3+")"  )
```

2. 阅读程序写结果

```
01 num=input("请输入一个两位整数：")
02 var=num[::-1]
03 add=int(var)+int(num)
04 new=[num,var,str(add)]
05 total=0
06 for item in new:
07     total+=int(item[0])
08 print(total)
```

输入：18

输出：__________________

PART 04

第4章

字典

本章要点

- 字典的基本操作
- 遍历字典
- 更新、删除字典内容
- enumerate()函数
- 字典排序

■ 在Python中，字典是常用的序列结构之一，字典与列表类似，也是可变序列，不过与列表不同的是，它是无序的可变序列，保存的内容是以“键值对”的形式存放的。这类似于新华字典，它可以把拼音和汉字关联起来，通过音节表快速找到想要的汉字。其中新华字典里的音节表相当于键（key），而对应的汉字相当于值（value）。键是唯一的，而值可以有多个。字典在要定义一个包含多个命名字段的对象时很有用。本章将结合案例来讲解字典的一些常用操作方法。

案例 20　便笺本——字典的基本操作

案例讲解

案例描述

1978 年，美国 3M 公司的研究人员费兰发明了第一张便笺纸。费兰是一位化学工程师。有一天，他从一本赞美诗中取出书签时，突发灵感，发明了便笺纸。这种便笺纸的一端涂有黏合剂，可以被贴在书上等需要做记号的地方。用过后，轻轻一撕不会留下任何痕迹。

请编写一个程序替代纸质便笺本，当用户有灵感或者需要记录信息时，可以方便地进行记录。要求使用字典保存便笺信息，需将日期和时间（如 2020-2-22 12:10）作为键保存，将内容作为值保存。运行效果如图 4.1 和图 4.2 所示。

```
=======便笺本=======
第1条便笺：
python 学习第10课：数字验证码
第2条便笺：
人不应单纯生活在现实中，还应生活在理想中。人如果没有理想，会将身边的事看得很大，耿耿于怀；但如果有理想，身边即使有不愉快的事，与自己的抱负相比，也会变得很小。
```

图 4.1　输入便笺内容

```
2020-02-08 20:59:28
 python 学习第10课：数字验证码
2020-02-08 21:01:11
 人不应单纯生活在现实中，还应生活在理想中。人如果没有理想，会将身边的事看得很大
，耿耿于怀；但如果有理想，身边即使有不愉快的事，与自己的抱负相比，也会变得很小。
```

图 4.2　显示输入的便笺内容

知识点讲解

1. 字典的定义与创建

定义字典时，每个元素都包含两个部分，即“键”和“值”，“键”和“值”之间使用冒号“:”分隔，相邻两个元素使用逗号分隔，所有元素放在一个大括号“{}”中。定义字典的语法格式如下：

```
dictionary={'key1':'value1', 'key2':'value2', …, 'keyn':'valuen'}
```

其中，dictionary 为字典名称；key1、key2、…、keyn 为元素的键，必须是唯一且不可变的，可以是字符串、数字或者元组；value1、value2、…、valuen 为元素的值，可以是任何数据类型，不是必须唯一的。

例如，创建一个保存通讯录信息的字典，可以使用下面的代码：

```
01  phone={'张凤':'135786393**','李逵':'177890123**','周仓':'189321098**'}
02  print(phone)    # {'张凤': '135786393', '李逵': '177890123', '周仓': '189321098'}
```

在 Python 中也可以创建空字典。可以使用下面两种方法创建空字典：

```
dictionary={}
```

或者

```
dictionary=dict()
```

2. 通过已有数据快速创建字典

在 Python 中可以通过已有数据快速创建字典，主要有以下两种方式。

（1）通过映射函数创建字典，语法格式如下：

```
dictionary=dict(zip(list1,list2))
```

其中，dictionary 为字典名称；zip()函数用于将多个列表或元组对应位置的元素组合为元组，并返回包含这些内容的 zip 对象；如果想得到列表，可以使用 list()函数将其转换为列表；list1 为一个列表，用于指定要生成字典的键；list2 为一个列表，用于指定要生成字典的值。

例如，要定义两个各包含 3 个元素的列表，应用 dict()函数和 zip()函数将前两个列表转换为对应的字典，并输出，代码如下：

```
01  name=['邓肯','吉诺比利','帕克']                # 作为键的列表
02  sign=['石佛','妖刀','跑车']                    # 作为值的列表
03  dictionary=dict(zip(name,sign))               # 转换为字典
```

（2）通过给定的“键值对”创建字典，语法格式如下：

```
dictionary=dict(key1=value1,key2=value2,…,keyn=valuen)
```

其中，dictionary 为字典名称；key1、key2、…、keyn 为元素的键，必须是唯一且不可变的，可以是字符串、数字或者元组；value1、value2、…、valuen 表示元素的值，可以是任何数据类型，不是必须唯一的。

例如，将球员名称和绰号通过“键值对”的形式创建一个字典，可以使用下面的代码：

```
dictionary=dict(邓肯='石佛', 吉诺比利='妖刀', 帕克='跑车')
```

3. 添加和删除字典元素

由于字典是可变序列，所以可以随时在其中添加“键值对”，这和列表类似。向字典中添加元素的语法格式如下：

```
dictionary[key]=value
```

其中，dictionary 为字典名称；key 为要添加元素的键，必须是唯一且不可变的，可以是字符串、数字或者元组；value 为元素的值，可以是任何数据类型，不是必须唯一的。

还是以之前的保存 3 位 NBA 球员绰号的场景为例，在创建的字典中添加一个元素，并显示添加元素后的字典，代码如下：

```
01  dictionary=dict((('邓肯', '石佛'),('吉诺比利','妖刀'), ('帕克','跑车'))
02  dictionary["罗宾逊"]="海军上将"                # 添加一个元素
```

当不需要字典中的某一个元素时，可以使用 del 命令将其删除。例如，要删除字典 dictionary 中键为“帕克”的元素，可以使用下面的代码：

```
01  dictionary=dict((('邓肯', '石佛'),('吉诺比利','妖刀'), ('帕克','跑车'))
02  del dictionary["帕克"]                          # 删除一个元素
```

4. 遍历字典

可以通过 key 值、value 值进行字典遍历。下面统一采用字典 qq 介绍 4 种遍历方法：

```
qq={'qq':'84978981','mr':'84978982','无语':'0431-84978981'}
```

直接在字典中遍历 key，然后通过字典的键获取对应的值：

```
01  for key in qq:
02      print(key,qq[key])
```

在字典 keys()方法得到的结果中遍历 key，然后通过字典的键获取对应的值：

```
01  for key in qq.keys():
02      print(key,qq[key])
```

在 items()方法得到的结果中遍历 key 或 value，此时可以直接输出 key 或 value 的值：

```
01  for key,value in qq.items():
02      print(key,value)
```

在字典 values()方法得到的结果中遍历 value，只能输出值：

```
01  for value in qq.values():
```

```
02        print(value)
```

在 items()方法得到的结果中遍历字典项，只能输出“键值对”元组。

```
01  for item in qq.items():
02        print(item)
```

5. 获取并输出当前日期和时间

在 Python 中，可以使用 datetime 模块来处理日期和时间。datetime 模块非常好用，它提供了很多日期格式和时间格式处理、转换的对象和方法。使用时，要先导入 datetime 库，代码如下：

```
import datetime
```

使用 today()方法和 now()方法获得当前日期和时间，时间精确到毫秒级，代码如下。

使用 today()方法获取：

```
print(datetime.datetime.today())
```

输出结果为：

```
2018-11-30 10：05：21.573243
```

使用 now()方法获取：

```
print(datetime.datetime.now())
```

输出结果为：

```
2018-11-30 10：05：21.573243
```

使用 format()函数格式化时间，“%Y-%m-%d”用于设置输出日期的格式，“%H:%M:%S”用于设置输出时间的格式。代码如下：

```
print(format(datetime.datetime.now(), "%Y-%m-%d%H:%M:%S "))
```

案例实现

实现代码如下：

```
01  note={}                                              # 建立空字典note，保存便笺信息
02  for i in range(2):                                   # 存储2条便笺信息
03        print("第"+str(i+1)+"条便笺：")                  # 输出便笺的编号
04        order=datetime.datetime.now()                  # 获取当前时间作为便笺的时间
05        order=format(order,"%Y-%m-%d%H:%M:%S ")        # 格式化便笺时间
06        word=input("")                                 # 输入便笺内容
07        note[order]=word                               # 将便笺信息保存到字典note
08  for key,value in note.items():                       # 输出便笺
09        print(key,"\n",value)
```

实战任务

1. 仿一仿，试一试

（1）通过 keys()方法获取字典中的键。示例代码如下：

```
01  dictionary={'杰夫 "贝佐斯':1,'比尔 "盖茨':2,'沃伦 "巴菲特':3,'伯纳德 "阿诺特':4}
02  for key in dictionary.keys():              # 通过for循环获取字典中具体的key
03        print(key)
```

（2）通过 keys()方法获取字典中所有的值。示例代码如下：

```
01  dict_demo={1:'杰夫 "贝佐斯',2:'比尔 "盖茨',3:'沃伦 "巴菲特',4:'伯纳德 "阿诺特'}
02  for i in dict_demo.keys():                 # 遍历字典中所有键
03        value=dict_demo.get(i)               # 获取键对应的值
04        print('字典中的值有：',value)
```

2. 完善程序

在便笺添加完成后，如果添加的便笺过多，就需要为便笺本添加查询功能，查询完成分段显示便笺内容。请补全下面的代码：

```
01  sear=[]
02  str=input("请输入要查询的文字：")
03  for key,value in note.items():
04      if key.________(str)>0:
05          sear.append(_______)
06      if value.________(str)>0:
07          sear.append(key+":"+value)
08  print("搜索到：","\n".join(sear))
```

3. 手下留神

通过键、值或者“键值对”遍历字典时，字典名称和相应方法的括号一个也不能少，如图 4.3 所示。出现图 4.4 所示的错误提示时，要检查字典名称和相应方法的括号有没有缺少。

```
for key,value in note.items():        注意：字典名称和相应方法的括号
    if key.count(str)>0:              一个都不能少
        sear.append(key)
```

图 4.3　错误代码

```
NameError: name 'items' is not defined
```

图 4.4　错误提示

案例 21　百词斩——遍历字典

案例讲解

案例描述

英语是目前世界上使用最广泛的语言之一，也是国际上通用的语言。随着各国交流越来越频繁，英语的地位与日俱增，在中国，越来越多的人加入英语学习大军，英语已经成为一项非常重要的技能。

请编写一个程序，可以帮助用户快速记忆英语单词。运行程序，要求可以随机输出英语单词，提示用户写出相应的汉语意思；也可以随机输出汉语意思，提示用户写出对应的英语单词；还可以设置单词停留的时间。程序运行效果如图 4.5 和图 4.6 所示。

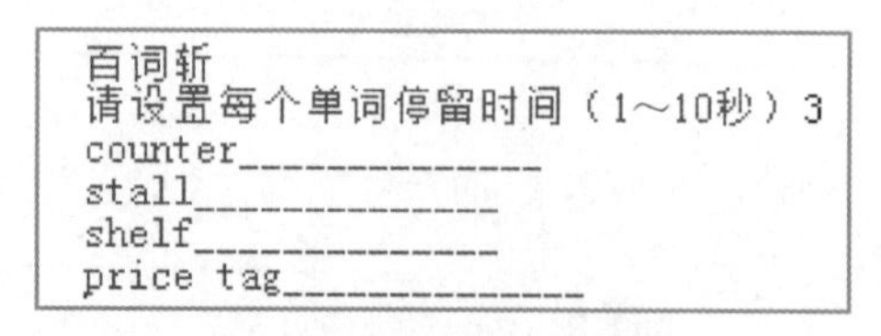

图 4.5　输出英语单词写汉语

```
百词斩
请设置每个单词停留时间（1～10秒）1
柜台______________
售货摊______________
货架______________
```

图 4.6　输出汉语写英语单词

知识点讲解

1. fromkeys()方法——创建一个新字典

fromkeys()方法用于创建一个新的字典。以序列 seq 中的元素作为字典的键，用 value 作为字典中所有键

对应的值。fromkeys()方法的语法格式如下：

```
dict.fromkeys(seq[,value])
```

dict 为字典对象；seq 为序列（如字符串、列表、元组等），作为新字典的键；value 为可选参数，如果提供 value 值，则该值将被设置为字典的值，字典中的所有键对应同一个值，如果不提供 value 值，则默认返回 None。

设置不同的参数，使用 fromkeys()方法创建新字典，代码如下：

```
01  list=["hour", "minute", "second"]                    # 列表
02  dict={ "济南":"0531", "青岛":"0532"}                 # 字典
03  str="MR"                                             # 字符串
04  set=("Python","Java")                                # 元组
05  # 根据不同的参数创建新字典
06  dict1=dict.fromkeys(list)                            # {'hour': None, 'minute': None, 'second': None}
07  dict2=dict.fromkeys(dict,"山东省")                    # { '济南': '山东省', '青岛': '山东省'}
08  dict3=dict.fromkeys(str,("Ming","Ri"))               # {'M': ('Ming', 'Ri'), 'R': ('Ming', 'Ri')}
09  dict4=dict.fromkeys(set,1)                           # {'Python': 1, 'Java': 1}
```

2. keys()方法——获取字典的所有键

keys()方法用于获取一个字典中的所有键，返回的是一个可迭代对象，可以使用 list()函数将其转换为列表。keys()方法的语法格式如下：

```
dict.keys()
```

dict 为字典对象。

使用 keys()方法获取字典中所有键的代码如下：

```
01  dictionary={"hour":3, "minute":45, "second":21}      # 创建字典
02  print(dictionary.keys())                             # dict_keys(['hour', 'minute', 'second'])
03  print(list(dictionary.keys()))                       # ['hour', 'minute', 'second']
```

3. values()方法——获取字典的所有值

values()方法用于获取一个字典中的所有值，返回的是一个可迭代对象，可以使用 list()函数将其转换为列表。values()方法的语法格式如下：

```
dict.values()
```

dict 为字典对象。

使用 values()方法获取字典中所有值的代码如下：

```
01  dictionary={"hour":3, "minute":45, "second":21}      # 创建字典
02  print(dictionary.values())                           # dict_values([3, 45, 21])
03  print(list(dictionary.values()))                     # [3, 45, 21]
```

4. items()方法——获取字典的所有“键值对”

items()方法用于获取字典中的所有“键值对”，返回的是一个可迭代对象，可以使用 list()函数将其转换为列表。items()方法的语法格式如下：

```
dict.items()
```

dict 为字典对象。

使用 items()方法获取字典中所有“键值对”的代码如下：

```
01  dictionary={"hour":3, "minute":45, "second":21}      # 创建字典
02  print(dictionary.items())           # dict_items([('hour', 3), ('minute', 45), ('second', 21)])
03  print(list(dictionary.items()))     # [('hour', 3), ('minute', 45), ('second', 21)]
```

使用 items()方法通过 for 循环获取字典中全部“键值对”的代码如下：

```
01  dictionary={"语文":98, "数学":95, "英语":88}          # 创建字典
```

```
02  for item in dictionary.items():                    # 通过for循环获取字典中的全部“键值对”
03      print(item)
```

5. 设置程序暂停时间

在 Python 中，如果需要让当前正在执行的线程暂停一段时间，并进入挂起状态，可以调用 time 模块的 sleep()函数来实现。该函数可指定一个 secs 参数，用于指定线程挂起的时间。sleep()函数的语法格式如下：

```
time.sleep(secs)
```

secs 为推迟执行的秒数，如 secs 为 3，即推迟 3 秒执行，secs 为 0.5，即推迟 0.5 秒执行。应用示例如下：

```
01  import time
02  for i in range(10,0,-1):
03      print("倒计时：",i)
04      time.sleep(1)
```

案例实现

实现代码如下：

```
01  import time
02  eng=["counter","stall","shelf","price tag","discount","change","bank","shop"]
03  chn=["柜台","售货摊","货架","标价签","打折扣","零钱","银行","商店"]
04  dic=dict(zip(eng,chn))                              # 将列表转换为字典
05  print("百词斩")
06  times=int(input("请设置每个单词停留时间（1～10秒）"))    # 设置停留时间
07  for key in dic:                                     # 遍历字典
08      print(key+"______________")                     # 输出英语单词，写汉语意思
09      time.sleep(times)                               # 英语单词停留时间
10  for value in dic.values():                          # 遍历字典
11      print(value+"______________")                   # 输出汉语意思，写英语单词
12      time.sleep(times)                               # 汉语意思停留时间
```

实战任务

1. 仿一仿，试一试

（1）获得当前的时间，精确到 0.1 秒。示例代码如下：

```
01  import time
02  for i in range(100):
03      print("当前时间：",time.ctime())
04      time.sleep(0.1)
```

（2）提示第一个字母或汉字的百词斩程序。示例代码如下：

```
01  dic={"counter":"柜台", "stall":"售货摊", "shelf":"货架","discount":"标价签"}
02  for item in dic.items():
03      print(item[0])
04      print(item[1])
05  for item in dic.items():
06      print(item[0][0])
07      print(item[1][0])
```

2. 阅读程序写结果

```
01  num={0:'10',1:'20',2:'30',3:'40',4:'50',5:'60',6:'70',7:'80',8:'90',9:'100'}
02  digit=int(input("输入一个数字："))
03  for item in num.items():
```

```
04        digit+=int(item[1][1])
05  print(digit)
```

输入：20

输出：__________

3. 完善程序

（1）观察百词斩案例程序的运行效果可以发现，输出英语单词时没有对齐，修改本案例程序，使输出的英语单词对齐。请根据要求补全下面代码：

```
01  for key in dic:
02        print(format(key,"__________")+"__________")
03        time.sleep(times)
```

（2）百词斩程序标题原为居左显示，修改本案例程序，将标题改为居中显示，同时输出带5位序号的英语单词格式。请根据要求补全下面的代码：

```
01  import time
02  eng=["counter","stall","shelf","price tag","discount","change","bank","shop"]
03  chn=["柜台","售货摊","货架","标价签","打折扣","零钱","银行","商店"]
04  dic=dict(zip(eng,chn))          # 将列表eng和chn映射为字典
05  print("百词斩"__________(30))
06  times=int(input("请设置每个单词停留时间（1～10秒）"))
07  i=1                                       # 从1开始记录当前单词的序号
08  for key in dic:
09        print(str(i).________(5)+"    "+format(key,__________)+'__________')
10        time.sleep(times)
11        i=i+1
```

4. 手下留神

数字不能做切片，需要转换成字符串才可以使用切片。使用数字做切片的代码如图4.7所示，会出现图4.8所示的错误提示，正确代码如图4.9所示。

```
num=200 ———数字不能做切片操作
print(num[2])
```

图4.7 错误代码

```
TypeError: 'int' object is not subscriptable
```

图4.8 错误提示

```
num="200"
print(num[2])
```

图4.9 正确代码

案例22 幸运转盘——更新、删除字典内容

案例讲解

案例描述

幸运转盘是一种令人着迷且十分刺激的游戏，它由一个轮盘、一根指针及转盘背景组成，轮盘以转轴为中心转动，并且分成若干个扇形，每个扇形分别对应一个奖品或惩罚，参与游戏者转动轮盘，指针最后停的位置对应最后的结果。

请编写一个模拟幸运转盘的程序，自动随机产生一等奖至五等奖，每个奖项对应的奖品存储在字典dict

中。每个奖品只有一个，奖品抽出后只能在剩下的奖品中抽取。每次抽完需要输入获奖人的手机号码，所有奖品抽完则游戏结束。程序运行效果如图 4.10 和图 4.11 所示。

```
您抽中了二等奖：B&W600音箱
请输入您的手机号码：1356456****
您抽中了四等奖：海信43E2F电视
请输入您的手机号码：1562323****
您抽中了一等奖：奔驰GLA200
请输入您的手机号码：1553334****
您抽中了五等奖：北鼎电炖锅
请输入您的手机号码：1894454****
您抽中了三等奖：海尔双频冰箱
请输入您的手机号码：1322322****
```

图 4.10　随机抽取大奖

```
大奖获得者名单
二等奖:B&W600音箱--1356456****
四等奖:海信43E2F电视--1562323****
一等奖:奔驰GLA200--1553334****
五等奖:北鼎电炖锅--1894454****
三等奖:海尔双频冰箱--1322322****
```

图 4.11　输出抽奖结果

知识点讲解

删除、更新字典的方法如下。

（1）pop()方法用于删除字典中指定键对应的“键值对”，并返回被删除的值。pop()方法的语法格式如下：

```
dict.pop(key[,default])
```

dict 为字典对象；key 为字典中要删除的键；default 为可选参数，若指定的键在字典中不存在，则必须设置 default 默认值，否则程序会报错。如果指定的键存在于字典中，则返回指定键所对应的值，否则返回设置的 default 值。

使用 pop()方法删除字典中指定键所对应的“键值对”并返回被删除的值的示例代码如下：

```
01 d={'壹':1, '贰':2, '叁':3}                    # 创建字典
02 print(d.pop('贰'))                            # 输出“2”
```

使用 pop()方法删除字典中指定键所对应的“键值对”，并设置 default 值的示例代码如下：

```
01 dict={"name":"明日学院", "url":"www.mingrisoft.com", "age":20}          # 创建字典
02 dict.pop("name","no")                    # {'url': 'www.mingrisoft.com', 'age': 20}
```

如果 pop()方法要删除的 key 不存在，则需要添加默认值，否则会报错，示例代码如下：

```
01 dict={"name":"明日学院", "url":"www.mingrisoft.com", "age":20}          # 创建字典
02 # 如果要删除的key不存在，则需要添加默认值
03 print(dict.pop("tel","400 675 1066"))                                   # 返回400 675 1066
04 # 如果要删除的key不存在，且未提供default值，会抛出KeyError异常
05 print(dict.pop("tel"))                                                  # 提示KeyError: 'tel'
```

（2）update()方法用于更新字典。update()方法的语法格式如下：

```
dict.update(args)
```

dict 为原字典对象；args 表示添加到指定字典 dict 里的参数，可以是字典或者某种可迭代的数据类型。

使用 update()方法将一个字典的“键值对”更新到（添加到）另一个字典中的示例代码如下：

```
01 dict={'a': 1, 'b': 2}
02 dict2={'c': 3}
03 dict.update(dict2)                            # {'a': 1, 'b': 2, 'c': 3}
```

使用 update()方法，并设置其参数为列表（以元组为元素），更新字典 dict，代码如下：

```
01 dict={'apple': 5.98, 'banana': 3.68}
02 list=[("pear",3.00),("watermelon",2.89)]   # 列表中的每个元组是一个“键值对”
03 dict.update(list) # {'apple': 5.98, 'banana': 3.68, 'pear': 3.0, 'watermelon': 2.89}
```

如果 update()方法的参数是可迭代对象，则可迭代对象中的每一项自身必须是可迭代的，并且每一项只能有两个对象。第一个对象作为新字典的键，第二个对象作为键对应的值。

（3）clear()方法用于删除字典中的全部元素。执行 clear()方法后，原字典将变为空字典。clear()方法的语法格式如下：

```
dict.clear()
```

使用 clear()方法删除字典中的全部元素的示例代码如下：

```
01  d={'壹':1, '贰':2, '叁':3}                # 创建字典
02  d.clear()                                 # {}
```

（4）copy()方法用于浅复制一个字典。copy()方法的语法格式如下：

```
dict.copy()
```

使用 copy()方法返回一个与原字典具有相同“键值对”的新字典的示例代码如下：

```
01  dict1={"a":11, "b":22, "c":33, "d":44}
02  dict2=dict1.copy()                        # 返回一个与原字典具有相同键值对的“新字典”
03  print("新字典为：", dict2)
```

程序的运行结果为：

```
新字典为： {'a': 11, 'b': 22, 'c': 33, 'd': 44}
```

案例实现

实现代码如下：

```
01  import random
02  dict={"一等奖":"奔驰GLA200","二等奖":"B&W600音箱","三等奖":"海尔双频冰箱","四等奖":"海信43E2F
    电视","五等奖":"北鼎电炖锅"}
03  luck=random.choice(list(dict.keys()))           # 随机在字典中抽取奖品
04  new={}                                          # 抽奖信息字典
05  many=len(dict)                                  # 获取奖品字典dict的奖品数
06  for i in range(many):                           # 根据奖品数建立循环次数
07      luck_ord=random.choice(list(dict.keys()))   # 根据字典的键随机抽取奖项
08      luck_get=dict.get(luck_ord)                 # 获取奖品信息
09      print("您抽中了{}：{}".format(luck_ord,luck_get))  # 发布此次抽奖结果
10      name=input("请输入您的手机号码：")          # 获奖人输入手机号码
11      new[luck_ord]=luck_get+"--"+name            # 添加抽奖信息到抽奖信息字典
12      dict.pop(luck_ord)                          # 删除已经抽完的奖项与奖品
13  print("大奖获得者名单")
14  for key,value in new.items():                   # 发布大奖获得者名单
15      print(str(key)+":"+value)
```

实战任务

1. 仿一仿，试一试

（1）数字密码保护器。dict 是密码交换的字典，相当于密码本。通过字典的键值关系，将原有密码的数字 1～9 对应成不同的数字，例如，原数字 1 对应 5，2 对应 6。密码转译后，虽然都是数字，但已经不是原来的密码。即使有人知道了你保存在计算机里的密码，但没有密码交换的字典，他也无法使用你的密码。示例代码如下：

```
01  dict={"1":"5","2":"6","3":"7","4":"8","5":"9","6":"4","7":"3","8":"2","9":"0","0":"1"}
```

```
02  instr=input("请输入你的密码：")
03  new=""
04  for item in instr:
05      new+=dict.get(item)        # 在字典中查找对应数字并补加到new字符串
06  print("转译密码为：",new)
```

（2）猜大小。计算机随机生成一个数字，用户输入要猜的数字后，系统随机发出猜大或猜小。示例代码如下：

```
01  import random
02  sys={"sys":random.randint(1,99),"my":random.randint(1,99)}
03  myint=int(input("输入你的数字(1～99)："))
04  sys.update({"my":myint})        # 更新字典内容
05  print(sys)
06  print("这次猜：",random.choice(["大","小"]))
```

2. 完善程序

抽奖完成后，将用户输入的电话号码提取出来放到 phone 列表中。请补全下面代码：

```
01  phone=[]
02  for value in new.values():
03      phone.append(value.______("--")[1])
04  print('\n'.join(_________))
```

3. 手下留神

如何随机抽取字典的键或值呢？直接对字典使用 choice()方法会报错，如图 4.12 所示。

```
KeyError: 1
```

图 4.12　错误提示

示例代码如下：

```
01  import random
02  dict={"1":"壹","2":"贰","3":"叁","4":"肆","5":"伍","6":"陆"}
03  luck=random.choice(dict)
```

那么该如何解决这类问题呢？由于 choice()方法只能对列表、元组或者字符串进行随机取值，所以需要用 list()函数将键或者值转换为列表，再进行随机取值，代码如下：

```
01  luck=random.choice(list(dict.keys()))
02  luck=random.choice(list(dict.values()))
```

案例 23　听写——enumerate()函数

案例讲解

案例描述

听写是指在学习语言时进行的一种强化记忆的方式。在听写时，通常是由老师读一些词语或句子，由学生写下相对应的文字。使用 Python，可以让听写变得简单高效，事半功倍。

请编写一个程序，将听写内容进行去除空行、添加编号、分离问题与答案，可以直接将带答案和不带答案的听写内容分别打印。背诵时用带答案的文本，听写时直接用无答案的文本。听写内容如图 4.13 所示。

1.选择培养基的概念：允许特定种类的微生物生长，同时抑制或阻止其他种类微生物生长

2.测定微生物数目的方法有：稀释涂布平板法、显微镜直接计数法

3.如何用稀释涂布平板法统计微生物数目：当样品的稀释度足够高时，培养基表面生长的一个菌落，来源于样品稀释液中的一个活细菌。一般选择菌落数在30～300的平板计数

4.统计的菌落数往往比活菌的实际数目低的原因：当两个或多个细胞连在一起时，平板上观察到的只是一个菌落

5.设置对照的目的：排除实验组中非测试因素对实验结果的影响，提高实验结果的可信度

图 4.13　听写内容

运行程序，将输出图 4.14 所示的带答案的听写作业和图 4.15 所示的不带答案的听写作业。

001　选择培养基的概念：允许特定种类的微生物生长，同时抑制或阻止其他种类微生物生长
002　测定微生物数目的方法有：稀释涂布平板法、显微镜直接计数法
003　如何用稀释涂布平板法统计微生物数目：当样品的稀释度足够高时，培养基表面生长的一个菌落，来源于样品稀释液中的一个活细菌。一般选择菌落数在30～300 的平板计数
004　统计的菌落数往往比活菌的实际数目低的原因：当两个或多个细胞连在一起时，平板上观察到的只是一个菌落
005　设置对照的目的：排除实验组中非测试因素对实验结果的影响，提高实验结果的可信度

图 4.14　去除空行、添加编号后的听写作业

001　选择培养基的概念
002　测定微生物数目的方法有
003　如何用稀释涂布平板法统计微生物数目
004　统计的菌落数往往比活菌的实际数目低的原因
005　设置对照的目的

图 4.15　只保留听写问题（去掉答案）的听写作业

知识点讲解

enumerate()函数是 Python 的内置函数，可以将一个可遍历或可迭代的对象按照设置的序号组成一个索引序列。其语法格式如下：

```
enumerate(iterable[, start])
```

参数 iterable 表示一个序列、迭代器或其他支持迭代的对象；参数 start 用于设置下标的起始位置，默认为 0。

1. 为可迭代对象建立索引

enumerate()函数返回一个列表，列表由新生成的序号和原有元素组成的元组组成，可以快速实现对可迭代对象中的元素建立索引和编号。例如，按编号输出 2020 年福布斯富豪榜前四名的代码如下：

```
01  fbs=['杰夫 "贝佐斯', '比尔 "盖茨', '沃伦 "巴菲特', '伯纳德 "阿诺特']
02  # 输出 [(0, '杰夫 "贝佐斯'), (1, '比尔 "盖茨'), (2, '伯纳德 "阿诺特'), (3, '沃伦 "巴菲特')]
03  new=list(enumerate(fbs))
04  for item in new:
05      print(item[0],item[1])
```

运行程序，输出结果如下：

```
0 杰夫 "贝佐斯
1 比尔 "盖茨
2 伯纳德 "阿诺特
3 沃伦 "巴菲特
```

其实，也可以在 for 循环中直接使用 enumerate()函数。例如，依然按编号输出 2020 年福布斯富豪榜前

四名，代码可以修改成：

```
01 fbs=['杰夫 "贝佐斯', '比尔 "盖茨', '沃伦 "巴菲特', '伯纳德 "阿诺特']
02 for (index, season) in enumerate(fbs):
03     print(index,":",season)
```

运行程序，输出结果如下：

```
0：杰夫 "贝佐斯
1：比尔 "盖茨
2：伯纳德 "阿诺特
3：沃伦 "巴菲特
```

还可以在 enumerate()函数中设置索引起始值，示例代码如下：

```
01 car=['卡罗拉','福特F系','RAV4','思域','途观']
02 for (index, item) in enumerate(car,2):
03     print(index,":",item,end=">")
```

运行程序，输出结果如下：

```
2：卡罗拉>3：福特F系>4：RAV4>5：思域>6：途观>
```

对于字符串，也可以使用 enumerate()函数建立索引序号，示例代码如下：

```
01 str='赵钱孙李周武'
02 for (i, item) in enumerate(str,1):
03     print(i,":",item,end=" ")
```

运行程序，输出结果如下：

```
1：赵 2：钱 3：孙 4：李 5：周 6：武
```

2. 通过 enumerate()函数将字符串、列表等转换为字典

（1）将字符串转换为字典：

```
01 str='赵钱孙李周吴'
02 name=dict(enumerate(str,1))     # {1:'赵', 2: '钱', 3: '孙', 4: '李', 5: '周', 6: '吴'}
```

（2）将列表转换为字典，把序号作为字典的键：

```
01 car=['卡罗拉','福特F系','RAV4','思域','途观']
02 # {1: '卡罗拉', 2: '福特F系', 3: 'RAV4', 4: '思域', 5: '途观'}
03 order=dict(enumerate(car,1))
```

（3）将列表转换为字典，把序号作为字典的值：

```
01 car={'卡罗拉':1181445,'福特F系':1080757,'RAV4':837624,'思域':823169}
02 # 输出为 {'卡罗拉': 0, '福特F系': 1, 'RAV4': 2, '思域': 3}
03 new=dict((item,i) for i, item  in enumerate(car))
```

3. 通过 enumerate()函数为字典的键建立索引

通过 enumerate()函数可以为字典的键建立索引，生成由序号和字典的键组成的元组。例如，为字典 car 的键建立索引的代码如下：

```
01 car={"奔驰":319163,"宝马":265051,"奥迪":255300}
02 for i, item in enumerate(car,1):
03     print(i,":",item,end=" ")          # 输出“1：奔驰 2：宝马 3：奥迪”
```

案例实现

实现代码如下：

```
01 new=word.split("\n")
02 new=[i for i in new if i!=""]          # 通过列表推导式清洗列表数据
03 go=""
```

```
04 out=""
05 for (i, item)in enumerate(new, 1) :                          # 将老师布置的作业格式化
06     mmm=item.split(".")                                      # 根据"."分隔每个题目的序号与内容
07     if len(mmm)>1:                                           # 如果包含序号与内容
08         go+=format(i,"0>3")+"   "+mmm[1].strip(" ")+"\n"     # 将序号格式化为3位编号
09         sss=mmm[1].split(": ")                               # 分解作业内容中的内容与答案
10         out+=format(i,"0>3")+"   "+sss[0].strip(" ")+"\n"    # 输出格式化不带答案的题目
11     else:
12         go+=item
13 print(go)
14 print()
15 print()
16 print(out)
```

实战任务

完善本案例程序，实现在听写内容的标题前加上“选修 3”的效果，在听写内容最后加上“:”，如图 4.16 所示。

```
选修3001   选择培养基的概念:
选修3002   测定微生物数目的方法有:
选修3003   如何用稀释涂布平板法统计微生物数目:
```

图 4.16　运行结果

补充的代码如下：

```
01 i=1
02 type='选修3'
03 for item in new :
04     mmm=item.split(".")
05     if len(mmm)>1:
06         go+=__________+format(i,"0>3")+"   "+mmm[1].strip(" ")+"\n"
07         sss=mmm[1].split(": ")
08         out+=__________+format(i,"0>3")+"   "+sss[0].strip(" ")+"______\n"
09         i=i+1
```

案例 24　用条形图输出省份 GDP——字典排序

案例讲解

案例描述

国内生产总值（Gross Domestic Product，GDP）指在一定时期内，在一国领土上合法产出的所有最终产品和服务的市场价值的总和。1934 年，美国哈佛大学经济学家西蒙·史密斯·库兹涅茨（Simon Smith Kuznets）在给美国国会的报告中正式提出 GDP 这个概念，1944 年的布雷顿森林会议决定把 GDP 作为衡量一国经济总量的主要工具。

请编写一个程序，用正常和升序条形图输出 2018 年、2019 年我国生产总值排名前十的省份的情况，生产总值数据参考程序中 gdp 字典中的数据。因为生产总值数据较大，需要通过数据量化单位量化数据，数据量化单位设置为 5000。

运行程序，按生产总值数据正常输出生产总值排名前十的省份，如图 4.17 所示；按生产总值升序输出生产总值排名前十的省份，如图 4.18 所示。

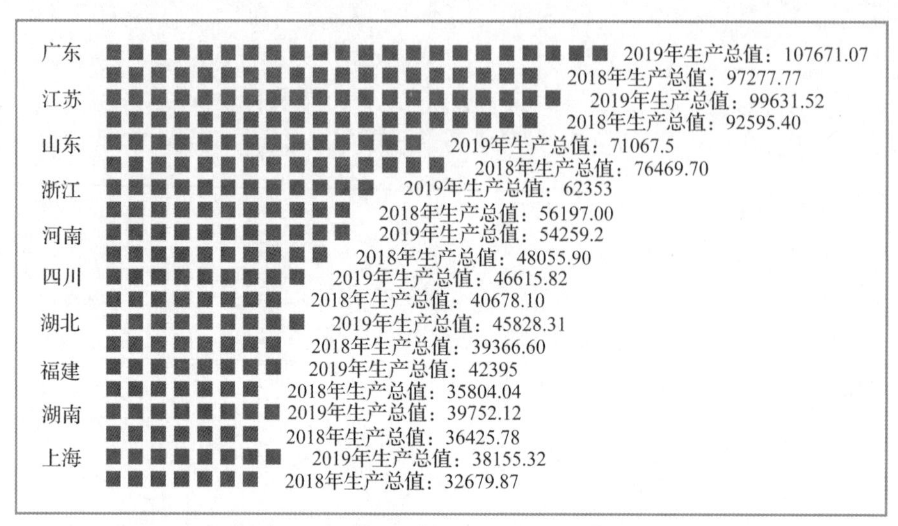

图 4.17 正常输出生产总值排名前十的省份

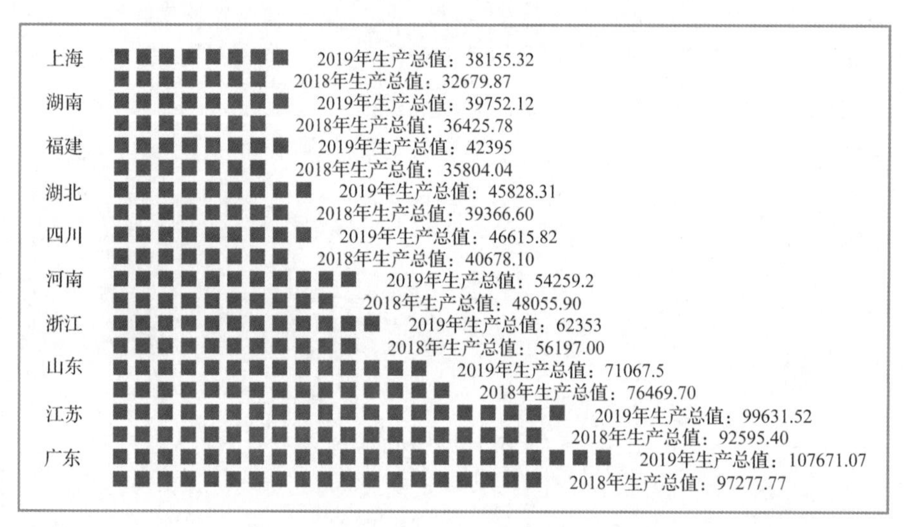

图 4.18 按升序输出生产总值排名前十的省份

知识点讲解

统计 2018 年、2019 年生产总值排名前十的省份情况，需要对各省生产总值数据进行排序，Python 提供了内置函数 sorted()和字符串的 sort()方法，可以对列表、元组等可迭代对象进行排序，下面介绍如何使用它们对字典排序。

1. 直接对字典进行排序

（1）直接对字典排序

使用 sorted()函数可以直接对字典排序，排序后生成的是只包含字典键的列表，默认按键的升序排列，如果要按降序排列，设置参数 reverse 为 True 即可。例如，phone 字典中，销售价格作为键，手机名称作为值，对 phone 字典排序，相当于对键排序，示例代码如下：

```
01  phone={5999:'iPhone11',3688:'Reno3',7998:'Note10+',4988:'P30'}
02  up=sorted(phone)
03  print(up)                  # 输出结果为列表 [3688, 4988, 5999, 7998]
04  down=sorted(phone,reverse=True)
05  print(down)                # 输出结果为列表 [7998, 5999, 4988, 3688]
```

（2）对字典的键（keys()）或者值（values()）排序

对字典的键或者值排序，排序后生成的是只包含字典的键或者值的列表，默认按升序排列，如果要按降序排列，设置参数 reverse 为 True 即可。例如，对销售价格升序输出、对手机名称降序输出的代码如下：

```
01  phone={5999:'iPhone11',3688:'Reno3',7998:'Note10+',4988:'P30'}
02  up=sorted(phone.keys())
03  print(up)                  # 输出结果为列表[3688, 4988, 5999, 7998]
04  down=sorted(phone.values(),reverse=True)
05  print(down)                # 输出结果为列表['iPhone11', 'Reno3', 'P30', 'Note10+']
```

对键排序其实和直接对字典排序的效果一样，都输出只包含键的列表。

（3）对字典的“键值对”排序

对字典的“键值对”（items()）排序时，默认按键升序排列，如果要降序排列，可以设置参数 reverse 为 True，输出包含键和值的列表，列表内的键和值以元组形式呈现。例如，将销售价格分别按升序和降序输出的代码如下：

```
01  phone={5999:'iPhone11',3688:'Reno3',7998:'Note10+',4988:'P30'}
02  # 排序后为元组 [(3688, 'Reno3'), (4988, 'P30'), (5999, 'iPhone11'), (7998, 'Note10+')]
03  up=sorted(phone.items())
04  for item in up:            # 输出结果：3688 Reno3<4988 P30<5999 iPhone11<7998 Note10+<
05      print(item[0],item[1],end='<')
06
07  # 排序后为列表[(7998, 'Note10+'), (5999, 'iPhone 11'), (4988, 'P30'), (3688, 'Reno3')]
08  down=sorted(phone.items(),reverse=True)
09  print(down)
10  for item in down:          # 输出结果：7998 Note10+>5999 iPhone11>4988 P30>3688 Reno3>
11      print(item[0],item[1],end='>')
```

如果要按字典的值排序，可以通过匿名函数 lambda 设置排序字段为值。例如，phone 字典中手机名称作为键，销售价格作为值，按销售价格进行排序的代码如下：

```
01  phone={'iPhone11':5999,'Reno3':3688 ,'Note10+':7998,'P30':4988}
02  up=sorted(phone.items(),key=lambda x:x[1])
03  # [('Reno3', 3688), ('P30', 4988), ('iPhone11', 5999), ('Note10+', 7998)]
04  print(up)
05  for item in up:            # 输出结果：Reno3 3688<P30 4988<iPhone11 5999<Note10+7998<
06      print(item[0],item[1],end='<')
```

如果字典的值比较复杂，也可以通过匿名函数 lambda 设置字典中指定的键或者值作为排序字段。例如，phone 字典中手机名称作为键，销售价格和销售数量列表作为值，按销售数量进行排序的代码如下：

```
01  phone={'iPhone11':[5999,127],'Reno3':[3688,170] ,'Note10+':[7998,98],'P30':[4988,532]}
02  # [('P30', [4988, 532]), ('Reno3', [3688, 170]), ('iPhone11', [5999, 127]), ('Note10+', [7998, 98])]
03  up=sorted(phone.items(),key=lambda x:x[1][1],reverse=True) # 按照字典中的销售数量降序排列
04  print(up)
05  for item in up:            # 输出结果：P30 532 4988>Reno3 170 3688>iPhone11 127 5999>Note10+98 7998>
06      print(item[0],item[1][1],item[1][0],end='>')
```

phone 字典中销售价格和销售数量均为数字类型，可以直接对销售价格和销售数量进行排序，如果是字

符型数字，则需要使用 int()或 float()函数将其转换为数字类型，否则将按照字符串的排序方式排序，会出现排序不准确的情况。例如，test 字典中为学生名称和对应的测试成绩，直接对成绩排序的代码如下：

```
01  test={'jack':"107",'mary':"95",'john':"135",'jobs':"82",'jone':'121'}
02  up=sorted(test.items(),key=lambda x:x[1],reverse=True)
03  for item in up: #  输出结果：mary 95>jobs 82>john 135>jone 121>jack 107>
04      print(item[0],item[1],end='>')
```

从注释的输出结果可以看到，135 分排到 95 分后面，这是一个大 Bug。因为按字符串排序时是先按第一个字符比较排序，如果相同，再比较第二个字符，以此类推。所以，按照字符串排序会出现错误，必须把字符型数字转换为数字类型，才能正确输出结果。修改对应代码如下：

```
up=sorted(test.items(),key=lambda x:int(x[1]),reverse=True)
```

2. 将字典转换为列表进行排序

将字典的“键值对”转换为列表，然后通过 sorted()函数和匿名函数 lambda 进行排序。例如，对 phone 字典中的销售数量进行降序排列的代码如下：

```
01  phone={'iPhone11':[5999,127],'Reno3':[3688,170],'Note10+':[7998,98],'P30':[4988,532]}
02  # 输出[('iPhone11', [5999, 127]), ('Reno3', [3688, 170]), ('Note10+', [7998, 98]), ('P30', [4988, 532])]
03  new=list(phone.items())
04  up=sorted(new,key=lambda x:x[1][1],reverse=True)
05  for item in up: # P30 532 4988>Reno3 170 3688>iPhone11 127 5999>Note10+98 7998>
06      print(item[0],item[1][1],item[1][0],end='>')
```

下面使用 sort()方法和匿名函数 lambda 进行排序。例如，对 phone 销售价格进行降序排列的代码如下：

```
01  phone={'iPhone11':[5999,127],'Reno3':[3688,170],'Note10+':[7998,98],'P30':[4988,532]}
02  new=list(phone.items())
03  new.sort(key=lambda x:x[1][0],reverse=True)
04  print(new)
05  for item in new: # 输出结果：Note10+7998 98>iPhone11 5999 127>P30 4988 532>Reno3 3688 170>
06      print(item[0],item[1][0],item[1][1],end='>')
```

3. sorted()函数和匿名函数 lambda

（1）sorted()函数

sorted()函数可以根据提供的函数和升降序标志对可迭代对象进行排序，结果在返回的新列表当中。其语法格式如下：

```
sorted(可迭代对象,key=函数名,reverse=False/True)
```

可迭代对象为可依次取值的对象，如列表、字符串、元组、字典等；key 为列表排序的依据，通常可以按函数返回排序的依据，再把函数名绑定给 key；reverse 为排序方向，默认为 False，表示升序排列，设置为 True 时，表示降序排列。

例如，将列表 test 中的分数降序排列，因列表中分数是字符串类型，需要使用 int()函数将其转换为整型。特别注意，设置时只能使用“int”，不能使用“int()”，即不带括号。示例代码如下：

```
01  test=['107','95','135','82','121','112']
02  up=sorted(test,key=int,reverse=True)     # 转换为整数，降序排列
03  for item in up:                           # 输出“135>121>112>107>95>82>”
04      print(item,end='>')
05  test=['Python','Java','C#','PHP','JavaScript','C++']
```

按元素的长度降序排列，使用 len()函数，实现代码如下：

```
01  cx=['JavaScript', 'Python', 'Java', 'PHP', 'C++', 'C#']
02  up=sorted(cx,key=len,reverse=True)
```

```
03  for item in up:                          # 输出“JavaScript,Python,Java,PHP,C++,C#”
04      print(item,end=',')
```

（2）匿名函数 lambda 的格式

为更加方便高效地应用函数，Python 提供了匿名函数。匿名函数可以在不定义函数的情况下通过一行代码实现高效的函数功能。匿名函数在表达式中可以直接使用，非常方便。匿名函数的语法格式如下：

```
函数名=lambda  [形参1,形参2,…]：表达式
```

匿名函数的应用示例如下：

```
01  num=lambda x:int(x)                      # 将字符串转换为整数
02  print(num("12"))                         # 12
03  num=lambda x:abs(x)                      # 取整的绝对值
04  print(num(-5))                           # 5
05  num=lambda x,y:x*y                       # 取2个数的积
06  print(num(12,11))                        # 132
07  num=lambda x,y,z:x*y+z**2                # 前2个数的积+第3个数的平方
08  print(num(2,3,4))                        # 22
```

案例实现

实现代码如下：

```
01  gdp='''广东:97277.77:107671.07 江苏:92595.40:99631.52 山东:76469.70:71067.5 浙江:56197.00:
62353 河南:48055.90:54259.2 四川:40678.10:46615.82 湖北:39366.60:45828.31 湖南:36425.78:
39752.12 上海:38155.32:32679.87 福建:35804.04:42395'''
02  dict={}
03  list=[]
04  new=gdp.split(" ")
05  for item in new:
06      list=item.split(":")
07      dict.update({list[0]:[list[2],list[1]]}) # 更新列表中的省份、2019年生产总值、2018年生产总值到字典
08  up=sorted(dict.items(),key=lambda x:float(x[1][0]),reverse=False)# 对字典的2019年、2018年生产总值排序
09
10  for item in up:
11      lenb=format(float(item[1][0])/5000,".0f")
12      print(item[0].ljust(4)+"\t"+int(lenb)*chr(9632)+"   2019年生产总值:"+str(item[1][0]))
13      lenb=format(float(item[1][1])/5000,".0f")
14      print("".ljust(4)+"\t"+int(lenb)*chr(9632)+"   2018年生产总值:"+str(item[1][1]))
```

实战任务

1. 仿一仿，试一试

金额大小写转换。输入小写数字，输出大写汉字金额。示例代码如下：

```
01  dict={"1":"壹","2":"贰","3":"叁","4":"肆","5":"伍","6":"陆","7":"柒","8":"捌","9":"玖","0":"零"}
02  instr=input("请输入数字：")
03  new=''
04  for item in instr:
05      new+=dict.get(item)
06  print("转译汉字金额为：",new)
```

2. 完善程序

（1）在本案例程序中，量化单位设置为 5000。为使条形图更好地按用户需求输出、展示，修改本案例

程序，实现数据量化单位可以设置范围（500～20000）。请根据要求补全下面代码：

```
01  up=sorted(dict.items(),key=lambda x:float(x[1][0]),reverse=False)
02  base=int(input('请输入数据量化单位（500～20000）：'))
03  for item in up:
04          lenb=format(float(item[1][0])__________,".0f")
05          print(item[0].ljust(4)+"\t"+int(lenb)*chr(9632)+"    2019年生产总值:"+str(item[1][0]))
06          lenb=format(float(item[1][1])__________,".0f")
07          print("".ljust(4)+"\t"+int(lenb)*chr(9632)+"    2018年生产总值:"+str(item[1][1]))
```

（2）修改本程序，以条形图形式输出各省 2018 年、2019 年生产总值累计汇总和排行。请根据要求补全下面代码：

```
01  up=sorted(dict.items(),key=lambda x:float(x[1][0]),reverse=False)
02  for item in up:
03          lenb=format(______________________________/5000,".0f")
04          print(item[0].ljust(4)+"\t"+int(lenb)*chr(9632)+"    2018年和2019年生产总值总和:"+
str(______________________________))
```

3. 手下留神

在使用 sorted()函数对数据进行排序时，如果指定参数 key 为内置函数，切记不能在函数名后面带()，直接使用函数名即可。例如，实现对数字取绝对值后降序排列的代码因为使用了 abs()，出现了错误提示，将代码中的 abs()改为 abs 即可，如图 4.19 所示。

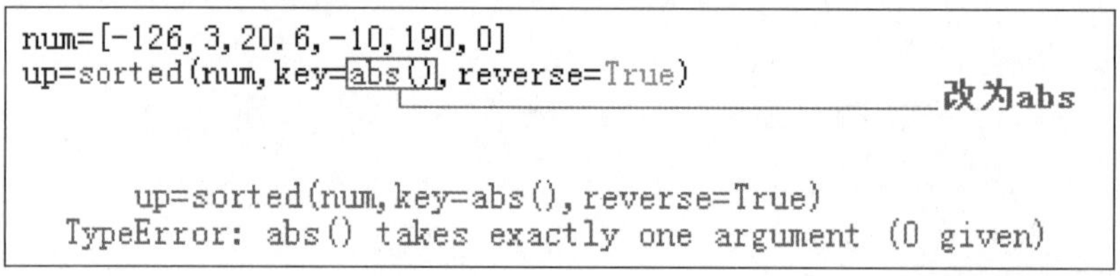

```
num=[-126,3,20.6,-10,190,0]
up=sorted(num,key=abs(),reverse=True)        改为abs

    up=sorted(num,key=abs(),reverse=True)
TypeError: abs() takes exactly one argument (0 given)
```

图 4.19　错误提示（多加()）

而在匿名函数 lambda 中使用内置函数时，函数名后面一定要带括号，不能直接使用函数名称。例如，实现将字符串转换为小写的代码因为 lower()方法没带括号，所以出现图 4.20 所示的错误提示，将代码中的 lower 改为 lower()即可。同样，对数字取绝对值时，内置函数 abs()需要带上括号和参数 x，如图 4.21 所示。

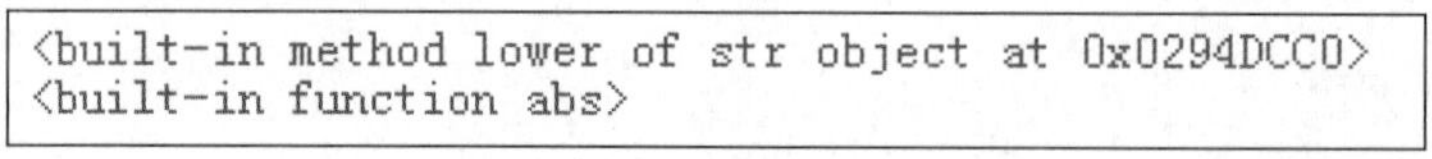

```
<built-in method lower of str object at 0x0294DCC0>
<built-in function abs>
```

图 4.20　错误提示（少加()）

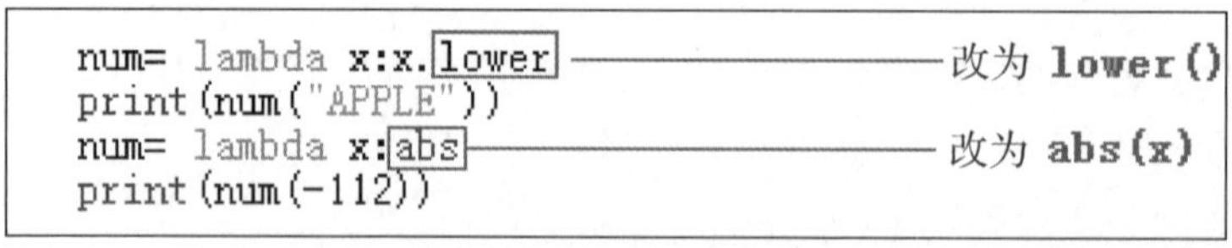

```
num= lambda x:x.lower        改为 lower()
print(num("APPLE"))
num= lambda x:abs            改为 abs(x)
print(num(-112))
```

图 4.21　修改方案

PART 05

第5章

if语句

本章要点

- if语句
- if…else 语句
- if…elif…else 语句
- 开关语句
- and、or、not 逻辑运算符在条件语句中的应用
- 条件嵌套语句

■ 在生活中，我们总是要做出许多选择，程序也是一样，例如，如果用户输入的用户名和密码正确，则提示用户登录成功；否则，提示用户登录失败，需要重新输入用户名或密码。程序中的选择语句也称为条件语句，即按照条件选择执行不同的代码片段。Python中的选择语句主要有3种形式，分别为if语句、if…else语句和if…elif…else语句。本章将结合案例对条件语句进行详细的介绍。

案例 25　微信转账——if 语句

案例讲解

案例描述

微信是腾讯公司于 2011 年 1 月 21 日推出的一个支持多人聊天的手机聊天软件，目前已经成为人们工作、生活中必不可少的“工具”。2019 年，使用微信支付的用户有 4 亿左右。根据微信规定：没有添加银行卡的用户，每日单笔最大支付额度为 200 元。

请编写一个模拟微信转账的程序：用户可以输入需要转账的数字，如果数字大于 200，则输出“转账金额不能超过 200 元”。

知识点讲解

要完成本案例程序要求的功能，需要进行条件判断，即判断输入的数字是否超过最大转账额度 200 元，若超过，则输出“转账金额不能超过 200 元”。

在 Python 中进行条件判断需要使用 if 语句，if 语句的语法格式如下：

```
if 表达式:
    语句块
```

其中，表达式可以是比较表达式或逻辑表达式，如果表达式值为 True，则执行“语句块”；如果表达式值为 False，则跳过“语句块”，继续执行后面的语句。这种形式的 if 语句相当于汉语里的关联词语“如果……则……”。if 语句的执行流程如图 5.1 所示。微信转账流程如图 5.2 所示。

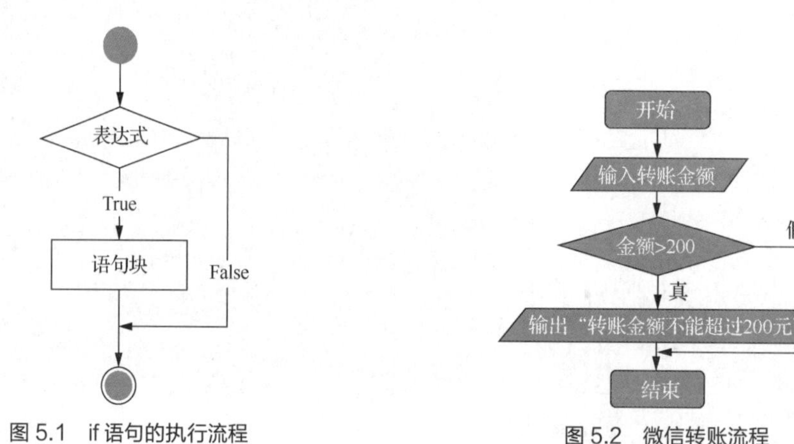

图 5.1　if 语句的执行流程　　图 5.2　微信转账流程

在条件语句的表达式中，经常需要进行逻辑判断、比较操作和布尔运算，它们是条件语句的基础。表 5.1 所示是条件语句中常用的比较运算符。

表 5.1　条件语句中常用的比较运算符

比较运算符	>	>=	==	!=	<	<=
作　用	大于	大于或等于	等于	不等于	小于	小于或等于

Python 采用代码缩进和冒号“:”区分代码之间的层次。if 表达式行尾的冒号和下一行的缩进（通常情况下采用 4 个空格作为一个缩进量）表示一个代码块的开始，而缩进结束则表示一个代码块的结束。使用 if

语句时，必须严格按照缩进规则进行编码。

案例实现

根据图 5.2 所示的微信转账流程图，编写如下代码：

```
01  transfer=input("转账金额：")
02  if int(transfer)>200:
03      print("转账金额不能超过200元")
```

运行程序，输入“230”，输出结果如图 5.3 所示；输入“100”，输出结果如图 5.4 所示。

```
转账金额：230
转账金额不能超过200元
```

图 5.3　输入“230”的输出结果

```
转账金额：100
```

图 5.4　输入“100”的输出结果

实战任务

1. 仿一仿，试一试

（1）福彩 3D 第 2020021 期中奖号码为 901。编写一个程序，要求如果输入的彩票号码等于 901，则输出“你中了本期大奖，请速来领奖!”。示例代码如下：

```
01  number=int(input("请输入您的彩票号码："))            # 输入彩票号码
02  if number==901:                                      # 判断是否符合条件，即输入彩票号码是否等于901
03      print(number,"你中了本期大奖，请速来领奖！")     # 等于中奖号码，输出中奖信息
```

（2）如果 BMI（身体质量指数）大于或等于 25，则输出“您的体重过重！　~@_@~”。示例代码如下：

```
01  if bmi>=25:
02      print("您的体重过重！　~@_@~")
```

（3）编写一个程序，要求根据输入的出生年份，如 2004，计算年龄是否小于 18 岁，若小于 18 岁，则提示“未成年人不能进入网吧!”。示例代码如下：

```
01  age=input("出生年份：")
02  if 2020-int(age)<18:
03      print("未成年人不能进入网吧！")
```

（4）编写一个程序，根据输入的年份判断属相和农历年份。示例代码如下：

```
01  lunar='申酉戌亥子丑寅卯辰巳午未'
02  zodiac='猴鸡狗猪鼠牛虎兔龙蛇马羊'
03  year=input('请输入要查询属相的年份:')
04  rem=int(year)%12
05  if year.isdigit():
06      print('要查询的属相是:'+zodiac[rem]+'\n查询的农历年份是:'+lunar[rem]+'年')
```

2. 阅读程序写结果

程序 1：

```
01  num=int(input("输入整数："))
02  if num%3==0:
03      num+=20
04  print(num)
```

输入：220

输出：__________

程序 2：

```
01  num=int(input("输入整数："))
02  if (num**2)>20:
03      num+=2
04  print(num)
```

输入：6

输出：__________

3. 完善程序

（1）修改本案例代码，实现如下功能：

☑ 如果转账金额超过 200 元，则输出“转账金额不能超过 200 元”；

☑ 如果转账金额没超过 200 元，则输出“转账成功！”。

请将下面程序中缺失的代码补充完整，让程序可以正常运行：

```
01  transfer=input("转账金额：")
02  if int(transfer)>200:
03      print("转账金额不能超过200元")
04  if int(transfer)____200:
05      print("转账成功！")
```

（2）修改本案例代码，实现如下功能：

☑ 如果输入非数字，则输出“输入非法！”；

☑ 如果转账金额超过 200 元，则输出“转账金额不能超过 200 元”；

☑ 如果转账金额没超过 200 元，则输出“转账成功！”。

请将下面程序中缺失的代码补充完整，让程序可以正常运行：

```
01  transfer=input("转账金额：")
02  if ______ transfer.isdigit():
03      print("输入非法！")
04  if transfer.isdigit():
05      if int(transfer)>200:
06          print("转账金额不能超过200元")
07      if int(transfer)<=200:
08          print("转账成功！")
```

4. 手下留神（if 错误两不要）

（1）不要忘写冒号：if 表达式后的冒号千万不要忘记书写，否则程序运行时未写冒号的位置会出现图 5.5 所示的红色方块，并弹出图 5.6 所示的语法错误警告。

```
transfer=input("转账金额：")
if not transfer.isdigit()
    print("输入非法！")
```

图 5.5　错误代码（冒号问题）

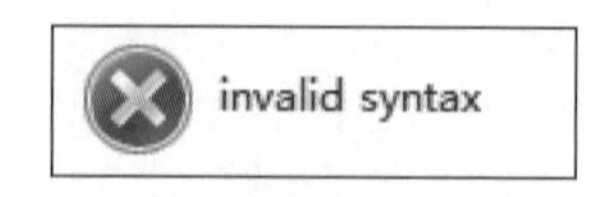

图 5.6　语法错误警告

（2）不要忘记缩进：if 表达式下面的语句要缩进 4 个空格，如果没有缩进，那么程序运行时，未缩进代码的主要部分会变为红色，如图 5.7 所示，并弹出图 5.8 所示的错误警告。

```
transfer=input("转账金额：")
if not transfer.isdigit():
print("输入非法！")
```

图 5.7　错误代码（缩进问题）

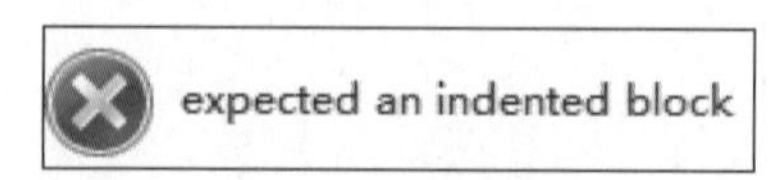

图 5.8　错误警告

案例 26　短信数字验证码——if…else 语句

案例讲解

案例描述

现在，很多电子商务平台都通过短信数字验证码来进行支付验证。短信数字验证码是通过短信传达数字的验证形式，安全性较高，是常见的验证方式。短信验证码通常为 4～6 位。

假设手机短信收到的数字验证码为“278902”，编写一个程序，让用户输入数字验证码，如果数字验证码输入正确，则提示“支付成功！”；否则提示“数字验证码错误！”。

知识点讲解

在生活中经常会遇到二选一的情况，例如，明天如果下雨，就去看电影，否则就去踢足球；如果密码输入正确，则进入网站，否则需要重新输入密码。Python 中提供了 if…else 语句来解决类似问题，其语法格式如下：

```
if 表达式:
    语句块1
else:
    语句块2
```

使用 if…else 语句时，表达式可以是一个单纯的布尔值或者变量，也可以是比较表达式或逻辑表达式。如果满足条件，则执行 if 后面的语句块，否则，执行 else 后面的语句块。这种形式的选择语句相当于汉语里的关联词语“如果……否则……”，其执行流程如图 5.9 所示。短信数字验证码程序的开发流程如图 5.10 所示。

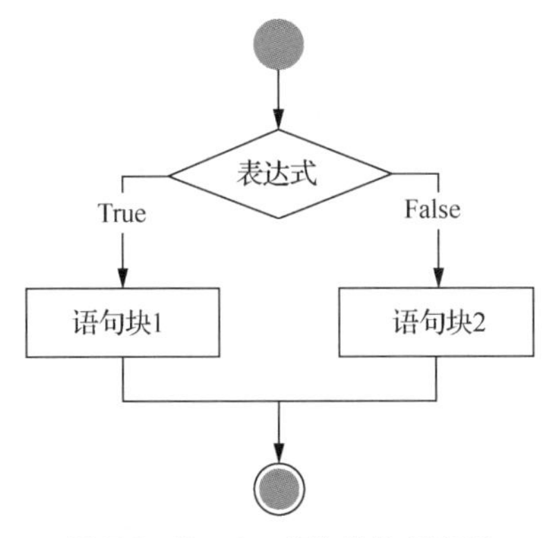

图 5.9　if…else 语句的执行流程

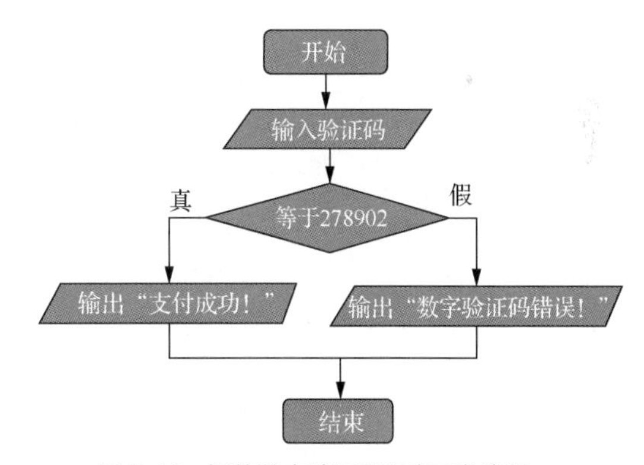

图 5.10　短信数字验证码程序开发流程

案例实现

根据开发流程图，编写如下代码：

```
01  num=input("验证码：")
02  if num=="278902":
03      print("支付成功！")
04  else:
05      print("数字验证码错误！")
```

运行程序，输入“221212”，输出结果如图 5.11 所示；输入“278902”，输出结果如图 5.12 所示。

```
验证码：221212
数字验证码错误！
```

图 5.11　输入“221212”的输出结果

```
验证码：278902
支付成功！
```

图 5.12　输入“278902”的输出结果

实战任务

1. 仿一仿，试一试

（1）判断闰年与平年。示例代码如下：

```
01  years=int(input("请输入查询的年份："))
02  if (years%4==0 and years%100 !=0) or (years%400==0):
03          print(years, "是闰年")
04  else:
05          print(years, "不是闰年")
```

（2）假设用户名称为“mingri”，用户输入正确时输出“正在登录网站，请稍后！”；如果输入不正确，则输出“输入用户名称有误！”。示例代码如下：

```
01  user=int(input("用户名称："))                # 输入用户名称
02  if user=="mingri" :                          # 判断是否正确，即输入用户名称是否等于“mingri”
03        print("正在登录网站，请稍后！")         # 输入等于“mingri”，输出“正在登录网站，请稍后！”
04  else:
05        print("输入用户名称有误！")             # 输入错误，输出“输入用户名称有误！”
```

（3）要求用户智能输入一个 0～9 的数字，输入正确时输出“输入正确，你真棒!”；否则输出“输入不正确，请重新输入!”。示例代码如下：

```
01  if ord(input("请输入一个数字：")) in range(48,58):
02        print("输入正确，你真棒！")
03  else:
04        print("输入不正确，请重新输入！")
```

（4）智商判断。当输入的 IQ 大于或等于 140 输出“天才!”，否则输出“普通智商!”。示例代码如下：

```
01  iq=input("输入IQ：").strip()                 # 要求输入IQ
02  if iq>=140 :
03        print("天才！")
04  else:
05        print("普通智商！")
```

2. 阅读程序写结果

```
01  x=18
02  y=int(input("输入比较数："))
03  x-=8
04  if x>=y:
05       x+=y
06  else:
07       y+=x
08  print(x)
```

输入：10

输出：__________

3. 完善程序

（1）完善本案例代码，实现如下功能：

☑ 如果输入非数字，则输出“输入非法!”；

☑ 如果输入正确，则输出“支付成功!”，否则输出“数字验证码错误!”。

请将下面程序中缺失的代码补充完整，让程序可以正常运行：

```
01  num=input("验证码：")
02  if not num.isdigit():
03      print("输入非法！")
04  ____________
05      if num=="278902":
06          print("支付成功！")
07      else:
08          print("数字验证码错误！")
```

（2）完善本案例代码，实现如下功能：

☑ 如果输入数字不够 6 位，则输出“验证码位数不够!”；

☑ 如果输入非数字，则输出“输入非法!”。

☑ 如果输入正确，则输出“支付成功!”，否则输出“数字验证码错误!”。

请将下面程序中缺失的代码补充完整，让程序可以正常运行：

```
01  num=input("验证码：")
02  if ________==6:
03      if not num.isdigit():
04          print("输入非法！")
05      else:
06          if num=="278902":
07              print("支付成功！")
08          else:
09              print("数字验证码错误！")
10  else:
11      print("验证码位数不够！")
```

4. 手下留神

（1）else 行尾不要忘记写冒号：else 行尾的冒号千万不要忘记书写，否则程序运行时未写冒号的位置会出现图 5.13 所示的红色方块，并弹出图 5.14 所示的语法错误警告。

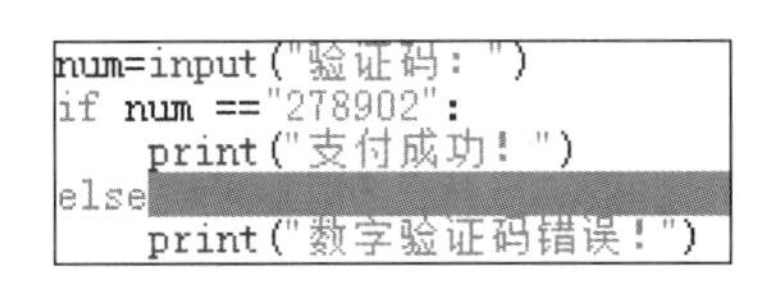

图 5.13 错误代码（冒号问题）

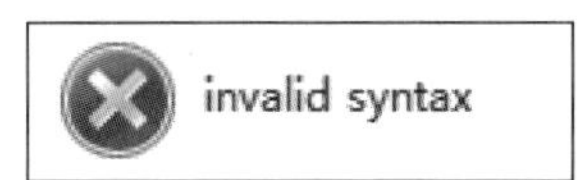

图 5.14 语法错误警告

（2）缩进不要不一致：“if 表达式”与“else”的缩进量要相同，如果 else 与 if 下面语句块的缩进量相同，那么程序运行时“else”代码处则会出现图 5.15 所示的红色方块，并弹出图 5.16 所示的错误警告。

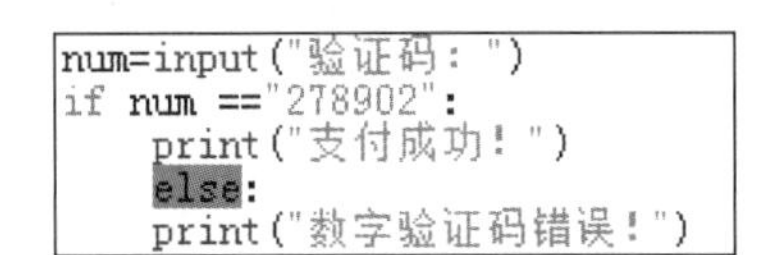

图 5.15 错误代码（缩进问题）

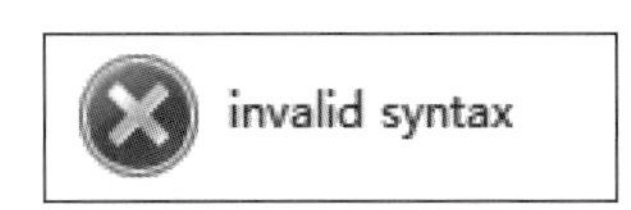

图 5.16 错误警告

案例 27　BMI——if…elif…else 语句

案例描述

身体质量指数（Body Mass Index，BMI）是常用来测量体重与身高比例的工具。它通过身高和体重之间的比例来衡量一个人是否过瘦或过胖。其计算公式如下：

BMI=体重（kg）/身高的平方（m^2）

我国成人 BMI 标准为：< 18.5 为偏瘦；18.5～24.9 为正常；25～29.9 为过重；≥30 为肥胖。编写一个程序，根据用户输入的体重和身高，计算 BMI，并输出对应体质分类。

知识点讲解

判断 BMI 为多少是正常，多少是偏瘦，多少是过重，多少是肥胖，使用 if 语句或 if…else 语句实现有点复杂。这时候可以使用 if…elif…else 语句，该语句是一个多分支选择语句，通常表现为“如果满足某种条件，则进行某种处理；如果满足另一种条件，则进行另一种处理”。if…elif…else 语句的语法格式如下：

```
if 表达式1:
    语句块1
elif 表达式2:
    语句块2
…
else:
    语句块n
```

使用 if…elif…else 语句时，表达式可以是一个单纯的布尔值或变量，也可以是比较表达式或逻辑表达式。如果计表达式值为真，则执行其后的语句块；而如果计表达式值为假，则跳过其后的语句块，进行下一个 elif 表达式的判断，只有在所有表达式都为假的情况下，才会执行 else 后面的语句。if…elif…else 语句的执行流程如图 5.17 所示。计算 BMI 程序的开发流程如图 5.18 所示。

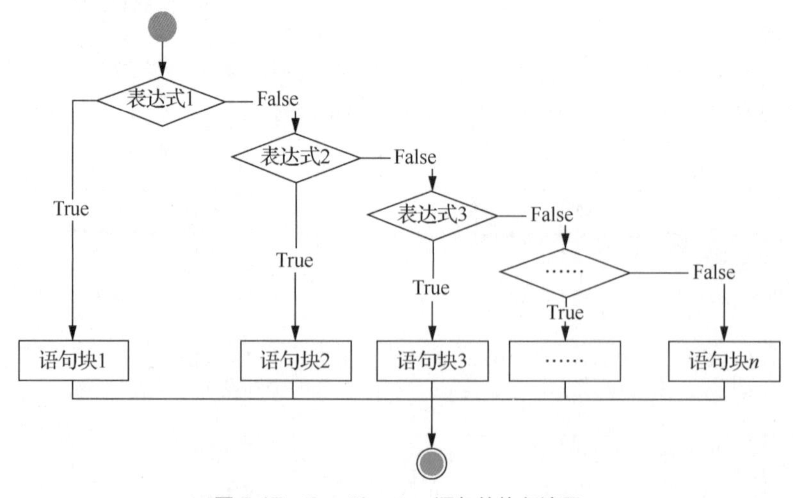

图 5.17　if…elif…else 语句的执行流程

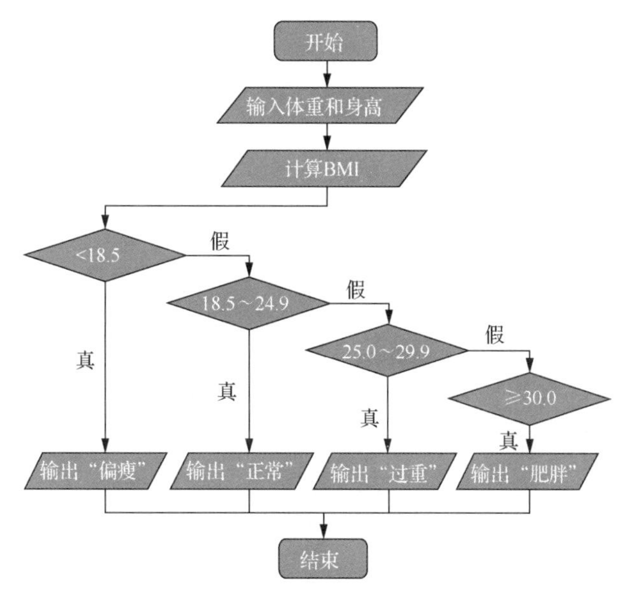

图 5.18　计算 BMI 程序的开发流程

计算 BMI 时，允许用户输入浮点数，所以需要使用 float()函数将用户输入的体重和身高字符数据转换为浮点数。BMI 保留 1 位小数，使用 format()函数进行格式化，格式化后的 BMI 为字符串类型。使用 format()函数进行格式化的示例代码如下：

```
ibm=format(ibm,'.1f')
```

".1f" 表示保留 1 位小数，如果要保留 2 位小数，则为 ".2f "。

格式化后的返回值为字符串类型，还需要使用 float()函数将其转换为浮点数才能进行数值比较。

案例实现

根据流程图，编写如下代码：

```
01  weight=float(input("体重（kg）："))
02  high=float(input("身高（m）："))
03  bmi=float(format((weight/high**2),".1f"))
04  if bmi<18.5:
05      print("偏瘦")
06  elif 24.9>=bmi>=18.5:
07      print("正常")
08  elif 29.9>=bmi>=25:
09      print("过重")
10  else:
11      print("肥胖")
```

运行程序，输入体重"65"、身高"1.72"，输出结果如图 5.19 所示；输入体重"120"、身高"1.8"，输出结果如图 5.20 所示。

```
体重（kg）：65
身高（m）：1.72
正常
```

图 5.19　输入体重"65"、身高"1.72"的输出结果

```
体重（kg）：120
身高（m）：1.8
肥胖
```

图 5.20　输入体重"120"、身高"1.8"的输出结果

实战任务

1. 仿一仿，试一试

（1）根据输入的商品 7 天的销量，判断商品在 7 天销量榜中属于 A、B、C、D 哪一个级别。示例代码如下：

```
01  number=int(input("请输入商品7天销量："))        # 输入某个商品7天的销量
02  if number>=1000:                              # 判断是否符合条件，即输入销量是否大于或等于1000
03      print("本商品7天销量为A！")               # 大于或等于1000，输出销量等级
04  elif number>=500:                             # 判断是否符合条件，即输入销量是否大于或等于500
05      print("本商品7天销量为B！")               # 大于或等于500，输出销量等级
06  elif number>=300:                             # 判断是否符合条件，即输入销量是否大于或等于300
07      print("本商品7天销量为C！")               # 大于或等于300，输出销量等级
08  else:                                         # 判断是否符合条件，即输入销量是否小于300
09      print("本商品7天销量为D！")               # 小于300，输出销量等级
```

（2）根据输入的出生年份，判断属于哪个年龄阶层，例如，输入“1985”，输出“您属于 80 后，任重道远!”；输入“1978”，输出“您属于 70 后，老骥伏枥!”；输入“1997”，输出“您属于 90 后，劈波斩浪!”；输入“2000”，输出“您属于 00 后，柳暗花明!”；输入“2012”，输出“您属于 10 后，前程似锦!”。示例代码如下：

```
01  year=int(input('请输入您的出生年份：\n  '))
02  if year>=2010:
03      print('您属于10后，前程似锦！')
04  elif 2010>year>=2000:
05      print('您属于00后，柳暗花明！')
06  elif 2000>year>=1990:
07      print('您属于90后，劈波斩浪！')
08  elif 1990>year>=1980:
09      print('您属于80后，任重道远！')
10  elif 1980>year>=1970:
11      print('您属于70后，老骥伏枥！')
```

2. 阅读程序写结果

```
01  number=int(input("输入整数："))
02  num=6
03  if number%num==0:
04      number/=num
05  elif number%num==1 :
06      number/=num+1
07  elif number%num==2 :
08      number/=num+2
09  elif number%num==3 :
10      number/=num+3
11  else:
12      number/=num+4
13  print(int(number))
```

输入：13

输出：__________

3. 完善程序

（1）修改本案例程序，添加对输入体重和身高的判断，体重输入范围为 20～150kg，身高输入范围为 0.3～2.3m，超出范围则提示输入非法，并退出系统。请将下面程序中缺失的代码补充完整，让程序可以正常运行：

```
01 import ________
02 weight=float(input("体重（kg）："))
03 if weight<20 ______ weight>150:
04     print("输入非法，退出系统")
05     sys.exit(0)
06 high=float(input("身高（m）："))
07 if high<0.3 _____ high>2.3:
08     print("输入非法，退出系统")
09     sys.exit(0)
10 bmi=float(format((weight/high**2),".1f"))
11 if bmi<=18.4:
12     print("偏瘦")
13 elif 23.9>bmi>18.5:
14     print("正常")
15 elif 27.9>bmi>24:
16     print("过重")
17 else:
18     print("肥胖")
```

（2）世界卫生组织（WHO）推荐的 BMI 标准如表 5.2 所示，采用此标准重新编写程序，并将空缺代码补充完整，计算 BMI。

表 5.2　世界卫生组织推荐的 BMI 标准

WHO 标准	<18.5	18.5～24.9	25.0～29.9	30.0～34.9	35.0～39.9	≥40
BMI 分类	偏瘦	正常	过重	一级肥胖	二级肥胖	三级肥胖

代码如下：

```
01 weight=float(input("体重（kg）："))
02 high=float(input("身高（m）："))
03 bmi=float(format((weight/high**2),".1f"))
04 if bmi ________18.5:
05     print("偏瘦")
06 elif 24.9>=bmi>=18.5:
07     print("正常")
08 elif 29.9>=bmi>=25.0:
09     print("过重")
10 elif 34.9>=bmi>=30.0:
11     print("一级肥胖")
12 elif 39.9>=bmi>=35.0:
13     print("二级肥胖")
14 ______
15     print("三级肥胖")
```

4. 手下留神

不要少写代码行尾的括号：如果代码行尾忘写括号，在下一行行首将会提示错误，并弹出图 5.21 所示的错误警告，这需要特别注意。例如，图 5.22 所示的红色方块 bmi 上并没有错误，出现红色方块的原因是在上一行的行尾少写了“)”。

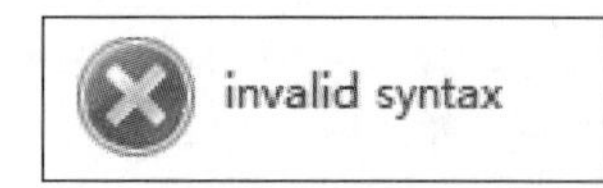

图 5.21　错误警告

```
height=float(input("体重（kg）："))
high=float(input("身高（m）：")        少写了结尾的括号"）"
bmi=float(format((height/high**2),".1f"))
if bmi <=18.4:
    print("偏瘦")
```

图 5.22　错误代码

案例 28　模拟 Windows 10 操作系统的用户权限管理——开关语句（1）

案例讲解

案例描述

Windows 10 操作系统提供了 Administrators、Power Users、Users 和 Guests 4 种常用的权限组，用户在新建用户组时，可以根据需要的权限选择用户组，表 5.3 所示是 Windows 10 操作系统的 4 种常用用户组的简称和功能介绍。

表 5.3　Windows 10 操作系统的 4 种常用用户组

用户组名称	简　称	描　述
Administrators	超级管理员账户	超级管理员对计算机或域有不受限制的完全访问权
Power Users	高级账户	高级用户拥有有限的管理权限
Users	一般账户	一般用户无法进行系统范围的更改，但是可以运行大部分应用程序
Guests	来宾账户	来宾用户跟一般用户有同等访问权，但来宾用户的限制更多

编写一个程序，根据用户新创建的用户组（参考表 5.3），输出用户组简称和功能。输入非表 5.3 所列的用户组或输入错误时，一律提示“输入非法”。

知识点讲解

生活中，我们每天都在使用开关，如电灯开关、计算机开关、空调开关等。图 5.23 所示为一组控制电灯的多路开关电路，可以根据需要控制某一个电灯的开关。在 C 语言、C++、Java 等中，有实现类似开关功能的 switch 语句，因为这些语句可以在流程控制中实现类似开关的功能，所以也被称为开关语句，如图 5.24 所示。

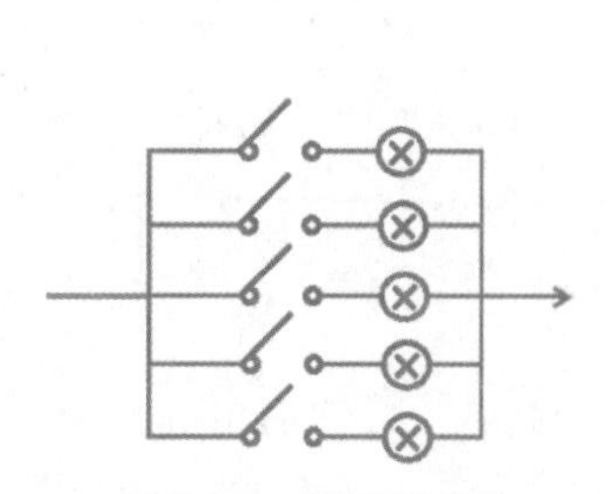

图 5.23　多路开关电路

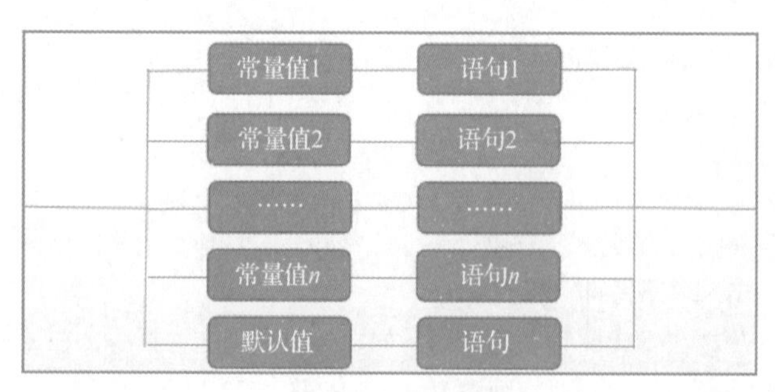

图 5.24　开关语句

Python 中没有 switch 语句，但可以通过多个 if 语句或者使用字典的方法映射实现类似开关语句的功能。例如，模拟 Windows 10 操作系统的用户权限管理的程序中，开关一一对应的常量值为 Administrators、Power Users、Users、Guests 等。开关选择功能除了一一对应的常量值外，还可以包含一个默认值，如果常量值都没有对应上，就会用默认值对应。本程序的默认值为“输入非法”，只要输入非表 5.3 所列的用户组，或输入错误，均按默认值处理。

案例实现

案例程序的实现代码如下：

```
01  str=input ('请输入新建用户要设置的用户组名称：')
02  if str=='Administrators':
03      print('您设置新用户为超级管理员权限。')
04      print('管理员对计算机/域有不受限制的完全访问权！')
05  elif str=='Power Users':
06      print('您设置新用户为高级账号权限。')
07      print('高级用户拥有有限的管理权限！')
08  elif str=='Users':
09      print('您设置新用户为一般账号权限。')
10      print('防止用户进行有意或无意的系统范围的更改，但是可以运行大部分应用程序！')
11  elif str=='Guests':
12      print('您设置新用户为来宾账号权限。')
13      print('来宾账号跟一般账号有同等访问权，但来宾账号的限制更多！')
14  else:
15      print('输入非法')
```

运行程序，输入 Power Users，输出结果如图 5.25 所示；输入 Guests，输出结果如图 5.26 所示。

```
请输入新建用户要设置的用户组名称：Power Users
您设置新用户为高级账户权限。
高级用户拥有有限的管理权限！
```

图 5.25　输入“Power Users”的输出结果

```
请输入新建用户要设置的用户组名称：Guests
您设置新用户为来宾账户权限。
来宾账号跟一般账号有同等访问权，但来宾账号的限制更多！
```

图 5.26　输入“Guests”的输出结果

实战任务

1. 仿一仿，试一试

（1）输入搜狐、百度、腾讯、京东等互联网公司名称，输出对应的官网网址，如果输入错误或输入非上述互联网公司的名称，则输出“www.mingrisoft.com”。示例代码如下：

```
01  net=input ('网站名称：')
02  if net=='搜狐':
03      print('www.sohu.com')
04  elif net=='百度':
05      print('www.baidu.com')
```

```
06 elif net=='腾讯':
07     print('www.qq.com')
08 elif net=='京东':
09     print('www.jd.com')
10 else:
11     print('www.mingisoft.com')
```

（2）生活缴费费用查询。输入燃气费、水费、电费、固话费等缴费项目，输出对应费用，如果输错或输入字典中不存在的缴费项目，则输出“缴费项目不存在!”。示例代码如下：

```
01 dic={'燃气费':126.00,"水费":87,"电费":101,"固话费":50}
02 test=input ('请输入生活缴费项目：')
03 if test=='燃气费':
04     print('本月燃气费：',dic.get(test,"nothing"))
05 elif test=="水费":
06     print('本月自来水费：',dic.get(test,"nothing"))
07 elif test=="电费" :
08     print('本月电费：',dic.get(test,"nothing"))
09 elif test=="固话费":
10     print('本月固话费：',dic.get(test,"nothing"))
11 else:
12     print('缴费项目不存在！')
```

2. 阅读程序写结果

```
01 word=input ('请输入一段话：')
02 if len(word)<6:
03     print(format(word,'*^10'))
04 elif 10>len(word)>=6:
05     print(format(word[1:6],'*>10'))
06 elif 20>len(word)>=10:
07     print(format(word[10:16],'*<10'))
08 else:
09     print(word)
```

输入：go big or go home

输出：＿＿＿＿＿＿＿＿

3. 完善程序

输入用户组看起来简单，其实麻烦很多，例如，欲输入管理组“Administrators”，而首字母没大写，输入了“administrators”，那么程序也不会认为是管理组。对此，可以将输入的字符和比较的字符统一成大写或小写，问题就迎刃而解了。请将程序中空缺的代码补充完整：

```
01 str=input ('请输入新建用户要设置的用户组名称：').__________
02 if str=='Administrators'.upper():
03     print('您设置新用户为超级管理员权限。')
04     print('管理员对计算机/域有不受限制的完全访问权！')
05 elif str=='Power Users'.upper():
06     print('您设置新用户为高级账号权限。')
07     print('高级用户拥有有限的管理权限！')
08 elif str=='Users'.upper():
09     print('您设置新用户为一般账号权限。')
```

```
10        print('防止用户进行有意或无意的系统范围的更改，但是可以运行大部分应用程序！')
11  elif str=='Guests'.upper():
12        print('您设置新用户为来宾账号权限。')
13        print('来宾账号跟一般账号有同等访问权，但来宾账号的限制更多！')
14  __________
15        print('输入非法')
```

案例29　汽车之家车型导航——开关语句（2）

案例讲解

案例描述

汽车之家成立于2005年6月，是全球访问量最大的汽车网站之一。用户在网站汽车类型导航菜单中选择汽车类型，可以进入车型导航界面，查看每个车型的价格区间、汽车品牌等信息，如图5.27和图5.28所示。

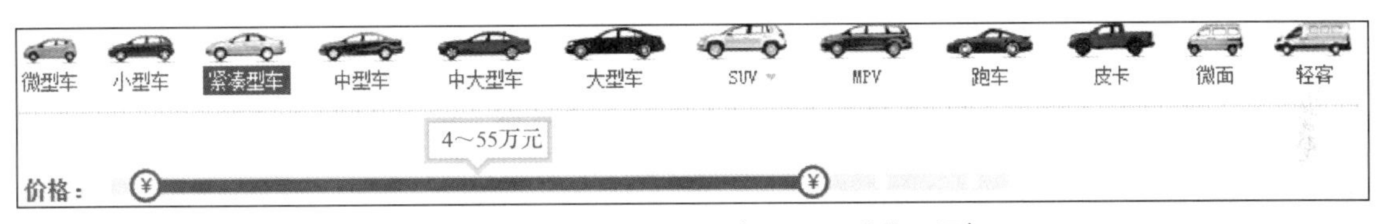

图5.27　紧凑型车导航界面（只显示了价格区间）

图5.28　大型车导航界面（只显示了价格区间）

根据字典car_price编写一个程序，实现根据输入的汽车类型，输出对应车型的价格区间，如果车型输入错误，则提示“车型不存在!”。字典car_price的内容如下：

```
car_price={"微型车": "3～31万元","小型车": "3～41万元","紧凑型车": "4～55万元","中型车": "6万元以上","中大型车": "10万元以上","大型车": "81万元以上"}
```

知识点讲解

如果开关选择的分支过多，使用if语句就有些烦琐了。面对分支较多的程序，为了达到开关语句的效果，一般是使用字典映射方法。如字典car_price相当于：

```
01  car_price={"微型车": "3～31万元",
02             "小型车": "3～41万元",
03              "紧凑型车": "4～55万元",
04              "中型车": "6万元以上",
05              "中大型车": "10万元以上",
06              "大型车": "81万元以上"}
```

把字典的键当作开关语句的常量值，把字典的值作为输出结果，就可以形成非常好用的开关程序。

本程序的开发流程如图5.29所示。

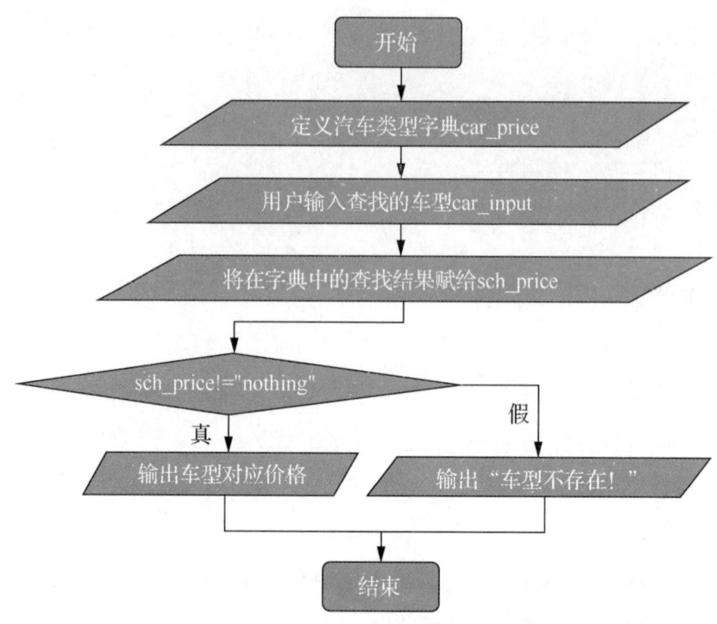

图 5.29　车型导航程序开发流程

案例实现

根据开发流程图，编写如下代码：

```
01 car_price={"微型车": "3～31万元","小型车": "3～41万元","紧凑型车": "4～55万元","中型车": "6万元以上",
"中大型车": "10万元以上","大型车": "81万元以上"}
02 car_input=input ('输入要查询的车型：').strip("")
03 sch_price=car_price.get(car_input,"nothing")
04 if sch_price!='nothing':
05       print(sch_price)
06 else:
07       print('车型不存在！')
```

运行程序，输入“中型车”，输出结果如图 5.30 所示；输入“大型车”，输出结果如图 5.31 所示。

```
输入要查询的车型：中型车
6万元以上
```

图 5.30　输入“中型车”的输出结果

```
输入要查询的车型：大型车
81万元以上
```

图 5.31　输入“大型车”的输出结果

实战任务

1. 仿一仿，试一试

（1）在控制台下输出进销存软件的主菜单，用户可以选择菜单前的数字以调用菜单功能（模拟）。示例代码如下：

```
01 menu={"1": "采购管理","2": "销售管理","3": "库存管理","4": "财务管理","5": "客户管理","6":
"统计分析","7": "系统设置","8": "安全退出"}
02 for i in menu:
03       print( i,menu[i])
04 menu_input=input ('选择菜单前的数字：')
```

```
05 menu_sel=menu.get(menu_input,"nothing")
06 if menu_sel!='nothing':
07     print("正在进入"+menu_sel)
08 else:
09     print('输入非法！')
```

（2）我国车牌号码是按行政区划代码顺序排列的，一般 A 都是省会，B 为省内第二大城市，以此类推。福建省各城市的车牌号码前两位见字典 switcher。编写一个程序，实现输入车牌号码的前两位，输出对应城市，如果输入错误或输入不存在的车牌号码前两位，则提示“输入非法!”：

```
01 switcher={"闽A": "福州市","闽B": "莆田市","闽C": "泉州市","闽D": "厦门市","闽E": "漳州市",
   "闽F": "龙岩市","闽G": "三明市","闽H": "南平市","闽J": "宁德市"}
02 car_input=input ('输入车牌的前两位：')
03 result=switcher.get(car_input, "nothing")
04 if result=='nothing':
05     print('输入非法！')
06 else:
07     print(result)
```

2. 阅读程序写结果

```
01 import random
02 ball={"●":10,"◆":20,"▲":30,"▼": 40,"■": 50,"★": 100}
03 keys=ball.keys()
04 luck=random.choice(list(keys))
05 luck_num=ball.get(luck)
06 print('你的幸运图案是：',luck)
07 luck_num+=50
08 print("你的分数：",luck_num)
```

你的幸运图案是：▼

你的分数：____________

3. 完善程序

在输入车型数据时，很容易不小心输入空格，因此需要在程序中滤除可能输入的空格。请将下面程序中缺失的代码补充完整，让程序可以正常运行：

```
01 car_price={"微型车": "3～31万元","小型车": "3～41万元","紧凑型车": "4～55万元","中型车": "6万元
   以上","中大型车": "10万元以上","大型车": "81万元以上"}
02 car_types={"微型车": "比亚迪e1、宝骏E100、北汽EC3、奔奔EV、smart fortwo","小型车": "奥迪A1、
   宝马i3、飞度、标致206、Polo","紧凑型车": "奥迪A3、奔驰A级、宝马1系、本田思域、别克凯越","中型车":
   "奥迪A4L、奔驰C级、宝马3系、本田雅阁、别克君威"," 中大型车": "奥迪A6L、奔驰E级、宝马5系、丰田皇冠、
   红旗H7","大型车": "奥迪A8、奔驰S级、宾利慕尚、保时捷Panamera、宝马7系"}
03 car_input=input ('输入要查询的车型：').________
04 sch_price=car_price.get(car_input,"nothing")
05 sch_type=car_types.get(________,"nothing")
06 if sch_price!='nothing':
07     print(sch_price)
08     print(________)
09 else:
10     print('车型不存在！')
```

案例 30　出租车运营里程计费——and 逻辑运算符

案例描述

1620 年，英国伦敦出现了第一家四轮马车出租车队，尽管整个车队只有 4 辆马车，但是车夫们穿着统一的制服驾车行驶于街道上时还是引来了众人的关注，这一行业开始迅猛发展起来。

某城市出租车计费方式为：起步价 8 元，包含 2 千米；超过 2 千米的部分，每千米收取 1.5 元；超过 12 千米的部分，每千米收取 2 元。利用 and 连接条件语句实现根据输入的行驶千米数，计算输出需要支付的费用。

知识点讲解

在实际工作中，经常会遇到需要同时满足两个或两个以上条件才能执行 if 后面语句块的情况，如图 5.32 所示。

and 是 Python 的逻辑运算符，可以使用 and 在条件中进行多个条件内容的判断。只有同时满足多个条件，才能执行 if 后面的语句块。例如，起始里程为 0～2 千米，收取 8 元的判断条件的代码如下：

```
01  if mile<=2:
02      if mile>0:
```

可以写成：

```
if mile<=2 and mile>0:
```

出租车运营里程计费程序的开发流程如图 5.33 所示。

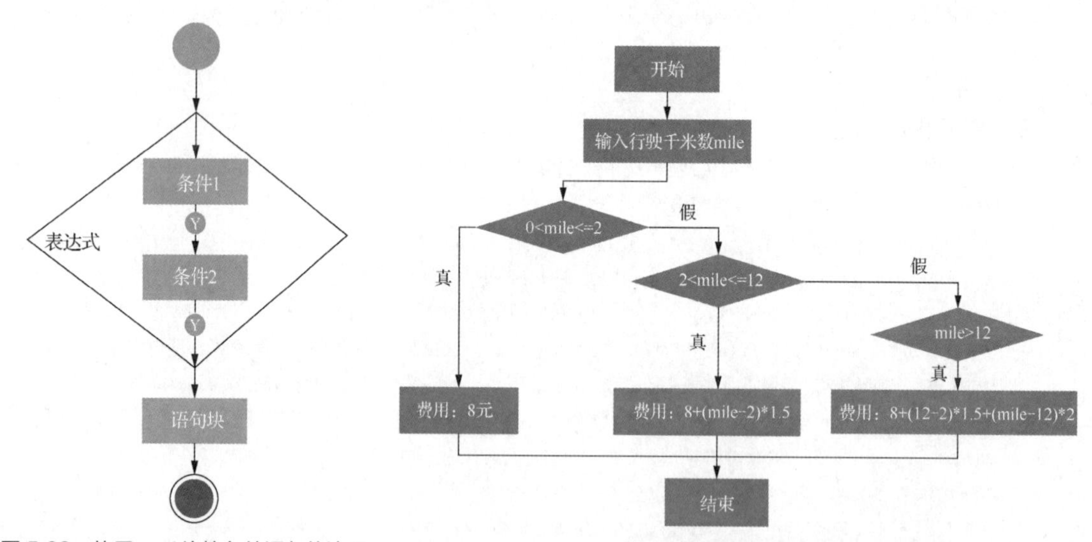

图 5.32　使用 and 连接条件语句的流程　　图 5.33　出租车运营里程计费程序的开发流程

案例实现

根据开发流程图，编写如下代码：

```
01  mile=float(input('请输入行驶的距离（千米）：'))
02  if mile<=2 and mile>0:
```

```
03      print('行驶里程为：'+str(mile)+'千米，您需要支付8元车费！')
04  if mile>2 and mile<=12:
05      cost=8+(mile-2)*1.5
06      print('行驶里程为：'+str(mile)+'千米，您需要支付%s'%cost,'元车费！')
07  if mile>12:
08      cost=8+(12-2)*1.5+(mile-12)*2
09      print('行驶里程为：'+str(mile)+'千米，您需要支付%s'%cost,'元车费！')
```

运行程序，输入行驶的里程，输出结果如图 5.34 所示。

```
请输入行驶的距离（千米）：3
行驶里程为：3.0千米，您需要支付 9.5 元车费！
请输入行驶的距离（千米）：12
行驶里程为：12.0千米，您需要支付 23.0 元车费！
请输入行驶的距离（千米）：30
行驶里程为：30.0千米，您需要支付59.0 元车费！
```

图 5.34　出租车车费计算

实战任务

1. 仿一仿，试一试

（1）某大学通过 Python 课程考试和 Java 课程考试检查学生是否通过了本学期计算机课程的学习，考试合格分数为 60 分，两科成绩均为合格方为通过。示例代码如下：

```
01  python=int(input("请输入你Python考试的成绩："))        # 输入Python考试的成绩
02  java=int(input("请输入你Java考试的成绩："))            # 输入Java考试的成绩
03  if python>=60 and java>=60:                             # 判断两门课程成绩是否合格
04      print("你已经通过本学期计算机考试！")               # 输出“你已经通过本学期计算机考试！”
05  else:
06      print("你没有通过本学期计算机考试！")               # 输出“你没有通过本学期计算机考试！”
```

（2）求除以 3 余 2、除以 5 余 3、除以 7 余 2 的数，利用 and 连接多个条件语句实现。示例代码如下：

```
01  print("今有物不知其数，三三数之剩二，五五数之剩三，七七数之剩二，问几何？\n")
02  number=int(input("请输入您认为符合条件的数："))               # 输入一个数
03  if number%3==2 and number%5==3 and number%7==2:              # 判断是否符合条件
04      print(number,"符合条件：三三数之剩二，五五数之剩三，七七数之剩二")
```

2. 阅读程序写结果

```
01  num=int(input('输入一个整数：'))
02  num+=num+2
03  num-=2
04  if num<=5 and num>0:
05      print(num+1)
06  elif num<=10 and num>5:
07      print(num+5)
08  else:
09      print(num+10)
```

输入：10

输出：____________

3. 完善程序

修改本案例代码，要求输入 0 或输入的数小于 0 时，输出“行驶千米数输入错误，将推出程序:”，请将下方代码中缺失的部分补充完整：

```
01  mile=float(input('请输入行驶的距离（千米）：'))
02  if mile __________0:
03      print('行驶千米数输入错误，将退出程序：')
04  __________
05      if mile<=2 and mile>0:
06          print('行驶里程为：'+str(mile)+'千米，您需要支付8元车费！')
07      if mile>2 and mile<=12:
08          cost=8+(mile-2)*1.5
09          print('行驶里程为：'+str(mile)+'千米，您需要支付%s'% cost，'元车费！')
10      if mile>12:
11          cost=8+(12-2)*1.5+(mile-12)*2
12          print('行驶里程为：'+str(mile)+'千米，您需要支付%s'% cost，'元车费！')
```

4．手下留神

<=不能写成=<：使用比较运算符进行比较时，不能把<=写成=<，否则会提示代码错误，错误代码如图 5.35 所示，并弹出图 5.36 所示的错误警告。

```
if mileage >2 and mileage =< 12:
    cost = 8 + (mileage - 2) * 1.5
```

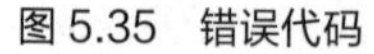

图 5.35　错误代码

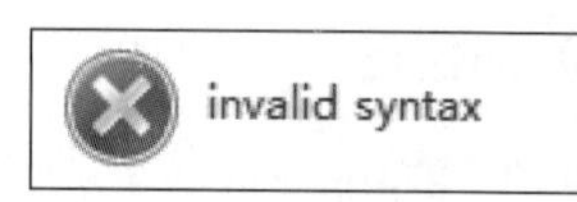

图 5.36　错误警告

案例 31　企业年会抽奖——or 逻辑运算符

案例讲解

案例描述

某企业开年会，通过座位号进行抽奖。抽奖时先产生两个中奖号码，中奖号码在座位号区间（101～500）产生。如果座位号与中奖号码相同，则为一等奖；如果座位号与中奖号码顺序完全相反，则为二等奖；如果座位号的尾号与中奖号码的尾号相同，则为三等奖。编写程序，实现输入座位号（101～500），输出中奖结果。

知识点讲解

满足多个条件之一的判断可以使用 or 逻辑运算符来实现。只要满足 or 连接的多个条件之一，就可以执行 if 后面的语句块，如图 5.37 所示。

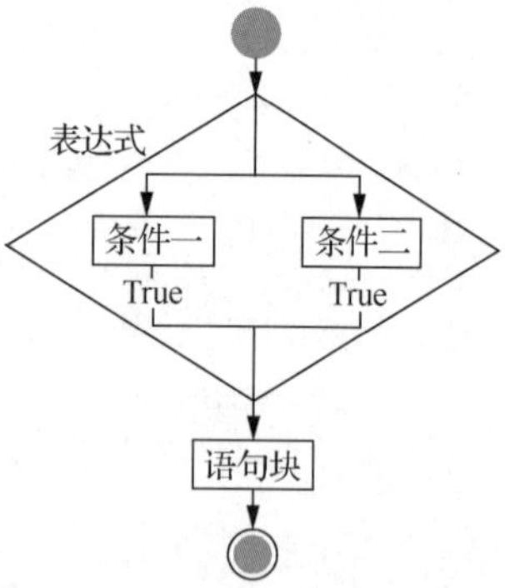

图 5.37　使用 or 连接条件语句的流程

例如，要将日销量低于 10 的商品和高于 100 的商品列为重点关注商品，可以使用 or 来实现对条件的判断。如果输入日销量小于 10 或者输入日销量大于 100，则输出“该商品为重点关注商品”，代码如下：

```
01  sales=int(input("请输入商品日销量"))          # 输入商品日销量
02  if sales <10 or sales>100:                  # 判断条件
03      print("该商品为重点关注商品")              # 输出“该商品为重点关注商品”
```

不用 or 逻辑运算符，只用两个简单的 if 语句，也可以实现上面的效果，代码如下：

```
01  sales=int(input("请输入商品日销量"))          # 输入商品日销量
```

```
02  if sales<10 :                                # 判断条件
03          print("该商品为重点关注商品")           # 输出“该商品为重点关注商品”
04  if   sales>100:                              # 判断条件
05          print("该商品为重点关注商品")           # 输出“该商品为重点关注商品”
```

企业年会抽奖程序的开发流程如图 5.38 所示。

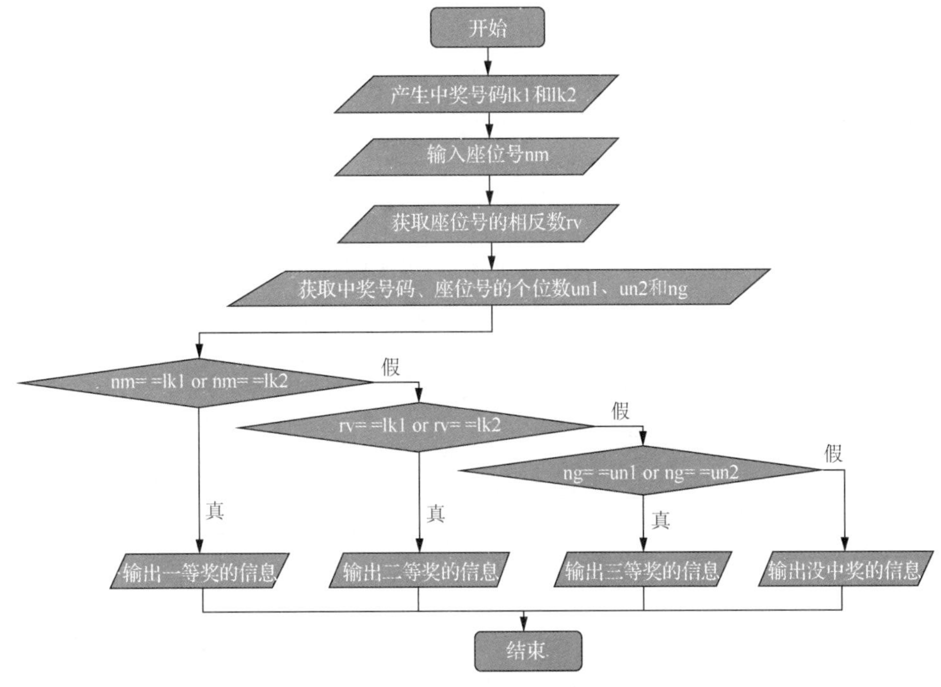

图 5.38　企业年会抽奖开发流程

案例实现

根据流程图，编写如下代码：

```
01  import random
02  lk1=random.randint(101,501)                          # 第一个中奖号码
03  lk2=random.randint(101,501)                          # 第二个中奖号码
04  nm=input("请输入您的座位号(101～500):"                )
05  rv=int(str(nm[-1:])+str(nm[1])+str(nm[0]))           # 翻转座位号
06  ng=int(nm)%10                                        # 座位号的个位
07  un1=lk1%10                                           # 第一个中奖号码的个位
08  un2=lk2%10                                           # 第二个中奖号码的个位
09  print("中奖号码为：",lk1,lk2)
10  # 一等奖，中奖号码与座位号完全一样
11  if nm==lk1 or nm==lk2 :
12          print("您获得一等奖，奖品为：HUAWEI Mate 40")
13  # 二等奖，座位号与中奖号码顺序完全相反
14  elif rv==lk1 or rv==lk2    :
15          print("您获得二等奖，奖品为：OPPO K5")
16  # 三等奖，座位号与中奖号码尾数相同
17  elif ng==un1 or ng==un2 :
```

```
18        print("您获得三等奖，奖品为：惠普CS750")
19    else:
20        print("抱歉！您没有获奖！")
```

运行程序，输入“156”，输出结果如图 5.39 所示；输入“235”，输出结果如图 5.40 所示。

```
请输入您的座位号(101~500):156
中奖号码为:  282 186
您获得三等奖, 奖品为: 惠普CS750
```

图 5.39　输入“156”的输出结果

```
请输入您的座位号(101~500):235
中奖号码为:  282 186
抱歉! 您没有获奖!
```

图 5.40　输入“235”的输出结果

实战任务

1. 仿一仿，试一试

（1）随机产生两个幸运号码（1～9），如果输入的手机尾号与幸运号码相同，则手机号码中奖。示例代码如下：

```
01 import random
02 luck1=random.randint(0,9)
03 luck2=random.randint(0,9)
04 phone=int(input("请输入你的手机尾号："))    # 输入你的手机尾号
05 print('今天手机中奖尾号为：',luck1,luck2 )
06 if phone==luck1 or phone==luck2 :
07     print('你的手机号码中奖了！')
08 else:
09     print('你的手机号码没中奖！')
```

（2）某大学大二学生只要 Python 或 Java 考试成绩超过 60 分，就可以通过该学期计算机课程，否则，不通过该学期计算机课程。示例代码如下：

```
01 python=int(input("请输入Python成绩："))
02 java=int(input("请输入Java成绩："))
03 if python>60 or java>60:
04     print('你通过了本学期计算机课程！')
05 else:
06     print('你没有通过本学期计算机课程！')
```

2. 阅读程序写结果

```
01 x=5
02 y=20
03 num=int(input("输入整数："))
04 y-=x
05 if y>num or x>num:
06     y-=num
07 else:
08     y+=num
09 print(y)
```

输入：10

输出：__________

3. 完善程序

（1）本案例在随机产生两个中奖号码时，可能会出现两个中奖号码相同的情况，为此添加判断，如果中奖号码相同，则退出程序。修改程序中随机产生中奖号码部分的代码：

```
01 import random
02 lk1=random.randint(101,501)                  # 第一个中奖号码
03 lk2=random.randint(101,501)                  # 第二个中奖号码
04 if lk1________lk2:
05     exit(0)
```

（2）对输入的座位号进行判断，如果座位号不在 101～500 范围内或是字母，则提示“输入非法！”。请将下面代码补充完整：

```
01 import random
02 lk1=random.randint(101,501)                  # 第一个中奖号码
03 lk2=random.randint(101,501)                  # 第二个中奖号码
04 nm=input("请输入您的座位号(101～500):")
05 if ______ nm.isdigit or nm___101 or nm___500:
06     print("输入非法！")
07 ______:
08     rv=int(str(nm[-1:])+str(nm[1])+str(nm[0])) # 翻转座位号
09     ng=int(nm)%10                            # 座位号的个位
10     un1=lk1%10                               # 第一个中奖号码的个位
11     un2=lk2%10                               # 第二个中奖号码的个位
12     print("中奖号码为：",lk1,lk2)
13     if nm==lk1 or nm==lk2:
14         print("您获得一等奖，奖品为：HUAWEI Mate 40")
15     elif rv==lk1 or rv==lk2:
16         print("您获得二等奖，奖品为：OPPO K5")
17     elif ng==un1 or ng==un2:
18         print("您获得三等奖，奖品为：惠普CS750")
19     else:
20         print("抱歉！您没有获奖！")
```

4．手下留神

小心中文标点和空格：如果代码中输入了中文标点、空格或者缩进，如图 5.41 所示，会弹出图 5.42 示的非法字符警告。这时要仔细检查，错误可能是误用中文标点或空格，重点检查提示的错误代码。如果还没有解决，要对括号、空格等进行检查，看是否输错。特别注意，如果问题一直存在，尝试在英文输入状态下重新进行缩进。

```
if not nm.isdigit or nm<101 or nm>500:
  print("输入非法！")
else:
  rv= int(str(nm[-1:])+str(nm[1])+str(nm[0]))
```

图 5.41　错误代码

invalid character in identifier

图 5.42　非法字符警告

案例 32　检测密码安全强度——if 与输入验证

案例讲解

案例描述

相传在周朝时期，姜子牙发明了“阴符”的保密方法。所谓阴符，就是事先制作一些长度不同的竹片，然后约定好每种长度竹片代表的内容，例如，三寸表示溃败、四寸表示将领阵亡、五寸表示请求增援、一尺表示全歼敌军等。这种“阴符”只有前方少数将领和后方指挥人员了解其含义。这种“阴符”也可以看成一

种早期密码。

登录网站、电子邮箱和在银行取款时输入的“密码”严格来讲应该被称作“口令”，因为它不是本来意义上的“加密代码”，但是也可以称为秘密的号码。

编写一个程序，实现判断用户输入密码的等级，密码长度必须大于或等于 8。如果密码满足 10 位以上、数字、大写字母、小写字母、标点符号（+、-、*、/、_、&、%、^、@）中的一种可以加一分，总计 5 分。1～5 分依次对应密码安全等级弱、较弱、中、较强和强。用数字和星号“*”输出密码等级。

知识点讲解

if 语句经常和 input()函数组合到一起进行输入验证和判断。input()函数输入的数据格式为字符串形式，可以通过字符串的内置函数判断用户输入的是数字还是字符串，或者判断字符串的大小写。判断是否为字符串、大写字符串、小写字符串通常采用字符串的内置方法 isalpha()、islower()、isupper()，示例代码如下：

```
01  num=input("请输入数据:")
02  if num.isalpha():
03      print("输入为字母!")
04  if num.islower():
05      print("输入为小写字母!")
06  if num.isupper():
07      print("输入为大写字母!")
```

对整数数字的判断通常采用字符串的 isdigit()、isdecimal()和 isnumeric()方法。

isdigit()和 isdecimal()方法适用于判断 0～9 组成的整数（半角和全角均可），示例代码如下：

```
01  print('1234'.isdigit())
02  print('1234'.isdigit())
03  print('1234'.isdecimal())
04  print('1234'.isdecimal())
```

运行程序，输出结果为：

```
True
True
True
True
```

isnumeric()方法适用于判断数字、罗马数字、汉字数字和各种数字序号组成的数字，示例代码如下：

```
01  print('1234'.isdecimal())
02  print('1234'.isdecimal())
03  print('一二三四零壹贰叁肆伍陆柒ⅠⅡⅢⅣⅤⅰⅱⅲⅳ'.isnumeric())
04  print('①②③④⑴⑵⑶⑷❶❷❸❹㈠㈡㈢㈣㈤'.isnumeric())
```

运行程序，输出结果为：

```
True
True
True
True
```

Python 没有判断标点符号的内置函数，但可以把需要判断的标点符号放到列表里，判断输入的单个字符是否在列表中，以此来确定输入的是否为标点符号（必须逐个字符进行判断）：

```
01  pun=["+", "-", "*","/", "_", "&","%", "^","@"]
02  if "+" in pun:
03          print("输入为标点符号!")
```

判断密码安全等级程序的开发流程如图 5.43 所示。

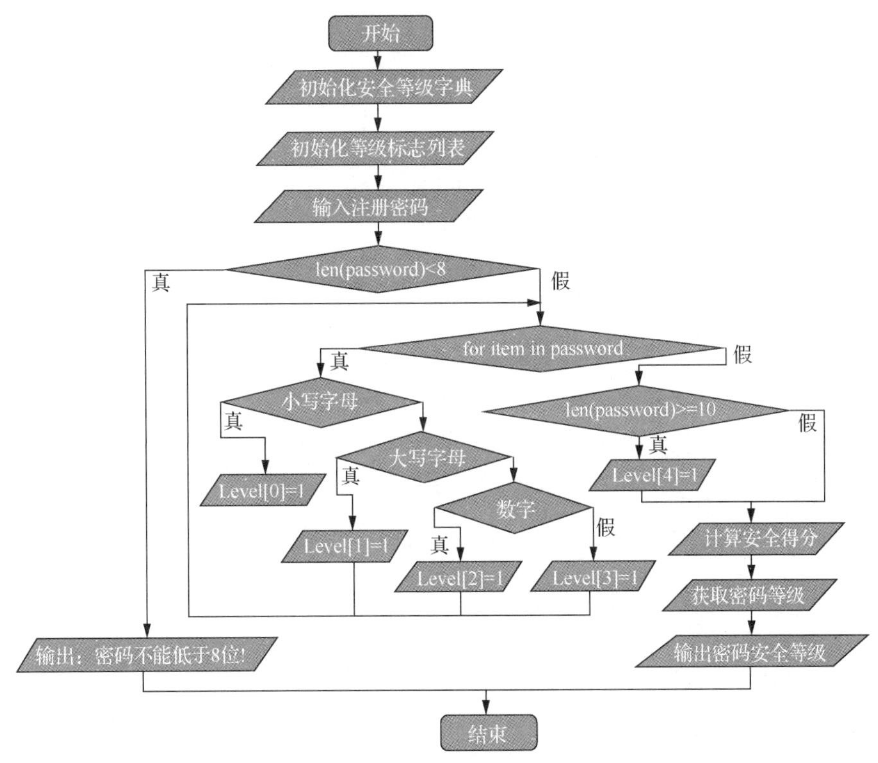

图 5.43　判断密码安全等级程序的开发流程

案例实现

根据开发流程图，编写如下代码：

```
01 secure={1:"密码等级：弱",2:"密码等级：较弱",3:"密码等级：中",4:"密码等级：较强",5:"密码等级：强"}
02 Level=[0,0,0,0,0]
03 password=input("注册密码：")
04 if len(password)<8:
05     print("密码不能少于8位！")
06 else:
07     for item in password:
08         if item.islower():
09             Level[0]=1
10         elif item.isupper():
11             Level[1]=1
12         elif item.isdigit():
13             Level[2]=1
14         else:
15             Level[3]=1
16     if len(password)>=10:
17         Level[4]=1
18     count=Level[0]+Level[1]+Level[2]+Level[3]+Level[4]
19     out=secure.get(count)
20     print(out)
21     print(count* '✰')
```

运行程序，输入不同密码，输出效果如图 5.44～图 5.46 所示。

```
注册密码：123456
密码不能少于8位！
密码等级：弱  *
```

图 5.44　密码安全等级为弱

```
注册密码：mingri123456
密码等级：中  ***
```

图 5.45　密码安全等级为中

```
注册密码：Mingri.1234
密码等级：强  *****
```

图 5.46　密码安全等级为强

实战任务

1. 仿一仿，试一试

（1）判断输入的 E-mail 格式是否有误，主要判断是否包含邮箱标识符“@”。示例代码如下：

```
01 email=input('E-mail\n').strip(' ')
02 finde=email.find('@')
03 if finde==-1:
04     print('输入E-mail格式有误，将退出!'  )
05     os._exit(0)
```

（2）判断注册密码与确认密码是否一致，如果密码一致，提示“回车进行注册，输入其他字符则退出”；如果密码不一致，则提示“确认密码与注册密码不一致，将退出!”：

```
01 import sys
02 password=input('注册密码：\n').strip(' ')
03 repassword=input('确认密码：\n').strip(' ')
04 if password==repassword:
05     reg=input('\n 回车进行注册，输入其他字符则退出')
06     if not reg:
07         print('账号已经成功注册，请放心开始购物吧！ ')
08     else:
09         print('输入其他字符，将退出程序 !')
10         sys.exit(0)
11 else:
12     print('确认密码与注册密码不一致，将退出!'  )
```

2. 阅读程序写结果

```
01 num=input("输入：")
02 if num.isdigit():
03     out=20
04 elif num.isnumeric():
05     out=40
06 elif num.isalpha():
07     out=60
08 else:
09     out=80
10 print(out)
```

输入：一二三

输出：__________

3. 完善程序

修改本案例代码，对输入的密码滤除空格，并通过字典存储密码等级，获得密码等级分数后，在字典中匹配并输出安全等级提示，同时用“✫”表示一个等级，换行输出请根据要求补全下方代码：

```
01 secure={1:"密码等级：弱",2:"密码等级：较弱",3:"密码等级：中",4:"密码等级：较强",5:"密码等级：强"}
02 Level=[0,0,0,0,0]
03 password=input("注册密码：")
04 if len(password)<8:
05     print("密码不能少于8位！")
06 else:
07     for item in password:
08         if item.islower():
09             Level[0]=1
10         elif item.isupper():
11             Level[1]=1
12         elif item.isdigit():
13             Level[2]=1
14         else:
15             Level[3]=1
16     if len(password)>=10:
17         Level[4]=1
18     ________=Level[0]+Level[1]+Level[2]+Level[3]+Level[4]
19     out=secure.get(count)
20     print(out,___________* '☆')
```

案例 33　个人存款计算器——not 逻辑运算符

案例讲解

案例描述

世界上最早的银行是意大利的“威尼斯银行”，它成立于 1580 年。银行的英文“Bank”也是从意大利语 Banca 转化而来的，Banca 一词的意思是“板凳”，所以早期，银行家们被称为“坐在长板凳上的人”。1897 年，中国通商银行开业，它是中国第一家银行。

编写一个程序，用于计算个人活期存款的利息。年利率为 5%；起存日期自动获取当前日期；取款日期需要用户填写，并且要进行输入验证，需要验证输入的存入金额是否为数值型字符串；最后根据存款时间计算利息和本息。图 5.47 所示为某银行的个人存款计算器，图 5.48 所示为本案例实现的个人存款计算器。

图 5.47　某银行的个人存款计算器

```
        个人存款计算器
-----------------------
储蓄方式：活期
起存日期：2020-04-29
利率为：5.00%
取款日期（格式为2020-8-12）：2023-8-3
存入金额(元)：20000
-----------------------
所得利息：  3506.22
本息合计：  23506.22
```

图 5.48　本案例实现的个人存款计算器

知识点讲解

活期利息（一年内）=存入金额×存款天数×年利率÷360

活期利息（一年以上）=（存入金额+年利息）×（存款天数-整年天数）×年利率÷360

我国储蓄活期存款利息计算的基本公式为：利息=存款金额×利率。利率分为年利率、月利率和日利率，三者的换算关系是：年利率=月利率×12（月）=日利率×360（天）。储蓄存款的计息起点为元，元以下的角分不计付利息。利息金额算至厘位，实际支付时将厘位四舍五入至分位。活期储蓄年度结算时可将利息转入本金生息，计算存期采取算头不算尾的办法，不论大月、小月、平月、闰月，每月均按 30 天计算，全年按 360 天计算。

在实际开发中，可能会面临如下情况。

☑ 如果用户输入了非数字，则提示“只能输入数字，请重新输入!”，否则输出“输入正确!”。

☑ 如果用户输入非“q”的其他字符，则继续进行相关操作，否则退出系统。

开发中使用 not 关键字来进行判断。not 为逻辑运算符，用于对布尔值 True 和 False 进行逻辑运算。not 与逻辑判断句 if 连用，代表 not 后面的表达式为 False 的时候，执行冒号后面的语句。例如，判断用户输入的“存入金额”时，如果用户输入了非数字，则提示“输入非数字字符，请重新输入!”，代码如下：

```
01  money=input("存入金额：")
02  if not money.isdigit():
03      print('输入非数字字符，请重新输入！')
```

在 Python 中，要判断特定的值是否存在于列表中，可使用关键字 in；判断特定的值是否不存在于列表中，可使用关键字 not in。例如，在密码输入中，输入错误均被认为是非法输入，代码如下：

```
01  num=input("请输入5位数字密码：")                          # 输入5位数字密码
02  password=['11111','22222','33333','44444','55555']     # 设定数字密码的数字列表
03  if num not in password:                                  # 输入内容未在数字列表中
04      print("非法输入！")                                  # 输出“非法输入！”
```

运行程序，通过键盘输入 5 位数字，如果输入的密码在列表中，则没有任何提示；如果输入的密码不在列表中，则提示“非法输入!”。

在 Python 中，还可以使用异常处理程序验证代码是否正常运行。例如，本案例将使用 try…except 语句判断利息和本息的计算是否正常。在使用时，把可能会产生异常的代码放在 try 语句块中，把处理结果放在 except 语句块中，这样，当 try 语句块中的代码出现错误时，就会执行 except 语句块中的代码；如果 try 语句块中的代码没有错误，那么将不会执行 except 语句块。

根据个人存款计算器的业务流程，设计开发流程如图 5.49 所示。

本案例将用到 time 模块的两个重要方法，简单介绍如下。

（1）strptime()方法

strptime()方法可根据指定的时间格式把一个字符串表示的时间解析为时间元组。其语法格式如下：

```
time.strptime(string[, format])
```

该方法的返回值为 struct_time 对象（时间元组）；参数 string 为时间字符串；参数 format 为格式化字符串，与其相关的常用时间日期格式化符号有以下几个。

☑ %Y：4 位数的年份表示（0000～9999）。

☑ %m：月份（01～12）。

☑ %d：月中的一天（0～31）。

☑ %H：24 小时制的小时数（0～23）。
☑ %I：12 小时制的小时数（01～12）。
☑ %M：分钟数（00～59）。
☑ %S：秒（00～59）。

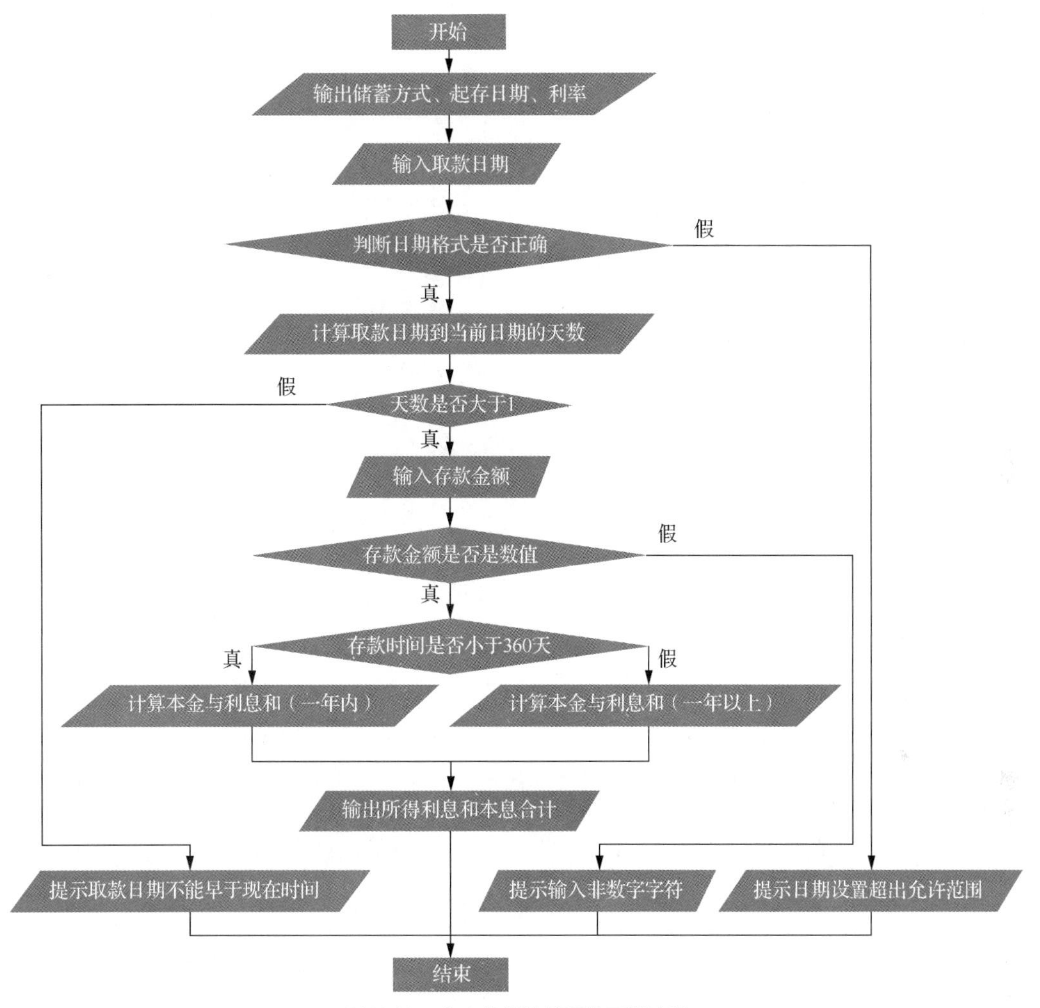

图 5.49　个人存款计算器的开发流程

例如，将时间字符串“2020-05-02 19:50:20”转换为“%Y-%m-%d %H:%M:%S”时间格式的代码如下：

```
Print(time.strptime('2020-05-02 19:50:20', '%Y-%m-%d %H:%M:%S'))
```

输出结果为：

```
time.struct_time(tm_year=2020, tm_mon=5, tm_mday=2, tm_hour=19, tm_min=50, tm_sec=20,
tm_wday=5, tm_yday=123, tm_isdst=-1)
```

（2）mktime()方法

mktime()方法用于接收 struct_time 对象作为参数，返回用秒数来表示时间的浮点数。如果输入的值不是一个合法的时间，将触发 OverflowError 或 ValueError。其语法格式如下：

```
time.mktime(t)
```

该方法返回用秒数来表示时间的浮点数；参数 t 为结构化的时间或者完整的 9 位元组元素，如 t=(2020, 2, 20, 8, 30, 30, 0, 0, 0)。

将时间 2021 年 8 月 20 日和 2021 年 12 月 30 日 12 时 12 分 12 秒转换为秒的代码如下：

```
01  import time                                              # 导入时间模块
02  print(time.mktime((2021,8,20,0,0,0,0,0,0)))              # 输出“1629388800.0”
03  print(time.mktime((2021,12,30,12,12,12,0,0,0)))          # 输出“1640837532.0”
```

案例实现

根据个人存款计算器的开发流程图，编写如下代码：

```
01  import time                                              # 导入时间模块
02  
03  rate=0.05                                                # 初始化年利率为0.05
04  print("个人存款计算器".center(15))                        # 居中输出程序标题
05  print("-"*20)
06  print("储蓄方式：活期".ljust(20))                          # 居左输出储蓄方式
07  print("起存日期："+time.strftime('%Y-%m-%d'))              # 输出起存日期
08  print("利率为：,format (rate*100),'.2f')                   # 输出年利率
09  days=input("取款日期（格式为2020-8-12）：")                 # 输入预计取款日期
10  
11  try:                                                     # 遇错处理程序，判断输入日期是否符合日期格式
12      time.strptime(days, "%Y-%m-%d")                      # 判断预计取款日期格式是否符合要求
13      s_day=days.split('-')                                # 通过“-”分隔取款日期
14      m_time=(int(s_day[0]), int(s_day[1]), int(s_day[2]), 0, 0, 0, 0, 0, 0)
15      u_time=time.mktime(m_time)                           # 把规范后的预计取款日期转为秒
16      remain=int((u_time-time.time()) / 3600 / 24)         # 计算预计取款日期到当前日期的天数差
17      if remain>1:
18          money=input("存入金额(元)：")                      # 输入存款金额，单位为元
19          if not money.isdigit():                          # 输入的存款金额如果不是数值型字符串
20              print('输入非数字字符，将退出系统！')            # 提示“输入非数字字符，将退出系统！”
21          else:
22              money=int(money)                             # 将输入的存款金额转为整型
23              sum=money                                    # 初始化本金与利息和为存入金额
24              if remain<360:                               # 存款时间少于360天
25                  leave=remain*money*rate / 360            # 计算利息
26                  sum+=leave                               # 计算本金与利息和
27              else:                                        # 存款时间大于360天
28                  year, dates=divmod(remain, 360)
29                  for i in range(year):                    # 计算整年的利息和收益
30                      leave=sum*rate                       # 计算利息
31                      sum+=leave                           # 计算收益（本金与利息和）
32                  else:                                    # 计算小于一年的收益
33                      leave=dates*sum*rate / 360           # 计算利息
34                      sum+=leave                           # 计算收益
35              print("-"*20)                                # 输出修饰符
36              print("所得利息：", format(sum-money, '.2f'))
37              print("本息合计：", format(sum, '.2f'))
38      else:                                                # 取款日期少于1天，进行信息提示
39          print("取款日期不能早于现在的时间，将退出系统！")
40  except:                                                  # 输入日期格式不符合要求，输出提示信息
41      print("日期设置超出允许范围，将退出系统！")
```

实战任务

1. 仿一仿，试一试

下面的代码用于判断运动计划时间的输入是否正确，时间格式必须参照“15:30”输入。示例代码如下：

```
01  times=input("输入运动计划时间（格式：15:30 ）").strip(" ")
02  s_time=times.split(':')
03  if len(s_time) !=2:
04        print("时间格式错误！ ")
05  elif not s_time[0].isdigit() or not s_time[1].isdigit():
06        print("输入非法时间！ ")
07  elif len(s_time[0])>2 or len(s_time[1])>2:
08        print("时间位数不对！ ")
```

2. 阅读程序写结果

```
01  num=int(input("请输入一个10～200的整数："))
02  main,num=divmod(num,7)
03  if num%5==0:
04        num+=5
05  elif num%5==1:
06        num+=4
07  elif num%5==2:
08        num+=3
09  elif num%5==3:
10        num+=2
11  else:
12        num+=1
13  if num not in range(0,6):
14        print(num+20)
15  else:
16        print(num+10)
```

输入：40

输出：__________

案例34　停车场收费系统——嵌套 if…else 语句

案例讲解

案例描述

1901年5月，英国伦敦建造了世界上最早的停车场，可以用电梯把3吨重的载货车送到最高一层，其总面积为1800平方米，是当时世界上最大的停车场。

阳林停车场按月租停车和临时停车两种方式收费，月租车辆每次进出免费；临时停车12分钟内免费，12分钟～1小时收费5元，1小时后每小时按3元收费，不满1小时按1小时计算。编写一个程序，要求根据输入的停车时间（小时），计算输出停车费用。

知识点讲解

要实现阳林停车场收费系统需要先对月租车辆和临时车辆进行 if 条件判断，然后再分别对临时车辆的停车时间进行 if 条件判断，这种在 if 语句中嵌套 if 语句的条件判断语句称为 if 条件嵌套语句。比较简单的 if 条件嵌套语句是在 if 语句中嵌套 if…else 语句，形式如图 5.50 所示；也可以在 if…else 语句中嵌套 if…else 语句，形式如图 5.51 所示。

```
if 表达式 1:
    if 表达式 2:
        语句块 1
    else:
        语句块 2
```

图 5.50　if 语句中嵌套 if…else 语句

```
if 表达式 1:
    if 表达式 2:
        语句块 1
    else:
        语句块 2
else:
    if 表达式 3:
        语句块 3
    else:
        语句块 4
```

图 5.51　if…else 语句中嵌套 if…else 语句

if 条件嵌套语句要严格遵循缩进规则，通常下一级 if 语句相对于上一级 if 语句缩进 4 个空格。

阳林停车场收费系统的开发流程如图 5.52 所示。

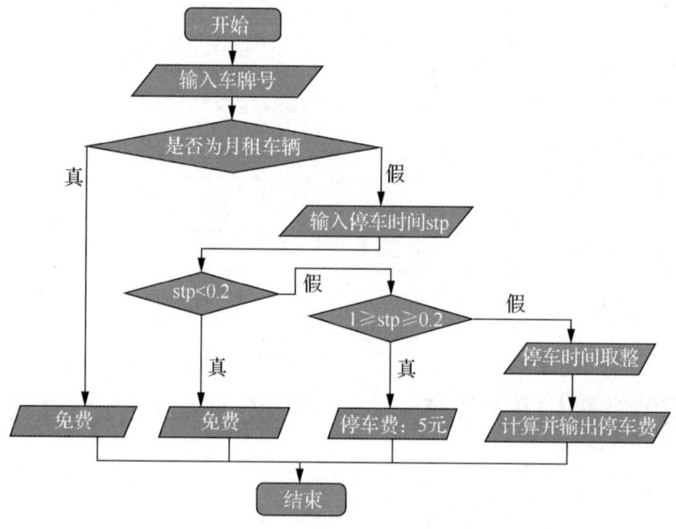

图 5.52　停车场收费系统开发流程

案例实现

根据开发流程图，编写如下代码：

```
01  import math
02  long={"京A12345": "2020-01-20","京A22345": "2020-03-20","京A32345": "2020-03-20",
"京A42345": "2020-03-20","京A52345": "2020-03-20"}
03  num=input("车牌号:")
04  if num in long:
```

```
05        print("月租车辆，免费！")
06    else:
07        stp=float(input("停车时间（保留一位小数）:"))
08        if stp<0.2:
09            print("短暂停车，免费！")
10        elif stp>=0.2 and stp<=1:
11            print('停车费：5元')
12        else:
13            ctp=math.ceil(stp)
14            print('停车费：',5+3*(ctp-1))
```

运行程序，输入车牌号，输出效果如图 5.53～图 5.55 所示。

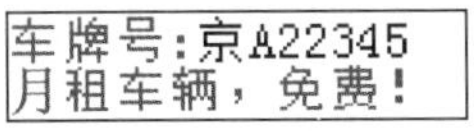

```
车牌号:京A22345
月租车辆，免费!
```

图 5.53　月租车辆

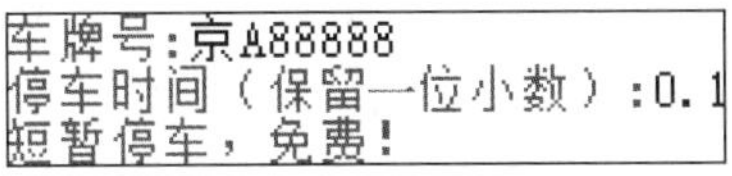

```
车牌号:京A88888
停车时间（保留一位小数）:0.1
短暂停车，免费!
```

图 5.54　停车不足 0.2 小时

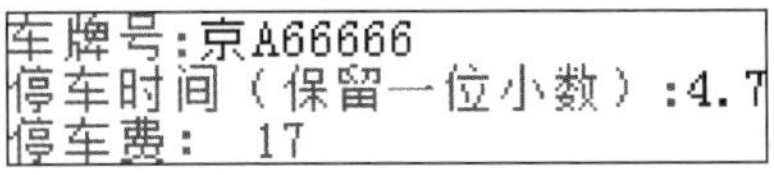

```
车牌号:京A66666
停车时间（保留一位小数）:4.7
停车费:  17
```

图 5.55　停车 4.7 小时

实战任务

1. 仿一仿，试一试

（1）象限是平面直角坐标系中横轴和纵轴所划分的 4 个区域，每一个区域叫作一个象限。象限以原点为中心，x 和 y 轴为分界线。右上的称为第一象限（$x>0$，$y>0$），左上的称为第二象限（$x<0$，$y>0$），左下的称为第三象限（$x<0$，$y<0$），右下的称为第四象限（$x>0$，$y<0$）。坐标轴上的点不属于任何象限，象限坐标如图 5.56 所示。

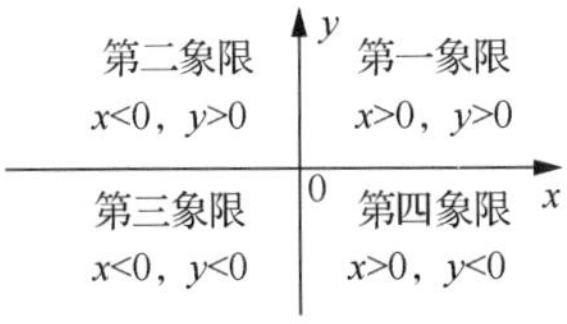

y
第二象限 $x<0$，$y>0$　第一象限 $x>0$，$y>0$
第三象限 $x<0$，$y<0$　0　第四象限 $x>0$，$y<0$　x

图 5.56　象限坐标图

根据用户输入的坐标值，判断用户输入的坐标属于第几象限。示例代码如下：

```
01 x=int(input("请输入x坐标："))              # 输入坐标的x值
02 y=int(input("请输入y坐标："))              # 输入坐标的y值
03 if x>0:
04     if y>0:                                # 如果x>0,y>0，则坐标属于第一象限
05         print("坐标属于第一象限！")
06     elif y<0:                              # 如果x>0,y<0，则坐标属于第四象限
07         print("坐标属于第四象限！")
08     else:
09         print("坐标不属于任何象限")
10 elif x<0:
11     if y>0:                                # 如果x<0,y>0，则坐标属于第二象限
12         print("坐标属于第二象限！")
13     elif y<0:                              # 如果x<0,y<0，则坐标属于第三象限
14         print("坐标属于第三象限！")
15     else:
```

```
16            print("坐标不属于任何象限")
17  else:
18        print("坐标不属于任何象限")
```

（2）根据销量对商品进行 A、B、C、D 分类。示例代码如下：

```
01  number=int(input("请输入商品销量："))      # 输入商品销量
02  if number>=1000:                          # 判断是否符合条件，即输入销量是否大于或等于1000
03        print("本商品类别为A！")            # 大于或等于1000，输出商品类别为A
04  else:
05        if number>=500:                     # 判断是否符合条件，即输入销量是否大于或等于500
06              print"本商品类别为B！")       # 大于或等于500，输出商品类别为B
07        else :
08              if number>=300:               # 判断是否符合条件，即输入销量是否大于或等于300
09                    print("本商品类别为C！")  # 大于或等于300，输出商品类别为C
10              else:                         # 判断是否符合条件，即输入销量是否小于300
11                    print("本商品类别为D！")  # 小于300，输出商品类别为D
```

2. 阅读程序写结果

```
01  num=int(input('输入一个整数：'))
02  new=num+6
03  num*=2
04  if num<new:
05      num+=10-2
06      new*=2
07      if num>=new:
08          print(num)
09      else:
10          print(new)
11  else:
12      num%=3
13      new/=3
14      if num>=new:
15          print(int(num))
16      else:
17          print(int(new))
```

输入：12

输出：__________

3. 完善程序

修改本案例代码，添加对输入车牌位数的验证。车牌号为 6 位，输入车牌号的位数大于或小于 6 均属于非法输入。对于月租车辆，如果当前日期超过字典中的缴费日期，则提示“温馨提醒：月租即将到期，请及时到财务处充值！”。请根据要求补全代码：

```
01  import datetime
02  import math
03  long={"京A12345": "2020-01-20","京A22345": "2020-03-20","京A32345": "2020-03-20",
    "京A42345": "2020-03-20","京A52345": "2020-03-20"}
04  num=input("车牌号:")
05  if len(num) ________:
06        print("车牌号输入有误！")
07  else:
```

```
08        if num in long:
09            dt=(format(datetime.datetime.now(),'%Y-%m-%d'))
10            if dt________long.get(num):
11                print("温馨提醒：月租即将到期，请及时到财务处充值！")
12            print("月租车辆，免费！")
13        else:
14            stp=float(input("停车时间（保留一位小数）:"))
15            ctp=math.ceil(stp)
16            if stp<0.2:
17                print("短暂停车，免费！")
18            elif stp>=0.2 and stp<=1:
19                print('停车费：5元')
20            else:
21                print('停车费：',5+3*(ctp-1))
```

4. 手下留神

调用方法时不要省略对应的模块：调用 math 模块的 ceil()方法可以向上取整，如将 2.3 转换为 3，如果直接用 ceil()方法，如图 5.57 所示，将弹出图 5.58 所示的错误警告。

```
    else:
        stp = float(input("停车时间（保留一位小数）:"))
        ctp=ceil(stp)
            └──────────── math.ceil(stp)
```

图 5.57　错误代码

```
 if 嵌套.py", line 16, in <module>
    ctp=ceil(stp)
NameError: name 'ceil' is not defined
```

图 5.58　错误警告

PART 06

第6章 循环语句

本章要点

- for循环语句
- 在 for 循环中使用 range()函数
- for…else语句
- for表达式
- while循环语句
- 在循环语句中应用break语句
- 在循环语句中应用continue语句
- while True循环
- 在循环语句中使用input语句
- 退出while循环的5种方法
- while循环语句综合应用

■ 日常生活中的很多问题都无法一次性解决，如盖楼，所有高楼都是一层层垒起来的。还有一些事物必须周而复始地运转才能确保其存在的意义，如公交车、地铁等交通工具必须每天往返于始发站和终点站。在程序中，类似这样反复做同一件事的情况，称为循环。循环主要有以下两种类型。

☑ 重复一定次数的循环，称为计次循环，如 for 循环。

☑ 一直重复，直到条件不满足时才结束的循环称为条件循环。只要条件为真，这种循环就会一直持续下去，如 while 循环。

本章将结合案例对 for 循环语句和 while 循环语句进行详细的介绍。

案例 35　数据分解——for 循环语句

案例描述

在计算机中，数据在存储和运算时都使用二进制数表示，如果要互相通信而不造成混乱，就必须使用相同的编码规则。前面介绍了 ASCII，基础 ASCII 使用 7 位二进制数来表示所有的大写和小写字母、数字 0～9、标点符号，以及在美式英语中使用的特殊控制字符，其中 48～57 代表 0～9 这 10 个阿拉伯数字，65～90 代表 26 个大写英文字母，97～122 代表 26 个小写英文字母，其余的值则代表一些控制字符、通信专用字符、标点符号和运算符号等。

编写一个程序，要求可以从输入的字符串中分别对数字、英文大小写字母、英文符号（基础 ASCII 中除数字和字母以外的字符）和其他字符（基础 ASCII 以外的）进行提取，然后分别输出。

知识点讲解

要提取字符串中的数字、字母或符号，需要先遍历字符串读取每个字符，通过 ASCII 值判断相应字符是数字、字母、标点还是其他字符。遍历字符串可以使用 for 循环实现。for 循环是一个计次循环，通常适用于枚举或遍历序列，以及迭代对象中的元素，一般应用在循环次数已知的情况下。其语法格式如下：

```
for 迭代变量 in 对象:
    循环体
```

其中，迭代变量用于保存读取出的值；对象为要遍历或迭代的对象，可以是任何有序的序列对象，如字符串、列表和元组等；循环体为一组用于重复执行的语句。

Python 采用代码缩进和冒号“:”区分代码层次。for 循环表达式行尾的冒号和下一行的缩进（通常情况下采用 4 个空格作为一个缩进量）表示一个代码块的开始，而缩进结束则表示一个代码块的结束。使用 for 循环时，必须严格按照缩进规则进行编码。

for 循环语句的执行流程如图 6.1 所示。

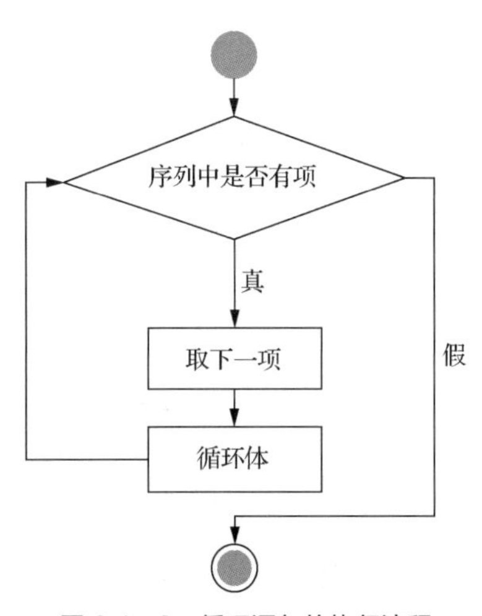

图 6.1　for 循环语句的执行流程

通过对数据分解程序流程的分析，可根据 ASCII 值（128 以内）实现对数字、英文字母和英文符号的判断，基础 ASCII 值以外的字符都看作其他字符，设计流程如图 6.2 所示。

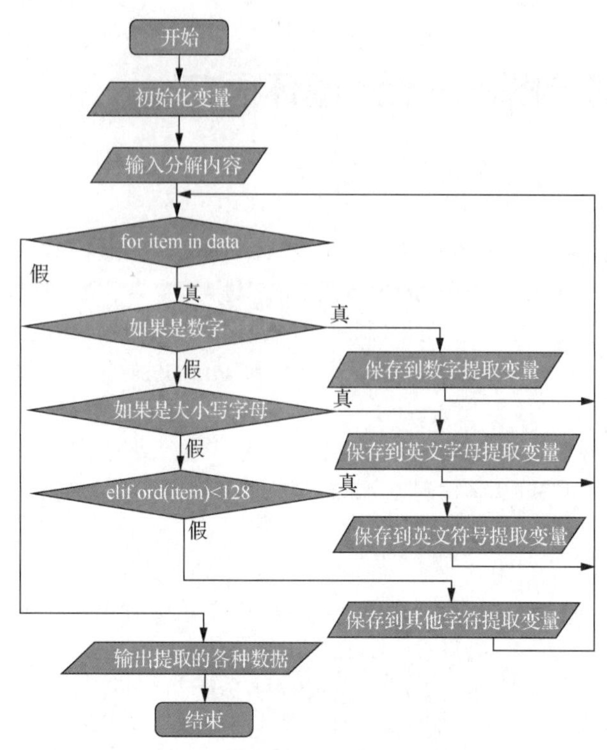

图 6.2　数据分解的开发流程

案例实现

根据开发流程图，编写如下代码：

```
01 digit=''                                  # 定义数字提取变量，存储分解的数字
02 num=''                                    # 定义英文字母提取变量，存储分解的字母
03 pun=''                                    # 定义英文符号提取变量，存储分解的英文符号
04 other=''                                  # 定义其他字符提取变量，存储分解的其他字符
05 data=input("请输入需要分解的字符串：")
06 for item in data:                         # 遍历输入的字符串
07     if ord(item) in range(48,58):         # 判断是否为数字
08         digit=digit+' '+item              # 保存到数字提取变量digit
09     elif ord(item) in range(65,91) or ord(item) in range(97,123): # 判断是否为英文字母
10         num=num+' '+item                  # 保存到英文字母提取变量num
11     elif ord(item)<128:                   # 判断是否为英文符号，基础ASCII中除了英文字母和数
                                               字外的部分
12         pun=pun+','+item                  # 保存到英文符号提取变量pun
13     else:
14         other=other+' '+item              # 保存到其他字符提取变量other
15 print('提取数字：',digit)
16 print('提取英文字母：',num)
17 print('提取英文符号：',pun)
18 print('其他：',other)
```

运行程序，输入“yur09875reew 使用公式”，输出效果如图 6.3 所示；输入“09875。因为 0*1=0，所以 0 被忽略了”，输出效果如图 6.4 所示。

```
请输入需要分解的字符串:
yur09875reew使用公式
提取数字:  0 9 8 7 5
提取英文字母:  y u r r e e w
提取英文符号:
其他:  使 用 公 式
```

图6.3　输出效果（a）

```
请输入需要分解的字符串:
09875。因为 0*1=0，所以 0 被忽略了
提取数字:  0 9 8 7 5 0 1 0 0
提取英文字母:
提取英文符号:  。,*,=, ,
其他:  。 因 为 ， 所 以 被 忽 略 了
```

图6.4　输出效果（b）

实战任务

1. 仿一仿，试一试

（1）for 循环最基本的应用就是进行数值循环。数值循环可以帮助我们解决很多重复的输入或计算问题。例如，利用数值循环批量输出带3位顺序数字的档案编号的示例代码如下：

```
01  for num in "12345":                      # for语句循环从“12345”取数赋给num
02      print('档案编号DS'+num.zfill(3))        # zfill(3)方法设置生成3位编号的字符串
```

（2）for 循环也可以用于遍历列表，例如，遍历列表 heart 并输出的示例代码如下：

```
01  heart=['红桃2', '红桃3', '红桃4', '红桃5', '红桃6']
02  for item in heart:                       # 直接循环列表内容
03      print(item,end='  ')                 # 在一行中输出列表内容
```

（3）for 循环支持直接对字典进行遍历，例如，遍历字典 phone 的示例代码如下：

```
01  phone={ 1: 'huawei',2: 'apple', 3: 'vivo', 4: 'xiaomi'}
02  for i in phone:
03      print( i,phone[i])
```

2. 阅读程序写结果

```
01  word=input('输入一串字符')
02  count=10
03  for item in word:
04      if ord(item)<123:
05          count+=len(word)
06      else:
07          count+=3
08  print(count)
```

输入：mingrisoft

输出：__________

3. 完善程序

修改本案例代码，要求记录每个字符在原来字符串中的位置，以便在合适的时候可以还原字符串。请根据要求补全代码：

```
01  data=input("请输入需要分解的字符：")
02  digit=''
03  num=''
04  pun=''
05  other=''
06  i=________
07  for item in data:
08      ____________
09      if ord(item) in range(48,58):
```

```
10              digit=digit+' '+item+"("+str(i)+")"
11          elif ord(item) in range(65,91) or ord(item) in range(97,123):
12              num=num+' '+item+"("+str(i)+")"
13          elif ord(item)<128:
14              pun=pun+','+item+"("+str(i)+")"
15          else:
16              other=other+' '+item+"("+str(i)+")"
17  print('提取数字：',digit)
18  print('提取英文字母：',num)
19  print('提取标点：',pun)
20  print('其他：',other)
```

运行程序，输入需要分解的字符串，例如“公元前 3400 年左右，楔形文字雏形产生”，输出结果为：

```
提取数字：   3(4) 4(5) 0(6) 0(7)
提取英文字母：
提取标点：
其他：   公(1) 元(2) 前(3) 年(8) 左(9) 右(10) ，(11) 楔(12) 形(13) 文(14) 字(15) 雏(16) 形(17) 产(18) 生(19)
```

4．手下留神

（1）不要忘记冒号和缩进：在 for 循环中，不要忘记 for 表达式结尾处的冒号“:”，也不要忘记循环体的缩进。

（2）不能使用“+”连接字符串与数字：如果将字符串与数字用“+”连接，如图 6.5 所示，程序运行时将出现图 6.6 所示的错误提示；此时需要使用 str()函数将数字转换为字符格式，如图 6.7 所示。

```
for item in [1,2,3,4,5,6]:
    print('数字:' +item)
```

图 6.5 错误代码

```
    print('数字:'+item)
TypeError: can only concatenate str (not "int") to str
```

图 6.6 错误提示

```
for item in [1,2,3,4,5,6]:
    print('数字:' +str(item))
```

图 6.7 正确代码

案例 36 程序安装进度条——在 for 循环中使用 range()函数

案例描述

案例讲解

安装程序时，通常都会显示安装进度条，以便让用户了解安装进度和时间。一般用百分比显示安装比例，用刻度显示安装进度情况，如图 6.8 和图 6.9 所示。

安装进度

30%

图 6.8　程序安装进度条（百分比）

状态：

图 6.9　程序安装进度条（刻度）

编写一个程序，实现通过管道符“|”显示安装进度，用百分比显示安装比例，并可以通过变量控制安装格数和进度的显示。

知识点讲解

for 循环可以通过迭代变量遍历对象中的每个元素。有的时候需要通过对象内元素的索引对对象进行遍历，如遍历字符串 string，可以根据字符串的长度来获取索引的最大值，然后通过 range()函数设定范围进行遍历。示例代码如下：

```
01  string='千秋功业'
02  for i in range(len(string)):
03      print(string[i])
```

通过索引遍历对象时，经常要用到 range()函数，该函数是 Python 内置的函数，用于生成一系列连续的整数，多用于 for 循环语句中，其语法格式如下：

```
range(start,end,step)
```

参数说明如下。

☑ start：用于指定计数的起始值，可以省略，如果省略则从 0 开始计数。

☑ end：用于指定计数的结束值（但不包括该值，如 range(7)得到的值为 0～6，不包括 7），不能省略。当 range()函数中只有一个参数时，即表示指定计数的结束值。

☑ step：用于指定步长，即两个数之间的间隔，可以省略，如果省略则表示步长为 1。例如，range(1,7)将得到 1、2、3、4、5、6。

在使用 range()函数时，如果只有一个参数，则指定的是 end；如果有两个参数，则表示指定的是 start 和 end；只有当 3 个参数都存在时，最后一个参数才表示步长。

例如，使用下面的 for 循环语句，将输出 10 以内的所有奇数，代码如下：

```
01  for i in range(1,10,2):
02      print(i,end=' ')
```

运行程序，输出结果为：

```
1 3 5 7 9
```

利用 range()函数实现 1～20 的累乘，代码如下：

```
01  result=1
02  for i in range(1,21):
03      result*=(i+1)                                 # 实现累乘功能
04  print("计算1*2*3*…*20的结果为："+str(result))     # 在循环结束时输出结果
```

运行程序，输出结果为：

```
计算1*2*3*…*20的结果为：51090942171709440000
```

分析程序安装进度条的业务逻辑，设计开发流程，如图 6.10 所示。

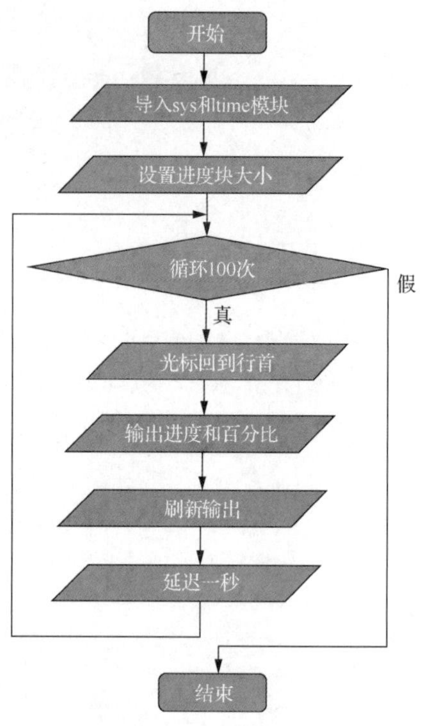

图 6.10　开发流程

案例实现

根据开发流程，编写如下代码：

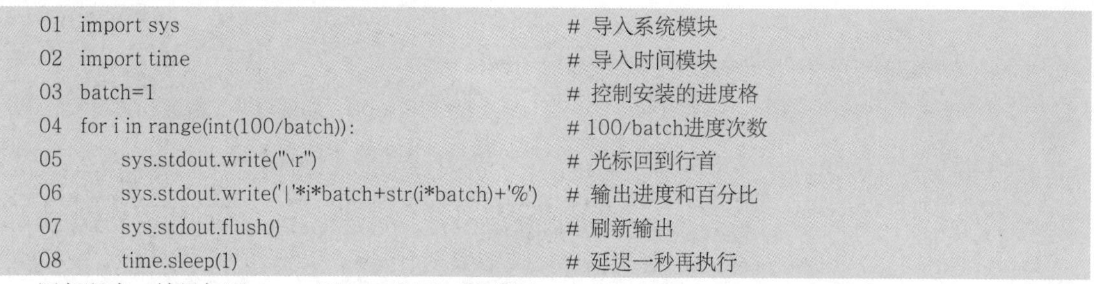

```
01  import sys                                          # 导入系统模块
02  import time                                         # 导入时间模块
03  batch=1                                             # 控制安装的进度格
04  for i in range(int(100/batch)):                     # 100/batch进度次数
05      sys.stdout.write("\r")                          # 光标回到行首
06      sys.stdout.write('|'*i*batch+str(i*batch)+'%')  # 输出进度和百分比
07      sys.stdout.flush()                              # 刷新输出
08      time.sleep(1)                                   # 延迟一秒再执行
```

运行程序，效果如图 6.11、图 6.12 和图 6.13 所示。

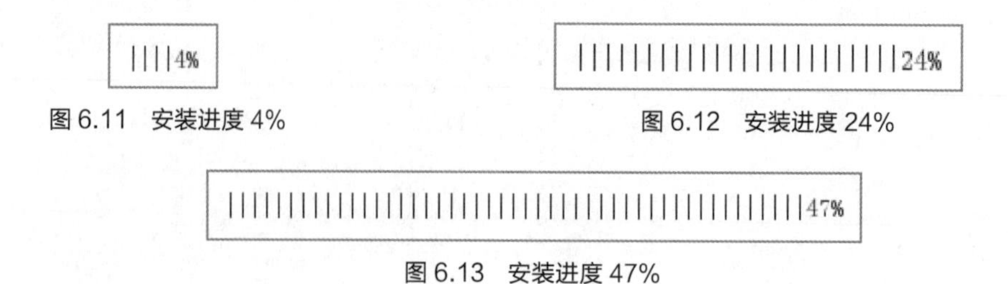

图 6.11　安装进度 4%

图 6.12　安装进度 24%

图 6.13　安装进度 47%

实战任务

1. 仿一仿，试一试

（1）计算 1～100 的累加。设置起始值为 1，结束值为 101（不包含 101，所以范围是 1～100），示例代码如下：

```
01  result=0
02  for i in range(1,101):
03      result+=i                                    # 实现累加功能
04  print("计算1+2+3+…+100的结果为："+str(result))     # 在循环结束时输出结果
```

（2）计算 0～500 中 5 的倍数的累加。使用 range()函数，设置起始值为 0，结束值为 501，步长为 5，示例代码如下：

```
01  result=0
02  for i in range(0,501,5):
03      result+=i                                    # 实现累加功能
04  print("0～500中5的倍数的和为："+str(result))        # 在循环结束时输出结果
```

（3）通过列表长度建立可迭代整数对象，然后通过列表的索引值遍历列表。示例代码如下：

```
01  units=['赫兹', '牛顿','帕斯卡','焦耳','瓦特','库仑']
02  for index in range(len(units)):
03      print(units[index])
```

2. 阅读程序写结果

```
01  word=input('输入一串数字:\n')
02  count=100
03  for i in range(len(word)):
04      if i/2==0:
05          count+=2
06      else:
07          count+=3
08  print(count)
```

输入：55555

输出：＿＿＿＿＿＿

3. 完善程序

（1）修改本案例代码，使安装进度格的宽度可通过用户输入的数字进行设置（1<宽度<6），如果设置的宽度超出范围，则提示“进度格宽度超出范围！”。请根据要求补全代码：

```
01  import sys                                              # 导入系统模块
02  import time                                             # 导入时间模块
03  batch=________(input("输入进度格宽度（1<整数宽度<6）\n"))   # 控制安装的进度格
04  if ____________________:
05      print("进度格宽度超出范围！")
06  else:
07      for i in range(int(100/batch)):                     # 100/batch进度次数
08          sys.stdout.write("\r")                          # 光标回到行首
09          sys.stdout.write('|'*i*batch+str(i*batch)+'%')  # 输出进度和百分比
10          sys.stdout.flush()                              # 刷新输出
11          time.sleep(1)                                   # 延迟一秒再执行
```

（2）修改程序（1），让进度格的总宽度也可以通过用户输入的数字进行设置（100<宽度<1000），如果宽度设置超出范围，则提示“进度格总宽度超出范围！”。请根据要求补全代码：

```
01  import sys                                              # 导入系统模块
02  import time                                             # 导入时间模块
03  batch=int(input("输入进度格宽度（1<整数宽度<6）\n"))        # 控制安装的进度格
04  barmax=int(input("输入进度格的总宽度（100<整数宽度<1000）\n"))
```

```
05  if __________________:
06      print("进度格宽度超出范围！")
07  ________________________________:
08      print("进度格总宽度超出范围！")
09  ________
10      for i in range(int(barmax/batch)):                # 100/batch进度次数
11          sys.stdout.write("\r")                        # 光标回到行首
12          sys.stdout.write('|'*i*batch+str(i*batch)+'%')  # 输出进度和百分比
13          sys.stdout.flush()                            # 刷新输出
14          time.sleep(1)                                 # 延迟1秒再执行
```

4．手下留神

注意 range()函数的范围：使用 range()函数设置对象的索引范围时，所设范围不包括结束索引。例如，下面代码中，索引 6 是结束索引，但循环时并不包含这个索引的元素：

```
01  week=['周一','周二','周三','周四','周五','周六','周日']
02  for i in range(0,6):
03      print(week[i])
```

若要包含索引为 6 的元素则应使用如下代码：

```
01  week=['周一','周二','周三','周四','周五','周六','周日']
02  for i in range(0,7):
03      print(week[i])
```

数字 0～9 的 ASCII 值为 48～57，使用 range()函数输出时结束索引值应为 57 加 1，即 58，代码如下：

```
01  for i in range(48, 58):
02      print(i)
```

案例 37　猜年龄——应用 for…else 语句

案例讲解

案例描述

编写一个程序，指定一个年龄，让用户猜，如果用户竞猜成功，则提示“你赢了。”并结束程序；如果竞猜年龄大于指定年龄，则提示“大了！”，否则提示“小了！”；如果 8 次都没有竞猜成功，则提示“你输了！”，并结束程序。

知识点讲解

Python 中的 for 循环可以添加一个可选的 else 分支语句，只有当 for 循环语句正常执行后，才会执行 else 语句；如果 for 循环语句中遇到 break 或 exit(0)语句，同时又符合跳出的条件，则不会执行 else 语句，for…else 语句的流程如图 6.14 所示。for…else 语句的语法格式如下：

```
for<迭代变量>in<遍历结构>:
    <语句块1>
else:
    <语句块2>
```

其实，for…else 语句可以这样理解，for 后面的语句和普通的语句没有区别，else 后面的语句会在 for 循环正常执行完的情况下执行。例如，判断用户是否为注册用户，有 5 次输入机会，如果用户输入正确，则提示用户正确，并退出程序（因为是 break 退出，所以不执行 else 后面的语句）；否则，提示输入用户错误及剩余输入机会，让用户继续输入；错误 5 次后退出循环，执行 else 后面的语句（提示“用户输入错误 5 次，请与管理员联系！”），并退出程序。注册用户输入判断流程如图 6.15 所示。

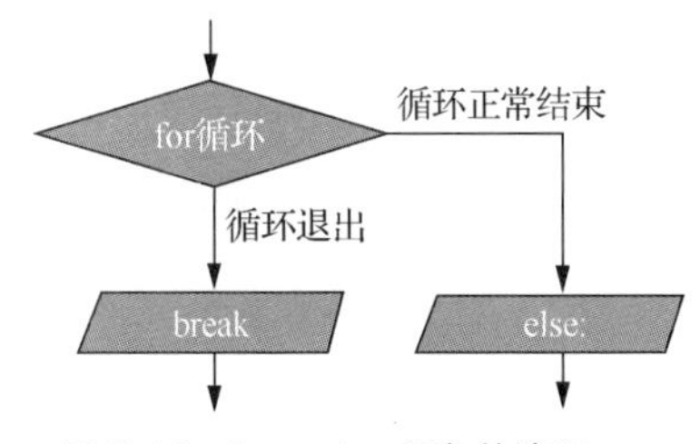

图 6.14　for…else 语句的流程

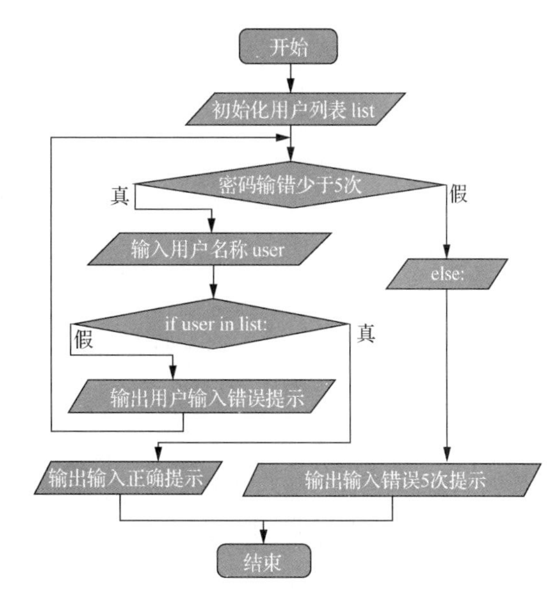

图 6.15　注册用户输入判断流程

根据注册用户输入判断流程图，编写如下代码：

```
01 list=['john','mary','jack','jobs','jone']
02 for i in range(5):
03     user=input("输入你的用户名称:")
04     if user in list:
05         print("用户输入正确，正在进入系统！")
06         break
07     else:
08         print("用户输入错误，还有",4-i,"次机会！")
09 else:
10     print("用户输入错误5次，请与管理员联系！")
```

运行程序，输入用户名称，5 次输入错误的输出结果如图 6.16 所示；输入用户名称，第二次输入正确的输出结果如图 6.17 所示。

```
输入你的用户名称:sdf
用户输入错误，还有 4 次机会！
输入你的用户名称:siln
用户输入错误，还有 3 次机会！
输入你的用户名称:moon
用户输入错误，还有 2 次机会！
输入你的用户名称:cook
用户输入错误，还有 1 次机会！
输入你的用户名称:amen
用户输入错误，还有 0 次机会！
用户输入错误5次，请与管理员联系！
```

图 6.16　5 次输入错误的输出结果

```
输入你的用户名称:jokmk
用户输入错误，还有 4 次机会！
输入你的用户名称:john
用户输入正确，正在进入系统！
```

图 6.17　第二次输入正确的输出结果

分析猜年龄程序的流程，设计开发流程，如图 6.18 所示。

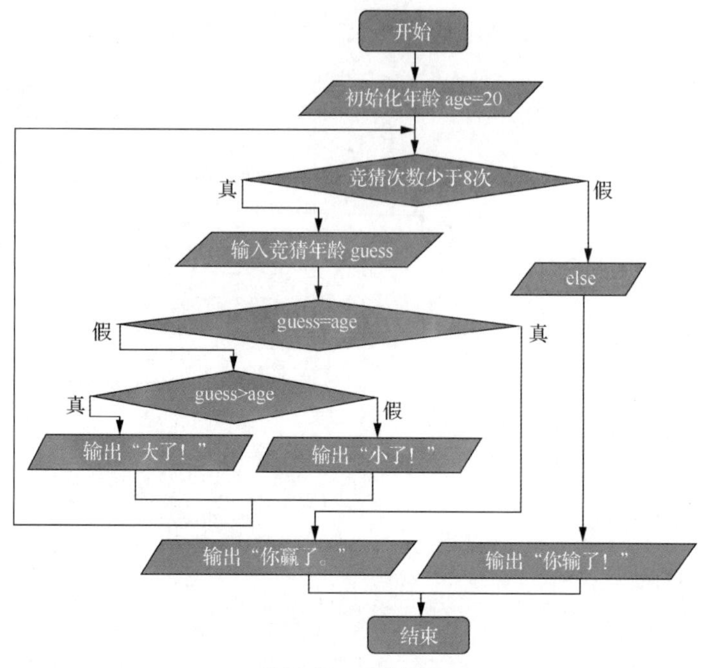

图 6.18　开发流程

案例实现

根据猜年龄程序的开发流程图，编写如下代码：

```
01  age=20
02  for i in range(8):                              # 竞猜次数需少于8次
03      guess=int(input("输入竞猜年龄:"))
04      if guess==age:                              # 输入年龄等于竞猜年龄
05          print("你赢了。")
06          break                                   # 退出循环
07      elif guess>age:                             # 输入年龄大于竞猜年龄
08          print("大了！")
09      else:                                       # 输入年龄小于竞猜年龄
10          print("小了！")
11  else:                                           # 超过竞猜次数
12      print("你输了！")
```

运行程序，输入竞猜年龄，相应输出如图 6.19 所示。竞猜 8 次，则竞猜失败，输出如图 6.20 所示。

图 6.19　程序运行结果

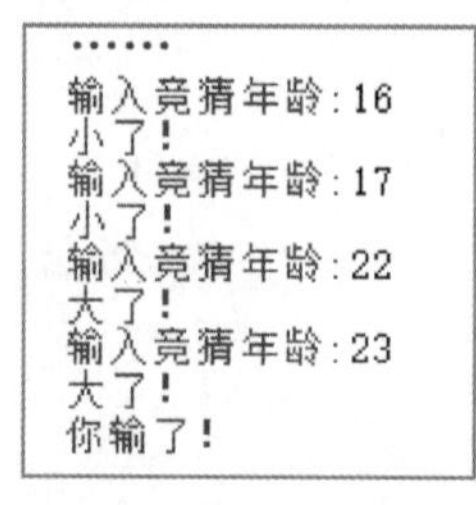

图 6.20　竞猜 8 次的输出结果

实战任务

1. 仿一仿，试一试

在字符串 str 中查找输入的姓氏的索引位置。示例代码如下：

```
01  str="赵钱孙李周吴郑王冯陈褚卫蒋沈韩杨朱秦尤许何吕施张"
02  user=input("输入你要查找的姓氏：")
03  for i,item in enumerate(str,1):
04      if user==item:
05          print("找到要查找的姓氏，在第",i,"位")
06          break
07  else:
08      print("没找到要查找的姓氏！")
```

2. 阅读程序写结果

```
01  num=int(input("输入整数："))
02  for i in range(5):
03      num+=i
04      if num%7==0:
05          num+=5
06          print(num)
07          break
08  else:
09      print(num)
```

输入：10

输出：__________

3. 完善程序

（1）修改本案例代码，实现如下功能。

☑ 随机产生竞猜年龄，范围在 1～80 岁。

☑ 设置竞猜次数，按竞猜次数进行竞猜。

请将下面程序代码中缺失的部分补充完整，让程序可以正常运行：

```
01  import random
02  age=random.____________                    # 竞猜年龄在1～80岁
03  times=int(input("输入竞猜次数:"))
04  for i in range(_________):
05      guess=int(input("输入竞猜年龄:"))
```

（2）请将下面程序代码中缺失的部分补充完整，实现过滤空格，并且在用户输入非整数时进行提示，要求重新输入：

```
01  age=20
02  for i in range(8):                          # 只允许竞猜8次
03      guess=input("输入竞猜年龄:").__________
04      if not guess.________________:
05          print("你输入的不是整数，请重新输入！")
06      else:
07          guess=int(guess)
08          if guess==age:
09              print("你赢了。")
10              break
```

```
11            elif guess>age:
12                print("大了！")
13            else:
14                print("小了！")
15    else:
16        print("你输了！")
```

案例 38 100 以内的素数——for 表达式

案例讲解

案例描述

素数又叫质数，表示大于 1 的自然数，除了 1 和它本身外，不能被其他自然数整除。公元前 300 多年，欧几里得迷上质数，他用了一种反证法，证明了质数有无穷多个。

利用 for 表达式计算 1～100 的素数。素数是只能整除 1 和其自身的数，所以判断一个数是不是素数，要将这个数除以所有比它小的数，如果除了 1 和其自身它还能整除其他数，那么这个数不是素数。

知识点讲解

for 表达式可以利用可迭代对象创建新的序列，所以 for 表达式也称为序列推导式，其语法格式如下：

```
[表达式 for 迭代变量 in 可迭代对象 [if 条件表达式] ]
```

可迭代对象是指要从中提取元素的可迭代对象；迭代变量是新生成的序列；if 条件表达式用于控制生成条件，对迭代变量进行控制，但不是必需的，可以省略。例如，生成 0～9 的幂的代码如下：

```
01  num=range(10)
02  new=[i*i for i in num]
```

运行程序，输出结果为：

```
[0, 1, 4, 9, 16, 25, 36, 49, 64, 81]
```

如果要生成 0～9 中偶数的幂，就需要使用 if 条件表达式控制 i 为偶数时生成幂，代码如下：

```
01  num=range(10)
02  new=[i*i for i in num if i%2==0]
```

运行程序，输出结果为：

```
[0, 4, 16, 36, 64]
```

上述求 0～9 中偶数的幂的 for 表达式对应的关系如图 6.21 所示。

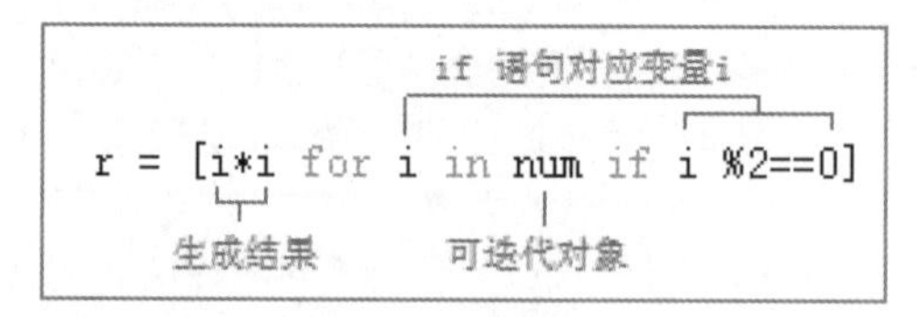

图 6.21 对应关系

要求 1～100 中的素数，可以先确定 1 不是素数，2 是素数，然后通过 for 表达式求 3～100 中的素数。获取一个数对 2 到小于它本身的所有整数取模的列表，可以使用 for 表达式“[i%j for j in range(2,i)]”实现，如果取模列表中不存在 0，即该数只能整除 1 和其自身，由此就可以确定该数为素数；否则该数不是素数。判断数字是否为素数的代码如下：

```
if 0 not in [i%j for j in range(2,i)]
```

根据上述分析设计开发流程，如图 6.22 所示。

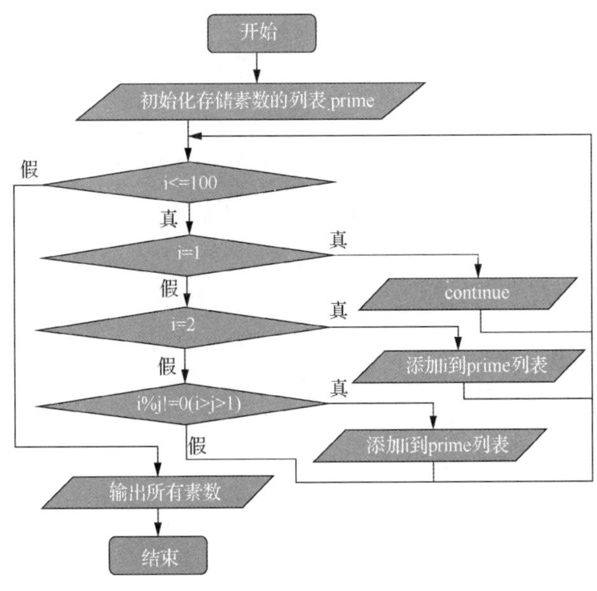

图 6.22　开发流程

案例实现

根据开发流程图，编写如下代码：

```
01  prime=[]
02  for i in range(1,101):
03      if i==1:                              # 1非素数，排除
04          continue
05      elif i==2:                            # 2是素数，添加到列表
06          prime.append(i)
07      else:                                 # 查找3~100中的素数
08          if 0 not in [i%j for j in range(2,i)]:
09              prime.append(i)
10  print(prime)
```

运行程序，输出结果为：

```
[2, 3, 5, 7, 11, 13, 17, 19, 23, 29, 31, 37, 41, 43, 47, 53, 59, 61, 67, 71, 73, 79, 83, 89, 97]
```

实战任务

1. 仿一仿，试一试

（1）在编写程序时，有时需要使用数字 0~9，有时需要使用英文小写字母 a~z。利用 for 表达式可以快速生成数字列表、英文小写字母 a~z 列表、大写字母 A~Z 列表，示例代码如下：

```
01  digit=[chr(i) for i in range(48, 58)]      # 生成数字0~9
02  numu=[chr(i) for i in range(97, 123)]      # 英文小写字母a~z
03  numl=[chr(i) for i in range(65, 91)]       # 英文大写字母A~Z
```

（2）（1）中的代码实现了以列表的形式存储数字、英文小写字母 a~z 和英文大写字母 A~Z，若要以字符串形式输出它们，则示例代码如下：

```
01  print(' '.join([chr(i) for i in range(97,123)]))
02  print(' '.join([chr(i) for i in range(48,58)]))
03  print(' '.join([chr(i) for i in range(65,91)]))
```

（3）for 表达式中也可以使用多个循环，就像循环嵌套一样，示例代码如下：

```
01  d_list=[(x, y) for x in range(5) for y in range(4)]
02  print(d_list)
```

运行程序，输出结果为：

```
[(0, 0), (0, 1), (0, 2), (0, 3), (1, 0), (1, 1), (1, 2), (1, 3), (2, 0), (2, 1), (2, 2),
(2, 3), (3, 0), (3, 1), (3, 2), (3, 3), (4, 0), (4, 1), (4, 2), (4, 3)]
```

（4）利用 for 表达式可以生成字典或者集合，例如，生成键是值的两倍的字典的代码如下：

```
01  d={i:2*i for i in range(10)}
02  print(d)
```

运行程序，输出结果为：

```
{0: 0, 1: 2, 2: 4, 3: 6, 4: 8, 5: 10, 6: 12, 7: 14, 8: 16, 9: 18}
```

2. 阅读程序写结果

```
01  num=range(int(input("请输入一个数：\n")))
02  new=[i*i for i in num if i%2==0 and i%3==0]
03  print(max(new))
```

输入：8

输出：____________

3. 完善程序

修改本案例代码，实现输出从 1 到指定数字之间的素数，指定数字不能小于 5，如果输入非数字，则提示“输入非法！”并退出程序。请根据要求补全下面代码：

```
01  prime=[]
02  num=input("请输入数字范围：")
03  if num.isdigit():
04      num=int(num)
05      if num>=5:
06          for i in range(1,num):
07              if i==1:
08                  ________________________
09              elif i==2:
10                  prime.append(i)
11              else:
12                  if 0 not in______________________:
13                      prime.append(i)
14          print(prime)
15      else:
16          print("输入不能小于5！")
17  else:
18      print("输入非法！")
```

案例 39　密码输错 6 次账户冻结——while 循环语句

案例描述

案例讲解

编写一个程序，实现用户输入 6 位密码（6 位密码为“555555”），如果密码正确，则提示“密码正确，正进入系统！”；如果密码错误，则输出“密码错误，已经输错 *i*

次”，密码输错 6 次后将输出“密码错误 6 次，请与发卡行联系！”。

知识点讲解

while 循环是通过一个条件来控制是否继续反复执行循环体中的语句。其语法格式如下：

```
while 条件表达式:
    循环体
```

当条件表达式的返回值为 True 时，则执行循环体中的语句；循环体执行完毕后，重新判断条件表达式的返回值，直到表达式返回的结果为 False，退出循环。while 循环语句的执行流程如图 6.23 所示。

利用 while 循环输出 3 遍“笑傲江湖”，代码如下：

```
01  i=1
02  while i<=3:
03      print("笑傲江湖")          # 输出“笑傲江湖”
04      i=i+1
```

上面代码的运行结果如图 6.24 所示。

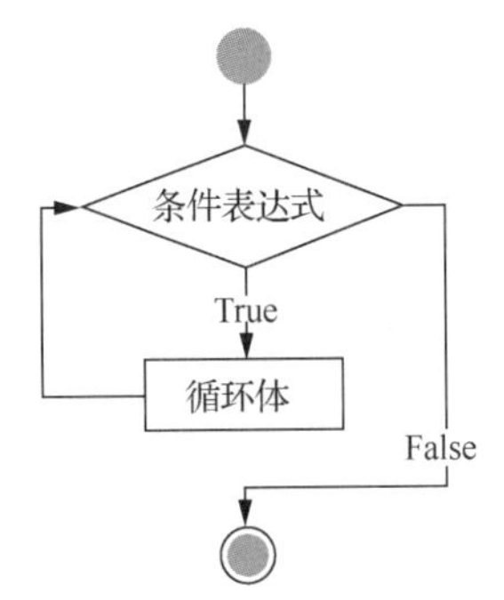

图 6.23　while 循环语句的执行流程

```
笑傲江湖
笑傲江湖
笑傲江湖
```

图 6.24　利用 while 循环输出 3 遍“笑傲江湖”

根据对用户输入密码后出现的各种情况的分析，设计开发流程，如图 6.25 所示。

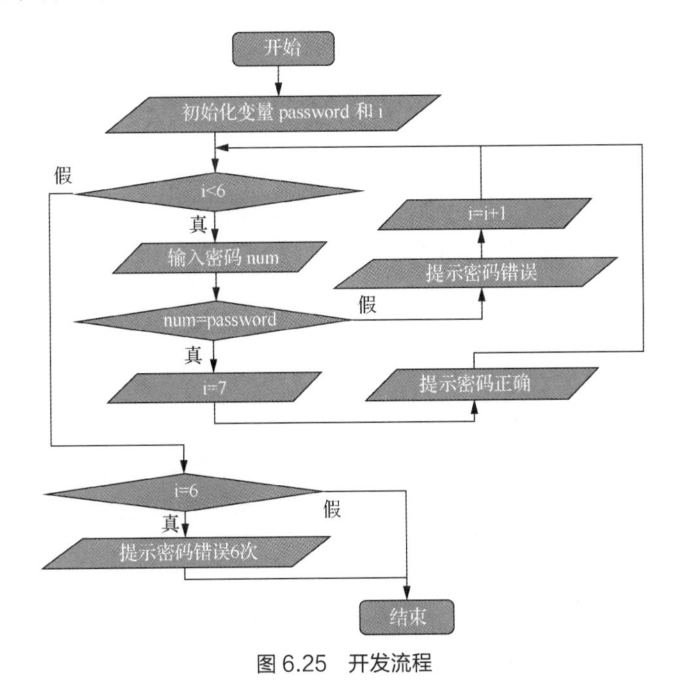

图 6.25　开发流程

案例实现

根据开发流程图，编写如下代码：

```
01  password="555555"                          # 设置账户密码
02  i=0                                        # 初始化记录输入密码次数的变量
03  while i<6:                                 # 密码输入次数低于6次，执行循环体
04      num=input("请输入6位数字密码！")
05      i+=1                                   # 密码输入次数加1
06      if  num==password:                     # 判断密码是否正确
07          print("密码正确，正进入系统！"  )
08          i=7                                # 设置i>6，退出循环
09      else:
10          print("密码错误，已经输错" , i ,"次")
11  if i==6:                        # 如果密码输错6次，提示“密码错误6次，请与发卡行联系！”
12      print("密码错误6次，请与发卡行联系！")
```

运行程序，根据提示输入密码，输错一次还可以继续输入密码。如果密码输入正确，则提示“密码正确，正进入系统!”，如图 6.26 所示；如果密码输入错误 6 次，将提示用户与发卡行联系，如图 6.27 所示。

```
请输入6位数字密码！123456
密码错误，已经输错 1 次
请输入6位数字密码！555555
密码正确，正进入系统！
```

图 6.26　输入正确，输出“密码正确，正进入系统!”

```
请输入6位数字密码！123456
密码错误，已经输错 1 次
请输入6位数字密码！111111
密码错误，已经输错 2 次
请输入6位数字密码！222222
密码错误，已经输错 3 次
请输入6位数字密码！333333
密码错误，已经输错 4 次
请输入6位数字密码！666666
密码错误，已经输错 5 次
请输入6位数字密码！777777
密码错误，已经输错 6 次
密码错误6次，请与发卡行联系！！
```

图 6.27　密码输入错误 6 次

实战任务

1. 仿一仿，试一试

（1）倒序输出数字 1～9。示例代码如下：

```
01  count=10
02  while  count>1:
03      count -=1
04      print(count)
```

（2）把一个合数写成几个质数相乘的形式称为分解质因数，例如，12 分解质因数为：12=2×2×3。将给定数分解质因数的示例代码如下：

```
01  number=int(input("请您输入一个数字："))
02  newnum=number                              # 进行质因数计算
03  new=[]
04  num=2
05  while num<=newnum:
06      if newnum%num==0:                      # 能被num整除
07          newnum /=num                       # newnum进行分解
08          new.append(str(num))               # 添加到列表
09      num+=1
```

```
10 new.append(str(int(newnum)))
11 new.sort()
12 print(str(number)+"="+"*".join(new))
```

（3）将列表元素添加到空列表。使用 while 循环把一个列表里面的元素添加到另一个空列表中的示例代码如下：

```
01 list=['周一','周二','周三','周四','周五','周六','周日']
02 new=[]
03 while list:
04     other=list.pop()
05     new.append(other)
```

2. 阅读程序写结果

```
01 word=input('输入一串数字:\n')
02 count=1
03 result=100
04 while count<=len(word):
05     if result%count==0:
06         result+=2
07     else:
08         result+=3
09     count=count+1
10 print(result)
```

输入：33225

输出：__________

3. 完善程序

修改本案例代码，要求滤除用户输入密码时不小心输入的空格（密码两端的空格），并判断用户输入的密码是否为 6 位，如果不是 6 位，则提示“密码位数错误，请重新输入!”。请根据要求补全下方代码：

```
01 password="555555"
02 i=1
03 while i<7:
04     num=input("请输入6位数字密码！").__________(" ")
05     if __________==6:
06         num=int(num)                  # 记录用户输入
07         if  num==password:            # 判断密码是否正确
08             print("密码正确，正进入系统！"  )
09             i=7
10         else:
11             print("密码错误，已经输错" , i ,"次")
12         i+=1                          # 次数加1
13     else:
14         print("密码位数错误，请重新输入！"  )
15 if i==6:
16     print("密码错误6次，请与发卡行联系！")
```

4. 手下留神

不要忘记缩进：在 while 循环中，新手容易犯的一个错误是忘记循环体代码的缩进，通常情况下 while 条件表达式和下一行（循环体）采用 4 个空格作为一个缩进量。图 6.28 所示为 while 条件表达式和循环体之间的正常缩进；图 6.29 所示为 while 条件表达式和循环体之间未缩进的情况。运行程序，将弹出图 6.30 所示的错误提示。

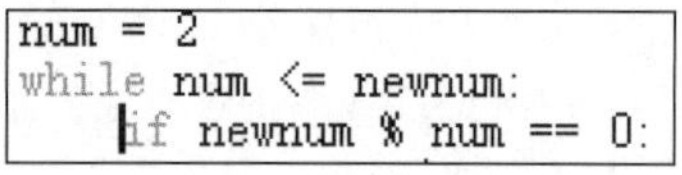

```
num = 2
while num <= newnum:
    if newnum % num == 0:
```

图 6.28　循环体正常缩进

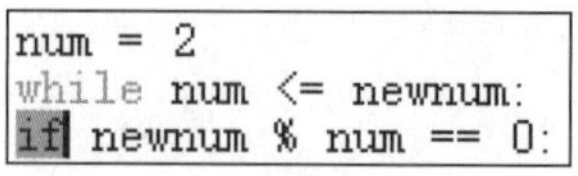

```
num = 2
while num <= newnum:
if newnum % num == 0:
```

图 6.29　循环体未缩进

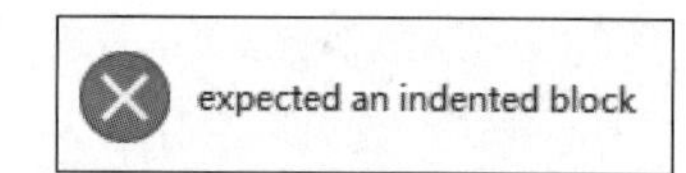

图 6.30　代码未缩进的错误提示

案例 40　回文数——在循环语句中应用 break 语句

案例讲解

案例描述

“回文数”是一种数字，例如，12321，这个数字正读是 12321，倒读也是 12321。正读和倒读一样的数字就是回文数。在自然数中，最小的回文数是 0，1、2、3、4、5、6、7、8、9、11、22、33、44、55、66、77、88、99、101、111、121、131、141、151、161、171 等都是回文数。

编写一个程序，要求实现判断用户输入的数字是不是回文数。如果是回文数，则输出“是回文数”；如果不是回文数，则输出“不是回文数”。

知识点讲解

使用 break 语句可以终止当前的循环，包括 while 和 for 在内的所有控制语句。以独自一人沿着操场跑步为例，原计划跑 10 圈，可是在跑到第 2 圈的时候，遇到了熟人，于是果断停下来，终止跑步，这就相当于使用了 break 语句提前终止了循环。break 语句的语法比较简单，只需要将其加入相应的 while 或 for 语句中即可。

break 语句一般会结合 if 语句使用，表示在某种条件下跳出循环。如果使用循环嵌套，则 break 语句将跳出最内层的循环。

在 while 循环语句中使用 break 语句的形式如下：

```
while 条件表达式1:
    执行代码
    if 条件表达式2:
        break
```

其中，条件表达式 2 用于判断是否调用 break 语句跳出循环。在 while 循环语句中使用 break 语句的流程如图 6.31 所示。

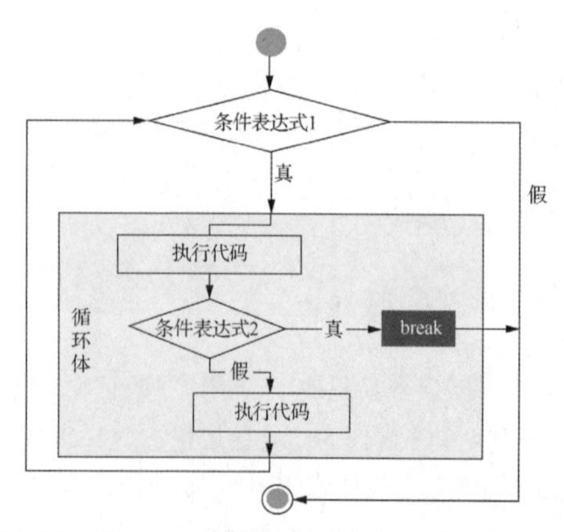

图 6.31　在 while 循环语句中使用 break 语句的流程

在 for 语句中使用 break 语句的形式如下：

```
for 迭代变量 in 对象:
    if 条件表达式:
        break
```

其中，条件表达式用于判断是否调用 break 语句跳出循环。在 for 语句中使用 break 语句的流程如图 6.32 所示。

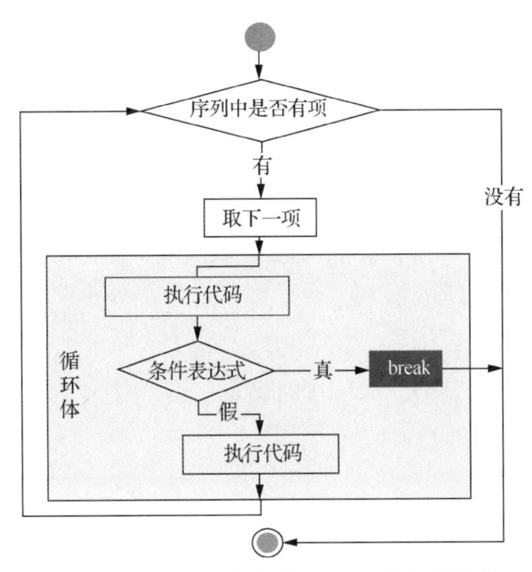

图 6.32　在 for 语句中使用 break 语句的流程

通过分析回文数程序的流程，设计判断回文数程序的开发流程，如图 6.33 所示。

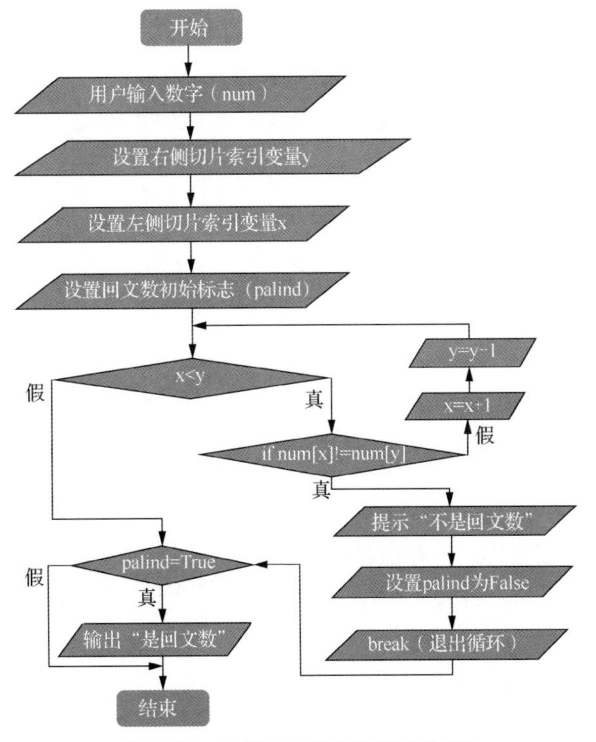

图 6.33　判断回文数程序的开发流程

案例实现

根据开发流程图，编写如下代码：

```
01  num=input("请输入一个数字：")                # 输入一个数字
02  y=len(num)-1                                 # 设置右侧索引的初始值
03  x=0                                          # 设置左侧索引的初始值
04  palind=True                                  # 设置回文数标志，palind为True时为回文数
05  while x<y:                                   # 左索引值小于右索引值
06      if num[x]!=num[y]:                       # 索引值对应的元素数值是否相同
07          print('不是回文数')                   # 不同，不是回文数
08          palind=False                         # 回文数标志palind为False
09          break                                # 退出循环
10      else:                                    # 相同则继续比较
11          x+=1                                 # 左索引值加1，即比较左侧下一个元素
12          y-=1                                 # 右索引值减1，即比较右侧前一个元素
13  if palind:                                   # 如果palind值为True，则输出“是回文数”
14      print('是回文数')
```

运行程序，输入“454”，输出“是回文数”，如图 6.34 所示；输入“12312”，输出“不是回文数”，如图 6.35 所示。

```
请输入一个数字：454
是回文数
```

图 6.34　输入“454”的输出效果

```
请输入一个数字：12312
不是回文数
```

图 6.35　输入“12312”的输出效果

实战任务

1. 仿一仿，试一试

（1）练习加法器。累加输入的数字，当输入 0 或负数时结束输入，并输出累加结果。示例代码如下：

```
01  count=0
02  while True:
03      num=int(input("请输入加数："))
04      if num<=0:
05          break
06      count+=num
07  print(count)
```

（2）猜数游戏的示例代码如下：

```
01  import random
02  luck=random.randint(1,51)
03  while True:
04      num=int(input("竞猜数:"))
05      if num==luck:
06          print("你赢了！")
07          break
08      elif num>luck:
09          print("猜大了！")
10      else:
11          print("猜小了！")
```

（3）退出双层 for 循环的示例代码如下：

```
01 count=0
02 for i in range(9):                        # 产生0~8的整数序列
03     for j in range(9):                    # 产生0~8的整数序列
04         if i*j==12:
05             break
06         else:
07             count+=i+j                    # 等价于count=count+i+j
08             print(count)
09     if count>=100:
10         break
```

2. 阅读程序写结果

```
01 count=5
02 num=int(input('输入一个数字：'))
03 while True:
04     num*=2
05     count+=num
06     if num>50:
07         num*=1/4
08         count%=num
09         print(int(count))
10         break
11     else:
12         count-=num
```

输入：4

输出：__________

3. 完善程序

修改本案例代码，对输入的数字进行两端空格过滤和数字验证，如果不输入内容直接回车，则退出程序。请根据要求补全下面代码：

```
01 while True:
02     num=input("请输入一个数字：").__________          # 去除输入内容两端的空格
03     if ________:                                   # 直接回车，则退出程序
04         break
05     if num.__________:                              # 输入是否为数字
06         x=0
07         y=len(num)-1
08         palind=True
09         while x<y:
10             if num[x]!=num[y]:
11                 print('不是回文数')
12                 palind=False
13                 break
14             x+=1
15             y-=1
16         if palind:
17             print('是回文数')
18     else:
19         print('输入非数字，重新输入！')
```

4．手下留神

不要忘记冒号或使用中文冒号：while 条件表达式后必须使用英文冒号结束，如图 6.36 所示；如果忘记使用英文冒号结束，如图 6.37 所示，将弹出图 6.38 所示的错误提示；如果使用中文冒号结束，如图 6.39 所示，将弹出图 6.40 所示的错误提示。

```
num = 2
while num <= newnum:
```

图 6.36　使用英文冒号

```
num = 2
while num <= newnum
```

图 6.37　未加冒号

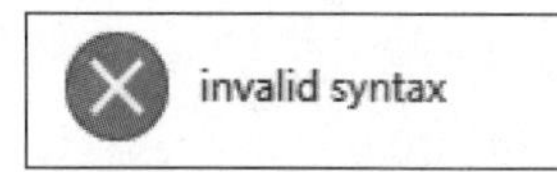

图 6.38　未加冒号的错误提示

```
num = 2
while num <= newnum：
```

图 6.39　使用中文冒号

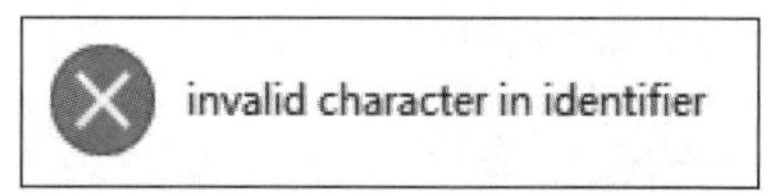

图 6.40　使用中文冒号的错误提示

案例 41　成语填填乐——在循环语句中应用 continue 语句

案例描述

案例讲解

成语是古代汉语词汇中特有的一种长期沿用的固定短语，多来自古代经典或著作、历史故事和人们的口头故事。成语多为四字，亦有三字、五字，甚至七字以上的。成语的意思精辟，往往隐含于字面意义之中，而不是其构成成分意义的简单相加。成语是我国悠久历史文化的深度体现，是中华文化中一颗璀璨的明珠。

编写一个小游戏，随机输出一个包含一个空格的成语，用户填写答案并回车后，程序可以判断用户输入的答案是否正确。正确则加两分，输出“正确，你真棒!”；错误则减两分，输出“错了，正确答案:”；什么也不填则忽略本成语，输出“过!”。本游戏一共 8 关，选手初始分数为 20 分，游戏完成后输出成绩。

知识点讲解

continue 语句也是循环中经常使用的语句，可以终止本次循环而提前进入下一次循环。continue 语句的语法比较简单，使用时只需要将其加入相应的 while 或 for 语句中即可。

在 while 循环语句中使用 continue 语句的形式如下：

```
01  while 条件表达式1:
02      执行代码
03      if 条件表达式2:
04          continue
```

其中，条件表达式 2 用于判断是否调用 continue 语句跳过循环。

在 for 语句中使用 continue 语句的形式如下：

```
for 迭代变量 in 对象:
    if 条件表达式:
        continue
```

成语填填乐程序的开发流程如图 6.41 所示。

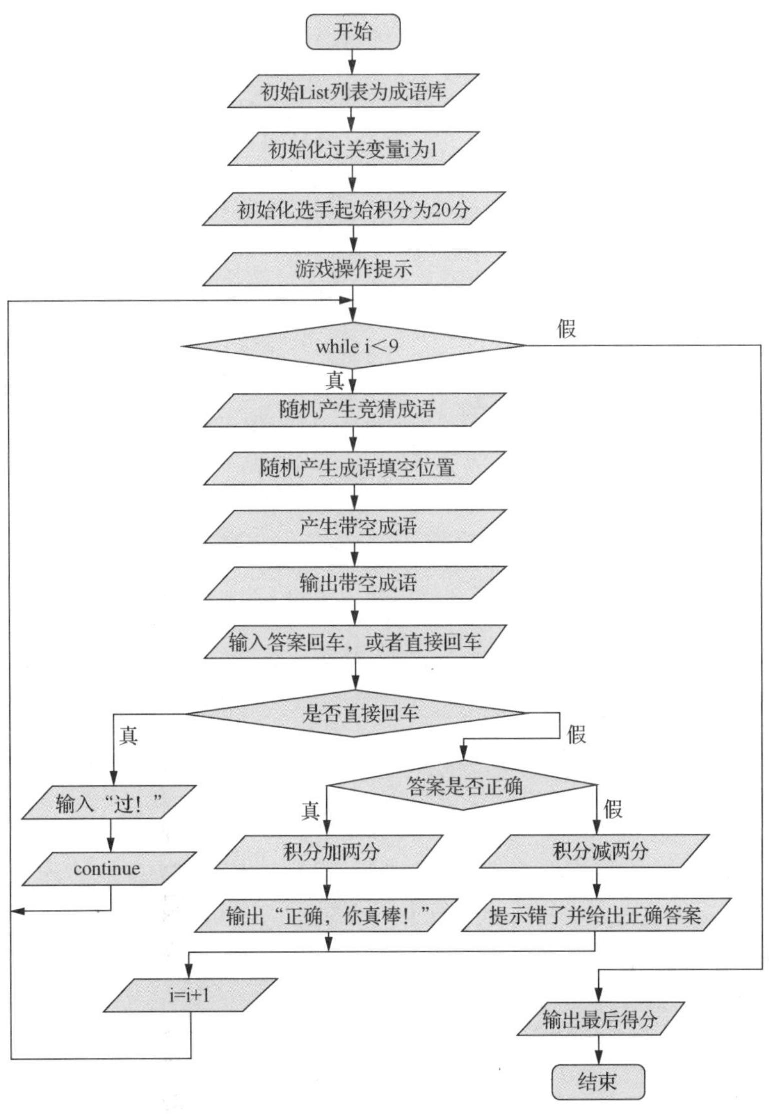

图 6.41　开发流程

案例实现

根据开发流程图，编写如下代码：

```
01  import random
02  list=["春暖花开","十字路口","千军万马","白手起家","张灯结彩","风和日丽","万里长城","人来人往",
    "自由自在","瓜田李下","助人为乐","白手起家","红男绿女","春风化雨","马到成功","拔苗助长","安居乐业",
    "走马观花","念念不忘","落花流水","张灯结彩","一往无前","落地生根","天罗地网","东山再起","一事无成",
    "山清水秀","别有洞天","语重心长","水深火热","鸟语花香","自以为是"]
03  i=1                                              # 初始化记录答题数的变量i值为1
04  count=20                                         # 记录积分的变量count初始值为20
05  print('直接填写答案，回车进入下一关。什么也不填忽略本成语！！')
06  while i<9:
07      word=random.choice(list)                     # 随机选择一条成语
08      bank=random.randint(0,3)                     # 在成语中随机选择填空位置
```

```
09        new=word[:bank]+"___"+word[bank+1:]          # 产生带空格的成语
10        print(new)                                   # 输出带空格的成语
11        num=input("输入：")                           # 输入空格中需要填入的字
12        if not num:                                  # 回车
13            print("过！")                             # 此题不答，过
14            continue                                 # 重新开始循环
15        elif num.strip(" ")==word[bank]:             # 填入的词正确
16            count+=2                                 # 积分加2分
17            print("正确，你真棒！")
18        else:
19            count-=2                                 # 积分减2分
20            print("错了，正确答案：",word[bank])
21        i+=1                                         # 答题数加1
22    print("选手最后得分：",count)
```

运行程序，输出结果为：

```
01 直接填写答案，回车进入下一关。什么也不填忽略本成语！
02 别有___天
03 输入：
04 过！
05 ___风化雨
06 输入：于
07 错了，正确答案： 春
08 一往无___
09 输入：前
10 正确，你真棒！
11 助人为___
12 输入：
13 过！
14 一事无___
15 输入：成
16 正确，你真棒！
17 落___流水
18 输入：花
19 正确，你真棒！
20 瓜田李___
21 输入：下
22 正确，你真棒！
23 选手最后得分： 26
```

实战任务

1. 仿一仿，试一试

逢七拍腿游戏：从 1 开始依次数数，当数到 7（包括尾数是 7 的情况）或 7 的倍数时，则不说出该数，而是拍一下腿。现在编写程序，计算从 1 数到 99，在每个人都没有出错的情况下，一共要拍多少次腿。示例代码如下：

```
01 total=99                                  # 记录拍腿次数的变量
02 for number in range(1,100):               # 创建一个从1到100（不包括）的循环
03     if number%7==0:                       # 判断是否为7的倍数
```

```
04            continue                              # 继续下一次循环
05        else:
06            string=str(number)                    # 将数值转换为字符串
07            if string.endswith('7'):              # 判断是否以数字7结尾
08                continue                          # 继续下一次循环
09        total -=1                                 # 可拍腿次数减1
10    print("从1数到99共拍腿",total,"次。")          # 显示拍腿次数
```

2. 阅读程序写结果

```
01  count=5
02  num=int(input('输入一个数字：'))
03  while True:
04      count+=num%count
05      if count<10:
06          count+=1
07          continue
08      else:
09          count+=num
10          print(count)
11          break
12      count+=3
```

输入：7

输出：____________

3. 完善程序

玩过多遍游戏后，发现有时候一个成语会出现两次或多次，只要将每次出现的成语从成语列表中删除，就可以避免成语的重复出现。另需为游戏添加游戏主题“======成语填填乐======”，并输出提示“每位选手初始分数：20 分”。下面是主要修改的代码，请填空：

```
01  i=1
02  count=20
03  print(format('成语填填乐','_______30'))
04  print('每位选手初始分数：'_______________)
05  print('直接填写答案，回车进入下一关。什么也不填忽略本成语！')
06  while True:
07      word=random.choice(list)
08      list._________(word)
09      bank=random.randint(0,3)
```

案例 42　世界城市时间同步——while True 循环

案例描述

案例讲解

1884 年，在华盛顿召开的一次国际经度会议规定将全球划分为 24 个时区，分别是中时区（零时区）、东 1～12 区、西 1～12 区。每个时区横跨经度 15 度，时间正好是 1 小时。相邻两个时区的时间相差 1 小时。中国采用北京所在的东 8 区区时，即“北京时间”作为全国统一使用时间。出国旅行的人必须随时调整自己的手表，才能让手表显示的时间与当地时间一致。凡向西走，每过一个时区，就要把表向前拨 1 小时（如从 2 点拨到 1 点）；

凡向东走，每过一个时区，就要把表向后拨 1 小时（如从 1 点拨到 2 点）。字典 city 列出了一些城市的时区：

```
city={"北京": 8, "巴黎": 3, "曼谷": 7, "莫斯科": 5, "伦敦": 0, "开罗": 2, "纽约": -5, "温哥华": -8}
```

请结合上面的时区知识和字典 city 编写一个程序，以北京时间为基准，根据用户输入的字典 city 中的城市，实时输出对应城市的日期和时间。

知识点讲解

要实时输出某个城市的时间，就要用到无限循环来实时检测北京时间，然后计算出对应城市的时间进行同步显示。无限循环也称死循环，可以按照一定频率往复执行某些操作。无限循环的适用范围很广，如实时同步输出当前的时间、实时接收网络数据的备份程序、北京冬奥会倒计时输出等。使用 while True 循环可以很好解决这类问题，如本案例实时输出指定城市的时间（Pycharm 开发环境）。

在程序运行时，如果要在原光标处动态实时显示当前的时间，除了使用循环，还要使用 stdout 对象。

世界城市时间同步程序的开发流程如图 6.42 所示。

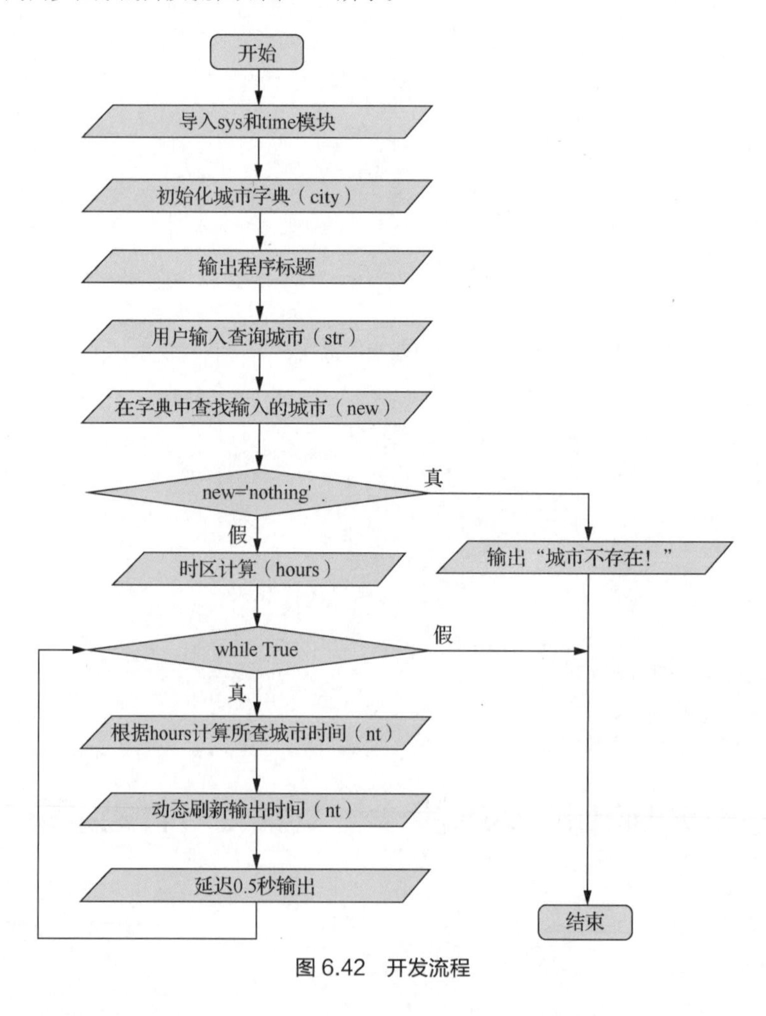

图 6.42 开发流程

案例实现

根据开发流程图，编写如下代码：

```
01  import sys                                    # 导入系统模块
```

```
02 import time                                             # 导入时间模块
03 city={"北京":8,"巴黎":3,"曼谷":7 ,"莫斯科":5,"伦敦":0,"开罗":2,"纽约":-5,"温哥华":-8}
04 sys.stdout.write('动态输出城市时间\n')                   # 输出程序标题
05 str=input("城市：")
06 new=city.get(str,'nothing')                             # 在city字典中查找输入的城市
07 if new=='nothing':                                      # 如果没找到
08     print("城市不存在！")
09 else:
10     hours=(8-int(new))                                  # 计算对应城市时区
11     while True:
12         sys.stdout.write("\r")                          # 光标回到初始的位置
13         nt=time.time()-hours*60*60                      # 根据北京时间计算对应城市的时间
14         sys.stdout.write(time.strftime('%Y-%m-%d%H:%M:%S',time.localtime(nt)))
15         sys.stdout.flush()                              # 刷新输出
16         time.sleep(0.5)                                 # 延迟0.5秒
```

运行程序，输入“巴黎”，输出效果如图 6.43 所示；输入“伦敦”，输出效果如图 6.44 所示。

```
动态输出城市时间
城市：巴黎
2020-02-01 05:35:41
```

图 6.43　输入“巴黎”的输出效果

```
动态输出城市时间
城市：伦敦
2020-02-01 02:37:32
```

图 6.44　输入“伦敦”的输出效果

实战任务

1. 仿一仿，试一试

（1）轮流值班。某单位门卫共 6 个人，每人值班 1 小时，按顺序轮流值班，实时输出值班人员姓名的代码如下：

```
01 import time
02 group=['马绘','张昭','刘一虎','白雪','张楠','李芳']
03 while True:
04     b=group.pop(0)
05     group.append(b)
06     print(group[0])
07     time.sleep(60*60)
```

（2）竞猜年龄。随机在 1～100 产生一个年龄，让用户竞猜。当用户竞猜成功时，提示“你赢了！”并退出竞猜，否则输出“猜大了！”或“猜小了！”，示例代码如下：

```
01 import random
02 age=random.randint(1, 100)
03 while True:
04     num=int(input("年龄:"))
05     if num==age:
06         print("你赢了！")
07         break
08     elif num>age:
09         print("猜大了！")
10     else:
11         print("猜小了！")
```

2. 阅读程序写结果

```
01 list=[10,20,30,40,50,60]
02 sum=0
03 while True:
04     num=int(input("数字（0~200）:"))
05     b=list.pop(0)
06     list.append(b)
07     num+=list[0]
08     sum+=num
09     print(sum)
```

输入：20　40

输出：__________

3. 完善程序

修改本案例代码，当用户输入不存在的城市时，询问用户是否添加相应城市到字典，若用户同意添加，则需要用户输入城市时区（为数字）。程序对用户输入的时区是否为数字、是否符合时区规则进行判断，符合规则就将相应城市及时区添加到字典，同时提示“添加城市和时区成功，可以使用!”。对是否添加城市的判断字符“Y”和“N”忽略大小写，并滤除空格。请根据要求补全下面代码：

```
01 import sys          # 导入系统模块
02 import time         # 导入时间模块
03 city={"北京":8,"巴黎":3,"曼谷":7 ,"莫斯科":5,"伦敦":0,"开罗":2,"纽约":-5,"温哥华":-8}
04 sys.stdout.write('世界城市时间\n')
05 
06 while True:
07     str=input("城市：")
08     new=city.get(str,'nothing')
09     if new=='nothing':
10         add=input("城市不存在，需要添加该城市到字典吗？输入"Y"添加，输入"N"退出系统")
11         if add._______.strip(' ')=="y":
12             match=input("请输入该城市的时区：").strip(' ')
13             if match.__________:
14                 match=int(match)
15                 if abs(match)______13:
16                     city.__________({str:match})
17                     print("添加城市和时区成功，可以使用！")
18                     print(city)
19                 else:
20                     print("输入时区超出范围！")
21             else:
22                 print("输入时区非法！")
23     else:
24 
25         hours=(8-int(new))
26         while True:
27             sys.stdout.write("\r")
28             nt=time.time()-hours*60*60
29             sys.stdout.write(time.strftime('%Y-%m-%d%H:%M:%S',time.localtime(nt)))
30             sys.stdout.flush()
31             time.sleep(0.5)
```

案例 43　输入密码和确认密码——在循环语句中使用 input 语句

案例讲解

案例描述

编写一个程序，用于判断用户输入的注册密码和确认密码是否一致，如果一致，则提示“密码确认正确!”并退出系统，否则提示重新输入注册密码和确认密码。当用户输入“q”时，退出系统。

知识点讲解

开发程序时，经常会遇到一些无限循环（也称死循环）的情况，例如，输入网站的用户名和密码时，直到输入正确才可以登录；计算器进行数字计算时，直到计算完成才会退出。使用 while True … break 循环可以很好地解决这类问题。

while 循环必须有停止运行的途径，这样才不会一直执行下去。while 循环通常通过 input()函数来进行停止、运行和退出的控制。input()函数可以让程序暂停运行，等待用户输入一些字符，用户输入后程序对字符进行判断，决定程序的运行情况。例如，有的程序需要用户输入“Y”或“N”来判断用户是否阅读了协议，输入“Y”表示已经阅读并确认协议；输入“N”表示不确认协议，将退出程序；输入非“Y”或“N”，将提示“输入非法，请重新输入!”，代码如下：

```
01  while True:
02      print("请仔细阅读本协议，输入"Y"，表示确认协议；输入"N"，表示不确认协议，将退出程序!")
03      confirm=input("请输入(Y/N)：")
04      if confirm=="Y":
05          print("确认协议！")
06          break
07      elif confirm=="N":
08          print("退出程序！")
09          break
10      else:
11          print("输入非法，请重新输入！")
```

运行程序，输入“Y”，输出效果如图 6.45 所示；输入“N”，输出效果如图 6.46 所示；输入其他字符，输出效果如图 6.47 所示。

```
请仔细阅读本协议，输入“Y”，表示确认协议；输入“N”，表示不确认协议，将退出程序!
请输入(Y/N)：Y
确认协议!
```

图 6.45　输入“Y”的输出效果

```
请仔细阅读本协议，输入“Y”，表示确认协议；输入“N”，表示不确认协议，将退出程序!
请输入(Y/N)：N
退出程序!
```

图 6.46　输入“N”的输出效果

```
请仔细阅读本协议，输入“Y”，表示确认协议；输入“N”，表示不确认协议，将退出程序！
请输入(Y/N)：y
输入非法，请重新输入！
请仔细阅读本协议，输入“Y”，表示确认协议；输入“N”，表示不确认协议，将退出程序！
请输入(Y/N)：
```

图 6.47　输入其他字符的输出效果

通过对程序的分析，设计输入密码和确认密码程序的开发流程，如图 6.48 所示。

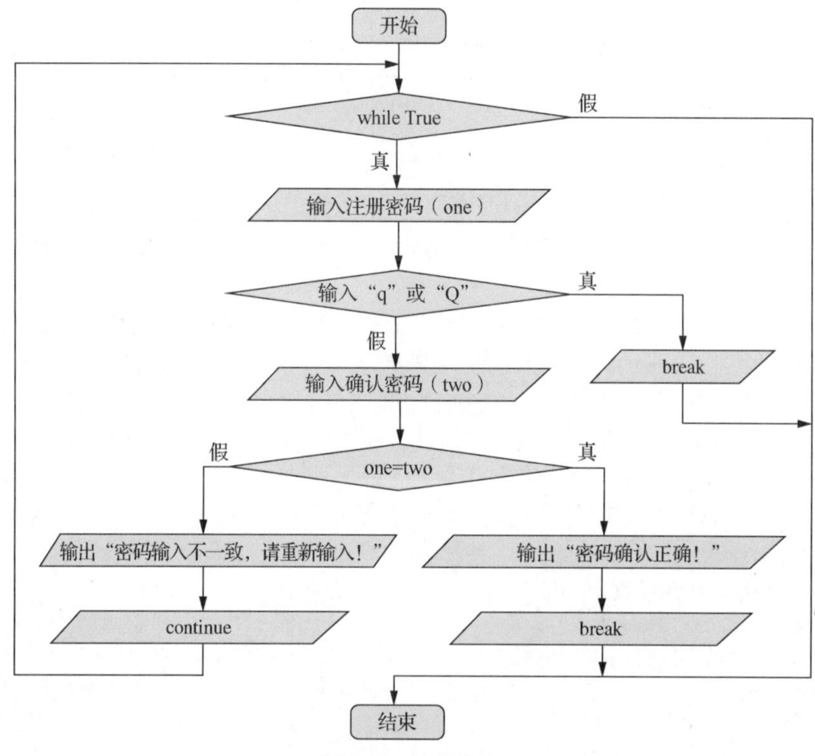

图 6.48　开发流程

案例实现

根据开发流程图，编写如下代码：

```
01 while True:
02     one=input("请输入注册密码：")
03     if one.lower()=="q":                    # 输入“q”或“Q”
04         break                               # 退出循环
05     two=input("请输入确认密码：")
06     if  one==two :                          # 密码相同
07         print('密码确认正确！')
08         break
09     else:
10         print('密码输入不一致，请重新输入！')
11         continue                            # 重新循环
```

运行程序，输出效果如图 6.49 和图 6.50 所示。

```
请输入注册密码: 123456
请输入确认密码: 123456
密码确认正确!
```

图 6.49　输出效果（a）

```
请输入注册密码: 123456
请输入确认密码: 111111
密码输入不一致，请重新输入!
```

图 6.50　输出效果（b）

实战任务

1. 仿一仿，试一试

（1）循环录入快递单号到列表，输入“Q”或“q”退出系统。示例代码如下：

```
01 import sys
02 post=["20200201201","20200201202","20200201207","20200201204"]
03 while True:
04     num=input("请输入快递单号，输入"Q"将退出系统！")
05     if num.upper()=="Q" :
06         break
07     else:
08         post.append(num)
09         print(post)
```

（2）判断用户输入的用户名是否正确，只有正确才能进入系统，否则重复要求输入用户名。示例代码如下：

```
01 user={'jack':'123456', 'jone':'888888', 'job':'66666'}      # 存储用户名和密码的字典
02 while True:                                                  # 无限循环开始
03     name=input('请输入您的用户名：')
04     if name in user:                                         # 输入的用户名在字典中
05         print('用户正确，已登录系统！')
06         break                                                # 退出循环
07     else:
08         print('您输入的用户名不存在，请重新输入')
09         continue
```

2. 阅读程序写结果

```
01 import time
02 list=[10,20,30,40,50,60,70,80]
03 num=input("请输入5～20的数！")
04 num=int(num)
05 while True:
06     new=list[0]
07     i=0
08     num-=1
09     while i<len(list)-1:
10         list[i]=list[i+1]
11         i+=1
12     list[len(list)-1]=new
13     if num<i:
14         break
15     time.sleep(1)
16 print(list[1])
```

输入：6

输出：__________

3. 完善程序

修改本案例代码，使输入注册密码和确认密码时不区分大小写，同时对输入的密码进行空格过滤。设置密码位数必须大于或等于 8，小于或等于 20，否则提示“设置密码必须大于或等于 8 位，小于或等于 20 位!”请补全下面代码：

```
01 while True:
02     one=input("请输入注册密码：").________.__________
03     if one.lower()=="q":
04         break
05     if len(one)<8 _____len(one)>20:
06         print('设置密码必须大于或等于8位，小于或等于20位！')
07     ____________
08         two=input("请输入确认密码：").lower().strip(' ')
09         if  one==two :
10             print('密码确认正确！')
11             break
12         else:
13             print('密码输入不一致，请重新输入！')
14             continue
```

4. 手下留神

while True 语句中的“True”的首字母要大写，否则将提示图 6.51 所示的“true”未定义错误：

```
01 while true:                    # True的首字母要大写
02     one=input("请输入注册密码：")
03     if one=="quit":
```

```
while true1.py", line 3, in <module>
    while true:
NameError: name 'true' is not defined
```

图 6.51　错误提示

案例 44　生肖查询——退出 while 循环的 5 种方法

案例描述

案例讲解

中国古代有十二地支纪年法，用十二地支表示，即子丑寅卯辰巳午未申酉戌亥，12 年一个轮回。例如，1992 年为申年，12 年后的 2004 年又为申年。古人把十二地支用 12 个动物表示，即子（鼠）、丑（牛）、寅（虎）、卯（兔）、辰（龙）、巳（蛇）、午（马）、未（羊）、申（猴）、酉（鸡）、戌（狗）、亥（猪），此为十二生肖，肖者相也，又称为十二属相。

编写一个程序，实现循环输入 4 位出生年份，判断用户的属相的功能。如果用户输入“Y”或“y”，则输出与年份对应的属相；如果用户输入“Q”或“q”，则退出系统（提示：1900 年为鼠年，生肖 12 年更替一次）。

知识点讲解

使用 while 循环语句进行循环条件运行时，知道如何退出 while 循环十分关键和重要。下面介绍 5 种退出 while 循环的方法。

（1）在循环中计数，达到指定值后退出循环

例如，输出 1 到指定数字（用户输入）的偶数，可以设置当 while 循环计数大于 1 时，执行循环体内的语句，一旦等于 1 或小于 1，就退出循环。代码如下：

```
01 count=int(input("数字："))
02 while count>1:
03     if count%2==0:
04         print(count)
05     count-=1
```

通过计数退出循环需要根据实际情况设置合理的计数方式，例如，输出指定数字区间能整除 3 的数字，可以设置低位数进行计数，达到高位数后退出循环。代码如下：

```
01 low=int(input("低位数："))
02 upp=int(input("高位数："))
03 while low<=upp :
04     if low%3==0:
05         print(low)
06     low+=1
```

（2）设置输入指定字符退出循环

在 while 循环中通过 input()函数输入内容，可以在输入时设置指定字符，当用户输入指定字符时，就退出循环。例如，键盘练习程序，当用户输入“q”或“Q”时退出系统。但要注意，指定字符必须与退出循环的指定值不同，可以为空值。代码如下：

```
01 msg=''
02 key="go big or go home"
03 print("键盘练习，输入以下字母。输入“q”或“Q”退出系统")
04 print(key)
05 while msg.lower()!='q' :
06     msg=input("")
07     if msg.lower() !='q':
08         print(msg)
```

（3）设置标志

可以设置一个变量用来判断程序是否处于活动状态，这个变量被称为标志。标志变量为逻辑型变量，其初始值为 True。当要退出循环时，设置标志为 False，即可退出 while 循环。例如，输出列表内容，如果列表内容为空，则退出循环，设置 active 为标志变量，代码如下：

```
01 import time
02 list=['马绘','张昭','刘一虎','白雪','张楠','李芳']
03 active=True
04 while active:
05     if not list:      # 列表为空
06         active=False
07         continue
08     print(list[0])
09     list.remove(list[0])
10     time.sleep(1)
```

（4）通过 break 语句退出循环

通过跳转语句 break 跳出循环是最常用的方法。例如，任意输入一些正整数进行加法计算，当输入负数

时结束输入，并输出加数的和，代码如下：

```
01  count=0
02  while True:
03      num=int(input("输入加数："))
04      if num<=0:
05          print(count)
06          break
07      count+=num
```

（5）按回车键结束循环

回车键对应的十进制 ASCII 值为 13。但是仅通过输入的 ASCII 值无法判断输入的是否为回车。在 Python IDE 中，回车后得到的是一个空值，即可以通过空值判断回车操作。例如，输入的值为 num，用 not num 的值来判断是否为回车，如果 not num 的值为真，则为回车。特别注意，此时 num 的值不能用 int()等函数进行处理。示例代码如下：

```
01  count=0
02  while True:
03      num=input("输入加数(回车退出)：")
04      if not num:
05          break
06      count+=int(num)
07      print(count)
```

通过对生肖查询程序的分析，设计生肖查询的开发流程，如图 6.52 所示。

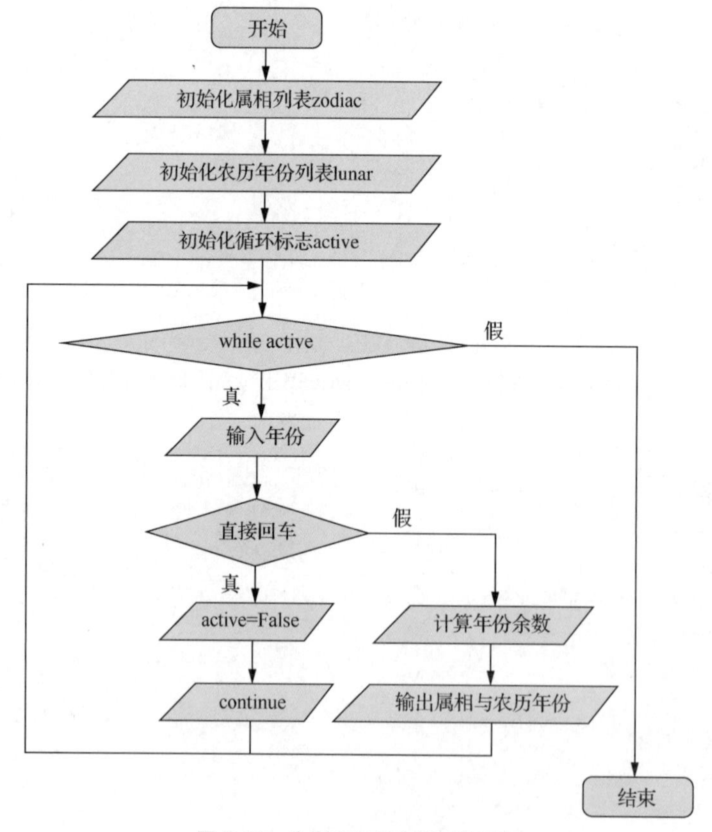

图 6.52　生肖查询程序的开发流程

案例实现

根据开发流程图，编写如下代码：

```
01 zodiac=["鼠","牛","虎","兔","龙","蛇","马","羊","猴","鸡","狗","猪"]
02 lunar=["子","丑","寅","卯","辰","巳","午","未","申","酉","戌","亥"]
03 active=True
04 while active:
05     year=input("输入出生年(直接回车，退出程序)：")
06     if not year:
07         active=False
08         continue
09     rem=(int(year)-1984)%12
10     print('要查询的属相是:'+zodiac[rem]+'\n查询的农历年份是:'+lunar[rem]+'年')
```

运行程序，根据提示输入年份，输出结果为：

```
输入出生年(直接回车，退出程序)：1900
要查询的属相是:鼠
查询的农历年份是:子年
输入出生年(直接回车，退出程序)：2000
要查询的属相是:龙
查询的农历年份是:辰年
```

实战任务

1. 仿一仿，试一试

在本案例的生肖查询中，使用了 continue 语句实现回车重新跳转到循环起始位置，从而实现当标志 active 为 False 时退出循环的效果。其实可以直接使用 if…else 语句实现生肖查询，回车退出程序，代码如下：

```
01 zodiac=["鼠","牛","虎","兔","龙","蛇","马","羊","猴","鸡","狗","猪"]
02 lunar=["子","丑","寅","卯","辰","巳","午","未","申","酉","戌","亥"]
03 active=True
04 while active:
05     year=input("输入出生年(直接回车，退出程序)：")
06     if not year:
07         active=False
08     else:
09         rem=(int(year)-1984)%12
10         print('要查询的属相是:'+zodiac[rem]+'\n查询的农历年份是:'+lunar[rem]+'年')
```

2. 完善程序

运行本案例代码，如果用户输入两位数的年份，就会发生“千年虫”问题。例如，用户输入 20，程序会认为是公元 20 年，但用户很可能想输入的是 1920 年或 2020 年。修改程序，使得如果用户输入两位数的年份，则按以上 3 种情况分别输出结果。主要代码如下，请填空：

```
01 while active:
02     year=input("输入出生年(回车退出)：")
03     if not year:
04         active=False
05         continue
06     if len(year)==2:
```

```
07          rem=(int(year)-1984)%12
08          print('公元'+year+'属相:'+zodiac[rem]+'\n农历年份:'+lunar[rem]+'年')
09          rem=(______________-1984)%12
10          print(______________+zodiac[rem]+'\n农历年份:'+lunar[rem]+'年')
11          rem=(______________-1984)%12
12          print(______________+zodiac[rem]+'\n农历年份:'+lunar[rem]+'年')
13      else:
14          rem=(int(year)-1984)%12
15          print('查询的属相:'+zodiac[rem]+'\n农历年份是:'+lunar[rem]+'年')
```

运行程序，输出结果为：

```
输入出生年(回车退出): 20
公元20的属相是:龙
农历年份是:辰年
1920的属相是:猴
农历年份是:申年
2020的属相是:鼠
农历年份是:子年
```

本案例的程序是按照阳历的年份判断属相的，在阳历春节前出生的人的属相其实是按上一年阳历判断才正确。修改本案例程序，实现输入出生的年份和日期，如 20010108，进行精准的属相判断。

案例 45　虚拟减肥跑步机——while 循环语句综合应用

案例描述

案例讲解

1818 年，英国工程师 William Cubitt 爵士发明了监狱跑步机，主要为了惩罚罪犯和粉碎谷物等粮食。后来，有人经过不断尝试，研究出了适合个人锻炼的跑步机。1965 年，北欧芬兰唐特力诞生了全球第一台家用的跑步机。现在，跑步机已经成为家庭及健身房常备的健身器材。

编写一个虚拟减肥跑步机程序，运动模式为倒计时模式，即输入体重、运动速度和运动时间后，可以实时显示剩余运动时间、运动距离和所消耗的热量。消耗热量 = 体重（kg）× 运动时间（小时）× 运动系数 k，k = 30 ÷ 速度（分钟/400 米）。运行效果如图 6.53 所示。

```
========虚拟减肥跑步机========
##############################
输入您要减的质量(kg) : 8
输入您的年龄: 45
减肥8.0 kg，需要53天最佳运动
年龄45岁，适合跑步的心率为114
输入您的体重(kg) : 67
速度(千米/小时) : 8
跑步时间(分钟) : 45
剩余时间: 44分41秒 跑步距离:0.04千米  消耗热量: 3.54千卡
```

图 6.53　运行效果

知识点讲解

在用户输入要减的质量和年龄信息的时候，很可能会出现各种无法预知的情况，例如，不小心输入了字母或输入的数字超出了范围等。对输入进行验证是目前比较通用的方法，对本程序输入的要减的质量、年龄、体重、跑步速度和跑步时间参考表 6.1 进行输入验证，验证效果如图 6.54 所示。

表 6.1　要减的质量、年龄、体重、跑步速度和跑步时间参考表

验证内容	要减的质量	年　　龄	体　　重	跑步速度	跑步时间
数字类型	浮点数	整数	浮点数	浮点数	整数
数字范围	2～50	8～100	20～300	2～12	5～120

```
输入您要减的质量（kg）：300
要减质量必须在2～50kg，请重新输入！
输入您要减的质量（kg）：as
输入非数字字符，请重新输入！
输入您要减的质量(kg) ： 10
输入您的年龄： 103
输入年龄必须在8～100岁，请重新输入！
输入您的年龄： 9i
输入非法字符，请重新输入！
输入您的年龄： 30
减肥10.0kg，需要67天最佳运动
年龄30岁，适合跑步的心率为124
```

图 6.54　输入验证

据专家研究发现，跑步减肥最佳运动时长为 45 分钟，运动距离为 6.5 千米，本程序使用的减肥系数为 0.15 千克/天，适合跑步的心率=（220−年龄）× 65%。对用户输入的要减质量、年龄信息的判断，可以使用 while 循环语句实现。在输入运动时长后，需要通过循环语句进行运动时长判断。本程序需要 3 个循环语句，设计开发流程图时可以先设计主流程图，如图 6.55 所示；然后分别设计 3 个循环语句的开发流程图，如图 6.56～图 6.58 所示。

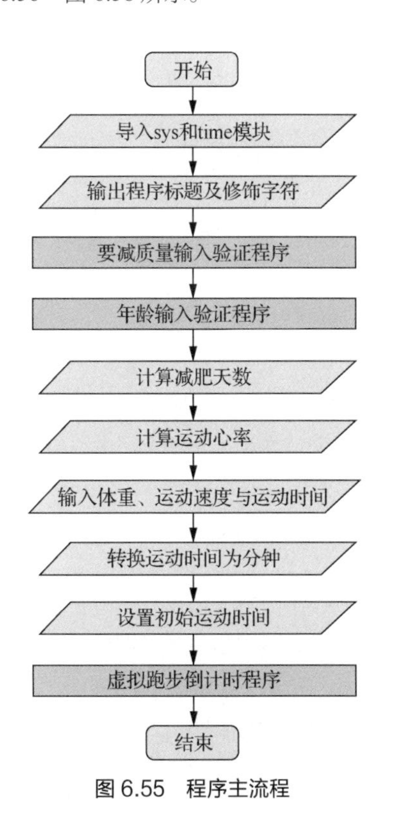

图 6.55　程序主流程

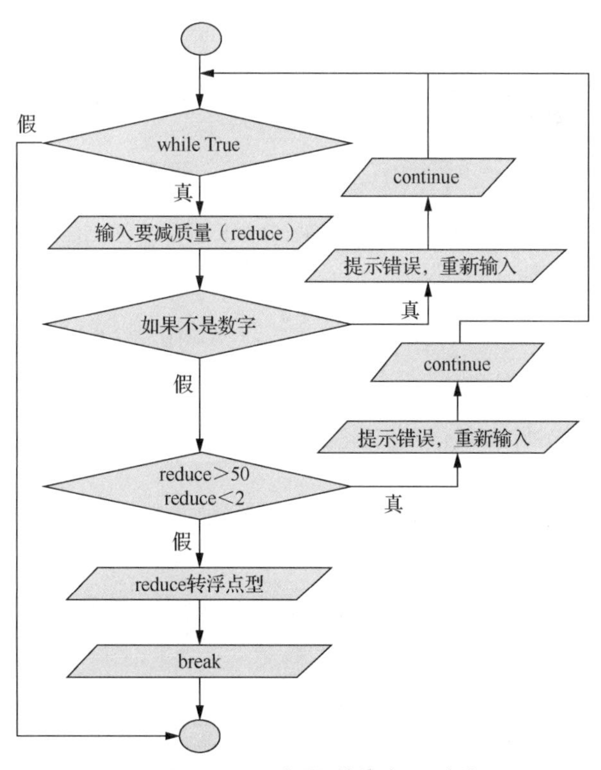

图 6.56　要减质量输入验证程序流程

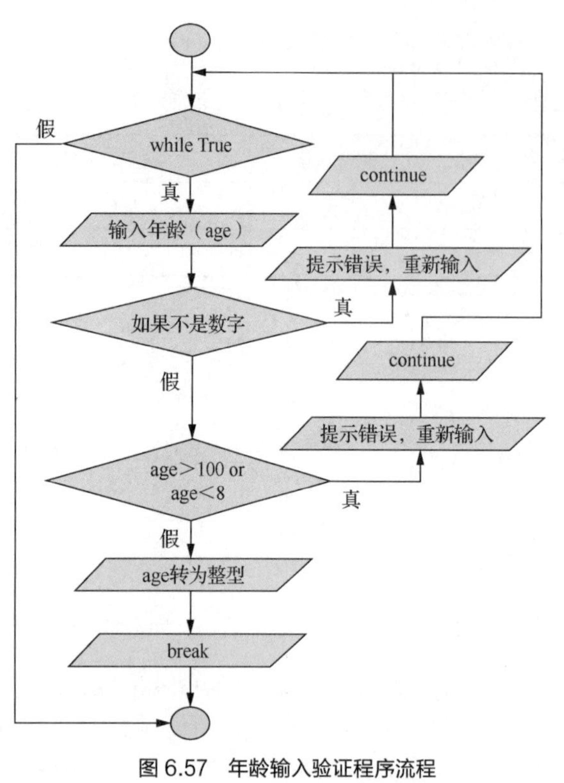

图 6.57　年龄输入验证程序流程

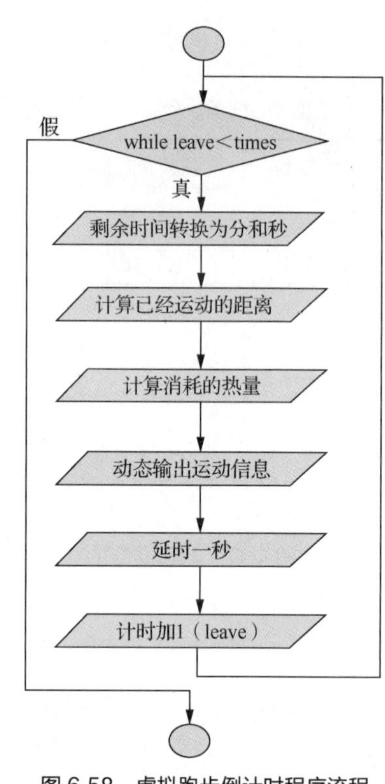

图 6.58　虚拟跑步倒计时程序流程

Python 2.6 之后的版本提供了字符串的 format()方法，用于对字符串进行格式化操作。format()方法的功能非常强大，格式也比较复杂，其语法格式如下：

```
{参数序号：格式控制标记}.format(*args,**kwargs)
```

图 6.59 所示为通过位置参数或关键字参数进行格式化处理的流程。

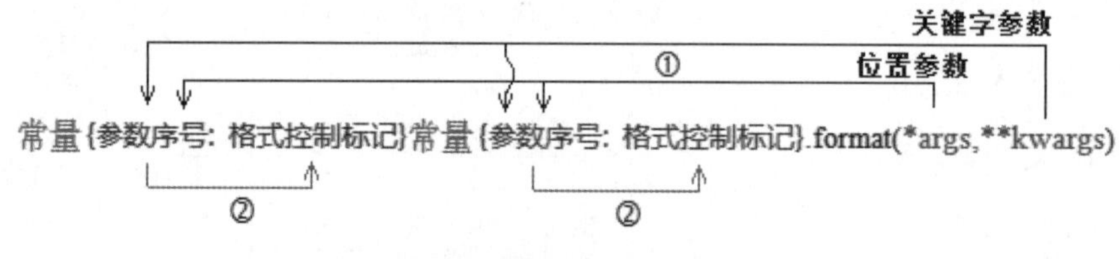

图 6.59　格式化处理的流程

参数序号为传入的参数，格式设置模板是一个由字符串和格式控制说明字符组成的字符串，用来对传入的参数进行格式化设置。格式设置模板用大括号“{}”表示，可以有多个，其对应 format()方法中逗号分隔的参数。

常量可以是符号、文字，甚至是一段话，根据程序开发需要进行设置。灵活使用常量可以更好地发挥 format()方法的功效。

位置参数可以为两个或更多，其对应的索引序号也应该和位置索引一一对应。当索引序号和格式设置标记均为空值时，其实就是直接连接位置参数的字符串。例如，通过 format()方法连接字符串“中华人民共和国”“1949”“70”的代码如下：

```
01  print('{}{}'.format('中华人民共和国','1949'))          # 输出为“中华人民共和国1949”
02  print('{}{}{}'.format('中华人民共和国','1949','70'))   # 输出为“中华人民共和国194970”
```

位置参数对应关系如图 6.60 和图 6.61 所示。

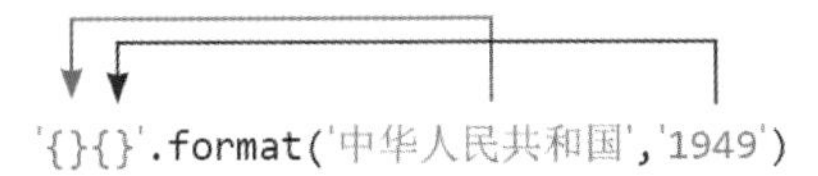

图 6.60　传递两个参数的情况

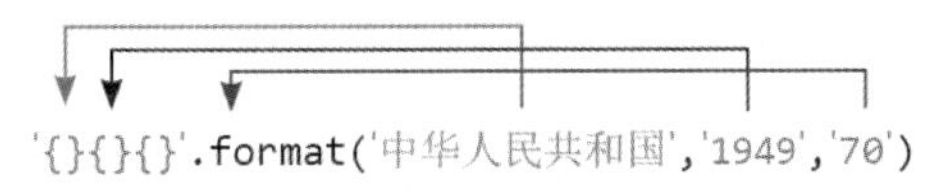

图 6.61　传递 3 个参数的情况

通过常量可以直接连接或修饰各个序号索引，例如，分别通过字符串常量“:”和文字连接“中华人民共和国”“1949”“70”的代码如下：

```
01 print('{}:{}:{}'.format('中华人民共和国','1949','70'))     # 输出为“中华人民共和国:1949:70”
02 # 输出为“中华人民共和国成立于1949年，今年是国庆70年”
03 print('{}成立于{}年，今年是国庆{}年'.format('中华人民共和国','1949','70'))
```

通过常量连接或修饰各个序号索引之间的关系如图 6.62 所示。

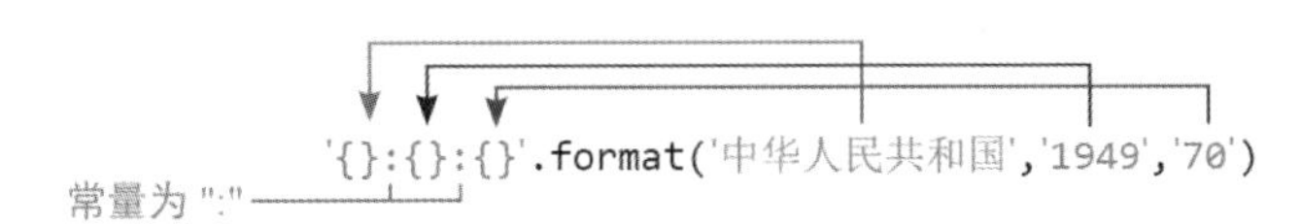

图 6.62　通过常量连接或修饰各个序号索引之间的关系

在 Python 编程中，经常需要对浮点数进行处理，使用字符串的 format()方法，可以非常方便、高效地进行格式化处理。可以提供的格式化参数有“e”“E”“f”“F”“g”“G”“%”等。使用“f”格式化浮点数的方法最常用。使用“f”格式化浮点数时，可以在其前边加上精度，控制输出浮点数的值；可以设置宽度控制数字的占位宽度。如果输出位数大于所设宽度值，就按实际位数输出；如果输出位数小于所设宽度值，则用占位符填充不足部分。也可以为浮点数指定符号，+表示在正数前显示“+”，负数前显示“-”；空格表示在正数前加空格，在负数前加“-”；-与什么都不加（{:f}）时一致。{:f}默认保留 6 位小数，{:.3f}表示浮点数的精度为 3（小数位保留 3 位），{:.f}是错误的，必须在小数点后书写数字。常用示例代码如下：

```
01 print('{:f}'.format(628))                                # 格式化为保留6位小数的浮点数
02 print('{:.2f}'.format(628))                              # 格式化为保留2位小数的浮点数
03 print('{:.5f}'.format(3.14159))                          # 格式化为保留5位小数的浮点数
04 print('{:<8f}'.format(3.1415926535898))                  # 设置宽度为8位
05 print('{:2f}-{:2f}={:2f}'.format(12.2345,10,2.2345))     # 格式化为带符号整数显示数据
```

输出结果为：

```
628.000000
628.00
3.14159
3.141593
12.23-10.00=2.23
```

案例实现

根据虚拟减肥跑步机的开发流程图，编写如下代码：

```
01 import sys
02 import time
03 print ("========虚拟减肥跑步机========")
04 print (30*"#")
05 while True:
06     reduce=input("输入您要减的质量（kg）：")
```

```
07     if not reduce.replace(".","").isdigit():              # reduce去除空格后判断是否为数字
08         print('输入非数字字符，请重新输入！')
09         continue                                          # 跳转到循环语句起始位置，重新循环
10     if float(reduce)<2 or float(reduce)>50:               # 要减质量大于50kg或者小于2kg，非法
11         print('要减质量必须在2～50kg，请重新输入！')
12         continue                                          # 跳转到循环语句起始位置，重新循环
13     reduce=float(reduce)                                  # reduce转换为浮点型数字
14     break
15 while True:
16     age=input("输入您的年龄：")
17     if not age.isdigit():                                 # age不是字符型数字
18         print('输入非法字符，请重新输入！')
19         continue
20     if int(age)<8 or int(age)>100:
21         print('输入年龄必须在8～100岁，请重新输入！')
22         continue
23     age=int(age)                                          # age转换为整型数字
24     break
25 day=reduce/0.15                                           # 计算需要减肥的天数
26 heart=(220-age )*0.65                                     # 计算心率
27 print('减肥{}kg，需要{:.0f}天最佳运动'.format(reduce,day))
28 print('年龄{}岁，适合跑步的心率为{:.0f}'.format(age,heart))
29 weight=input("输入您的体重（kg）：")
30 speed=input("速度（千米/小时）：")
31 times=input("跑步时间（分钟）：")
32 times=int(times)
33 times*=60                                                 # times转换为秒
34 leave=0
35 while leave<times:
36     min, sec=divmod(times-leave,60)                       # 分解剩余时间为分和秒
37     leave_time=str(min)+'分'+str(sec)+'秒'                # 输出的剩余时间
38     dista=leave/3600*speed                                # 计算运动距离
39     calor=weight*30/(400/(speed*1000/60))*leave/60/60     # 计算消耗热量
40     sys.stdout.write('\r')                                # 在首字符输出
41     sys.stdout.write('剩余时间：{} 跑步距离:{:.2f} 千米  消耗热量：{:.2f} 千卡'.format
       (leave_time,dista,calor))
42     sys.stdout.flush                                      # 刷新输出内容
43     time.sleep(1)                                         # 延时1秒
44     leave+=1
```

实战任务

1. 仿一仿，试一试

（1）格式化十进制整数。格式化整型数值可以使用的参数有“d”“n”，两者作用相同。使用 str.format() 方法格式化整数时，被格式化的数值必须是整数，不能是浮点数。常用示例代码如下：

```
01 print('{:}'.format(122))          # 格式参数为空，默认为十进制
02 print('{:d}'.format(122))         # 原来是十进制数，转换后为原值
03 print('{:6d}'.format(122))        # 转换为6位十进制数，空余部分用空格填充
```

```
04 print('{:-6d}'.format(122))            # 转换为6位带符号十进制数，在符号前的空余部分填充空格
05 print('{:=8d}'.format(122))            # 转换为8位十进制数，空余部分填充空格
06 print('{:*<8d}'.format(122))           # 转换为8位十进制数，左对齐，空余部分填充*
07 print('{:#>8d}'.format(122))           # 转换为8位十进制数，右对齐，空余部分填充#
```

（2）格式化字符串。格式化字符串主要包括截取字符串、设置字符串对齐方式、填充字符串等几个方面，示例代码如下：

```
01 print('{:M^20.3}'.format('PYTHON'))         # 截取3个字符，宽度为20，居中显示，不足部分用“M”填充
02 print('{:10}'.format("PYTHON",'10'))        # 默认居左，不足部分用空格填充
03 print('{:.3}'.format('mingrisoft.com'))     # 截取3个字符，默认居左显示
04 print('{:>10}'.format("PYTHON"))            # 居右显示，不足部分用空格填充
05 s='mingrisoft.com'
06 print('{:>20}'.format(s))                   # 右对齐，不足指定宽度部分用0填充
07 print('{:>4}'.format(s))                    # 右对齐，因字符实际宽度大于指定宽度4，不用填充
```

2. 完善程序

在输入体重、速度和跑步时间时，可能会不小心输入字符串，或者输入与实际不符的值，请修改本案例代码，添加对体重、速度和跑步时间的输入进行验证。主要代码如下，请填空：

```
01 while ___________:
02     weight=input("输入您的体重（kg）：")
03     if not weight.replace(".",").isdigit():
04         print('输入非数字字符，请重新输入！')
05         continue
06     if float(weight)<20 or float(weight)>300:
07         print('体重必须在20～300kg，请重新输入！')
08         continue
09     weight=float(weight)
10     break
11 while ___________:
12     speed=input("速度（千米/小时）：")
13     if not speed.replace(".",").isdigit():
14         print('输入非数字字符，请重新输入！')
15         continue
16     if float(speed)<2 or float(speed)>12:
17         print('速度必须在2～12（千米/小时）范围内，请重新输入！')
18         continue
19     speed=float(speed)
20     break
21 while ___________:
22     times=input("跑步时间（分钟）：")
23     if not times.replace(".",").isdigit():
24         print('输入非数字字符，请重新输入！')
25         continue
26     if _______<5  or ___________>120:
27         print('跑步时间必须在5～120分钟范围内，请重新输入！')
28         continue
29     times=int(times)
30     break
```

PART 07

第7章 循环嵌套语句

本章要点

- while循环嵌套语句
- 复杂 while True 循环嵌套语句
- for 循环嵌套语句

■ 在编程任务中，循环语句的嵌套使用是很常见的，循环嵌套语句是指在一个循环语句中又包含另一个循环语句。例如，在for循环中嵌入for循环，在while循环中嵌入while循环，还可以在while循环中嵌入for循环，当然，也可以在for循环中嵌入while循环。

第6章已经对for循环语句和while循环语句进行了详细介绍，那么本章将结合案例来讲解两个或多个循环语句的相互嵌套。

案例 46　动态乘法表——双层 while 循环嵌套语句

案例描述

我国古时的乘法口诀自上而下从“九九八十一”开始，至“一一如一”止，与使用的顺序相反，因此古人用乘法口诀开始的两个字“九九”作为此口诀的名称，又称九九表、九九歌、九因歌、九九乘法表。

编写一个程序，输出动态乘法表，要求可以根据输入的起始值和结束值，输出自起始值开始至结束值为止的乘法表。

知识点讲解

输出九九乘法表，需要使用双层循环语句。在 while 循环中嵌套 while 循环的格式如下：

```
while 条件表达式1:
    while 条件表达式2:
        循环体2
    循环体1
```

在 while 循环中嵌套 for 循环的格式如下：

```
while 条件表达式:
    for 迭代变量 in 对象:
        for循环体
    while循环体
```

除了上面介绍的两种嵌套格式外，还可以实现更多层的嵌套，方法与上述方法类似，此处不再赘述。

动态乘法表程序的开发流程如图 7.1 所示。

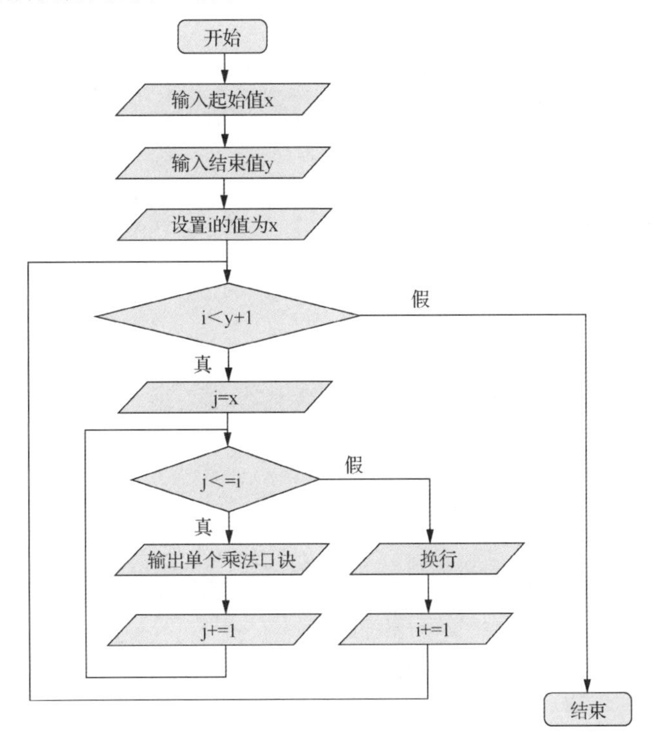

图 7.1　动态乘法表程序的开发流程

案例实现

根据流程图，编写如下代码：

```
01  x=int(input("请输入乘法表起始值:"))
02  y=int(input("请输入乘法表结束值:"))
03  i=x
04  while i<y+1:
05      j=x
06      while j<=i:
07          # 格式化乘数为一位，积为两位
08          print("{:1d}*{:1d}={:2d}".format(j,i,i*j),end=" ")
09          j+=1                        # j递进加1
10      print("")
11      i+=1                            # i递进加1
```

运行程序，输出效果如图 7.2 和图 7.3 所示。

```
请输入乘法表起始值:1
请输入乘法表结束值:4
1*1= 1
2*1= 2 2*2= 4
3*1= 3 3*2= 6 3*3= 9
4*1= 4 4*2= 8 4*3=12 4*4=16
```

图 7.2　输出效果（a）

```
请输入乘法表起始值:3
请输入乘法表结束值:8
3*3= 9
3*4=12 4*4=16
3*5=15 4*5=20 5*5=25
3*6=18 4*6=24 5*6=30 6*6=36
3*7=21 4*7=28 5*7=35 6*7=42 7*7=49
3*8=24 4*8=32 5*8=40 6*8=48 7*8=56 8*8=64
```

图 7.3　输出效果（b）

实战任务

1. 仿一仿，试一试

（1）使用“#”输出长方形，用户可以自定义长度和宽度。示例代码如下：

```
01  height=int(input("Height:"))
02  width=int(input("Width:"))
03  num_height=1
04  while num_height<=height:
05      num_width=1
06      while num_width<=width:
07          print("#", end="")
08          num_width+=1
09      print()
10      num_height+=1
```

（2）计算 1～100 的素数。示例代码如下：

```
01  prime=[]
02  i=0
03  while i<100:
04      i=i+1
05      if i==1:                # 1非素数，排除
06          continue
07      elif i==2:              # 2是素数，添加到列表
08          prime.append(i)
09      else:                   # 查找3～100的素数
```

```
10          print(i)
11          for j in range(2,i):
12              if  i%j==0 and i!=j:
13                  break
14          else :
15              prime.append(i)
16  print(prime)
```

2. 阅读程序写结果

```
01  count=0
02  i=0
03  while i<3:
04      i+=1
05      j=0
06      while j<4:
07          count+=j
08          j+=1
```

运行程序，结果为：

count=___________

3. 完善程序

修改本案例代码，实现如果起始值大于结束值，将两个值进行互换的功能。请根据要求补全下方代码：

```
01  x=int(input("请输入乘法表起始值:"))
02  y=int(input("请输入乘法表结束值:"))
03  if x>y:
04      ___________
05  i=x
06  while i<y+1:
07      j=x
08      while j<=i:
09          print("{:1d}*{:1d}={:2d}".format(i,j,j*i),end=" ")
10          j+=1
11      print("")
12      i+=1
```

案例47 运动计划自动提醒——复杂while True循环嵌套语句

案例讲解

案例描述

生活的方方面面都可以制订计划，例如，你今年计划去参加哪些活动，去哪里旅行，学习哪些技术课程，学习制作哪些美食，去哪里探亲，去和哪些同学聚会……你有给自己制订运动计划吗？良好的运动计划可以让你锻炼起来更轻松、更快乐，更利于长期坚持。有目标才有动力，每周末去爬山一次；每天上下班提前一站下车，快走15分钟；每天午餐、晚餐后运动40分钟。运动无处不在，快快实施你的运动计划吧。

编写一个程序，实现运动计划自动提醒，当用户设定运动计划的日期和时间（需验证日期格式）后，可以倒计时提醒用户。计划时间一到就提醒用户“运动时间已到，该去运动了！”，同时蜂鸣器开启蜂鸣提醒。

知识点讲解

运动计划自动提醒可以使用多个 while True 语句实现。因为输入计划日期和时间可能会出现多种输入非法的情况，所以需要分别使用 while True 语句对输入日期和时间进行验证，最后还需要对由日期和时间组成的计划时间和当前时间进行判断，运动时间不能早于当前时间。验证运动计划时间后，需要判断运动计划时间和当前时间的差值，当差值小于或等于 0 时，提醒用户“运动时间已到，该去运动了！”。

因为本程序流程较复杂，所以可以先设计程序的整体开发流程，然后再将各部分程序分解，对分解的程序分别设计开发流程，这样可以清晰地分析整个程序的流程。本程序的整体开发流程如图 7.4 所示。根据图 7.4 的整体开发流程，设计输入计划日期验证（如图 7.5 所示）、输入计划时间验证（如图 7.6 所示）、运动计划时间验证（如图 7.7 所示）和运动计划倒计时（如图 7.8 所示）的开发流程。

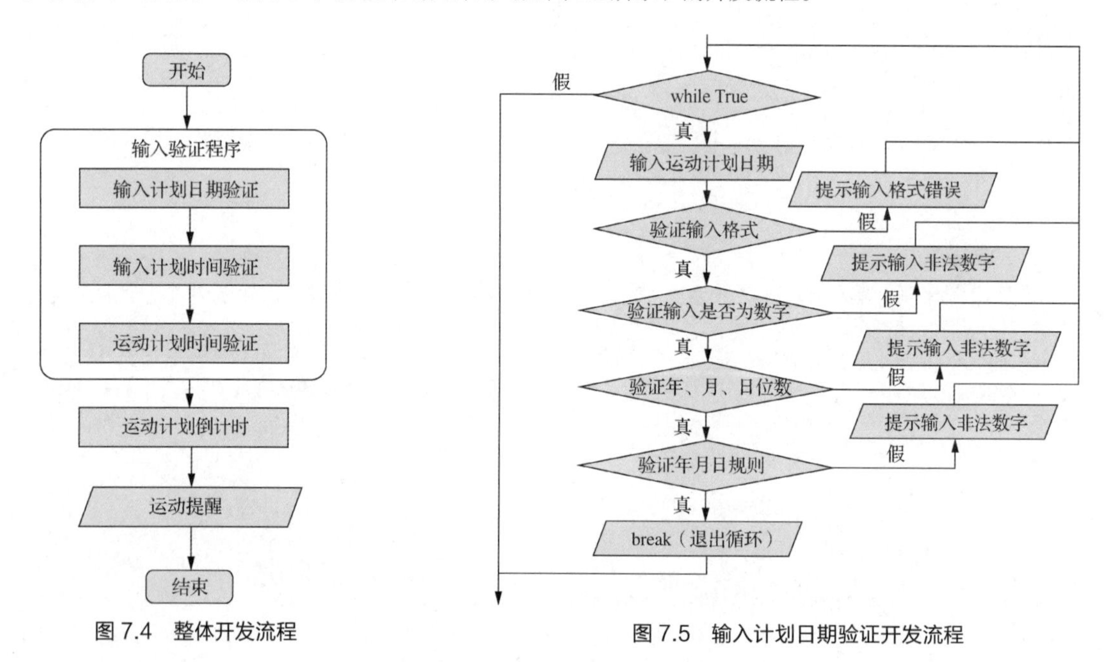

图 7.4　整体开发流程

图 7.5　输入计划日期验证开发流程

图 7.6　输入计划时间验证开发流程

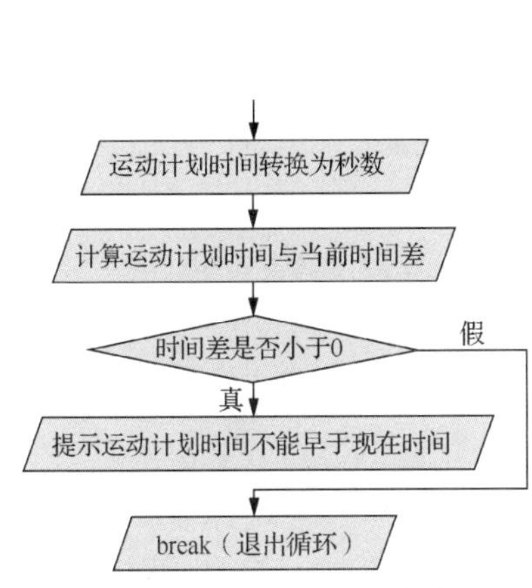

图 7.7　运动计划时间验证开发流程

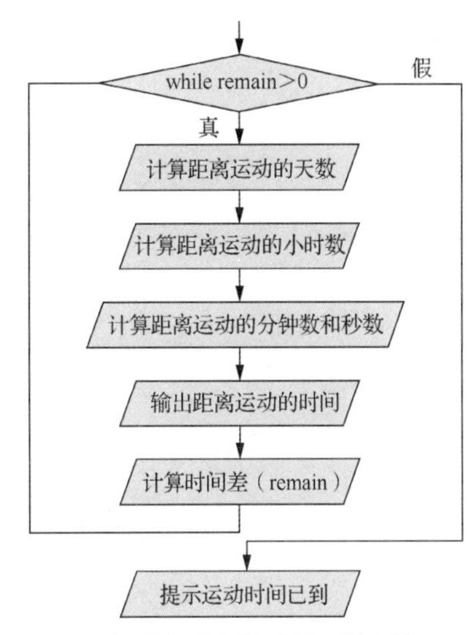

图 7.8　运动计划倒计时开发流程

案例实现

根据运动计划自动提醒程序的开发流程，编写代码如下：

```
01  import time                              # 导入时间模块
02  import winsound                          # 导入声音模块
03
04  while True:
05      while True:
06          days=input("输入运动计划日期（格式：2020:2:20 ）").strip(" ")
07          s_day=days.split(':')            # 分解日期
08          if len(s_day) !=3:               # 判断日期位数
09              print("日期格式错误，请按照日期格式重新输入！")
10              continue                     # 终止本次循环，进入下一次循环
11          elif not s_day[0].isdigit() or not s_day[1].isdigit() or not s_day[2].isdigit():
12              print("输入非法日期，请按照日期格式重新输入！")
13              continue                     # 终止本次循环，进入下一次循环
14          elif len(s_day[0]) !=4 or len(s_day[1])>2 or len(s_day[2])>2:
15              print("日期位数不对，请重新输入！")
16              continue                     # 终止本次循环，进入下一次循环
17          try:
18              time.strptime(days, "%Y:%m:%d")    # 将输入的日期字符串转换为日期格式
19          except ValueError:
20              print("日期设置超出允许范围，请重新输入！")
21              continue
22          break   # 跳出循环
23      while True:
24          times=input("输入运动计划时间（格式：15:30 ）").strip(" ")
25          s_time=times.split(':')          # 分隔输入的时间
26          if len(s_time) !=2:              # 如果分隔的时间列表长度不等于2
27              print("时间格式错误，请按照时间格式重新输入！")
28              continue
```

```
29              elif not s_time[0].isdigit() or not s_time[1].isdigit():
30                  print("输入非法时间，请按照时间格式重新输入！")
31                  continue
32              elif len(s_time[0])>2 or len(s_time[1])>2:    # 判断时间位数
33
34                  print("时间位数不对，请重新输入！")
35                  continue
36              try:
37                  time.strptime(times, "%H:%M")          # 将输入的时间字符串转换为时间格式
38              except ValueError:
39                  print("时间设置超出允许范围，请重新输入！")
40                  continue
41              break
42          m_time=(int(s_day[0]), int(s_day[1]), int(s_day[2]), int(s_time[0]), int(s_time[1]), 0, 0, 0, 0)
43          u_time=time.mktime(m_time)                      # 将时间转换为秒数
44          remain=u_time-time.time()                       # 判断运动计划时间与当前时间的差（秒）
45          if remain<0:                                    # 时间差小于0，即设置的运动时间早于当前时间
46              print("运动计划时间不能早于现在的时间：")
47              continue
48          else:
49              break
50      print("\n")
51      print("运动提醒时间：", days, times)
52
53      print("运动提醒".center(20))
54      while remain>0:                                     # 运动倒计时
55          p_day, sec=divmod(remain, 3600*24)              # 分解时间差为天和秒
56          p_hour, sec=divmod(sec, 3600)                   # 分解剩下的秒为小时和秒
57          p_min, sec=divmod(sec, 60)                      # 分解剩下的秒为分钟和秒
58          sys.stdout.write("\r")                          # 在行首显示
59          sys.stdout.write('距离运动还有：{:.0f}天{:.0f}小时{:.0f}分{:.0f}秒'.format(p_day,
p_hour, p_min, sec))                                        # 动态输出当前时间
60          sys.stdout.flush()                              # 刷新输出
61          remain=u_time-time.time()                       # 计算当前时间差
62          time.sleep(1)
63      print("\n运动时间已到，该去运动了！".center(20))
64      winsound.Beep(800, 1200)                    # 发出蜂鸣声，声音的频率是800Hz，持续时长是1200ms（1.2s）
```

运行程序，输入运动计划日期和时间，运动倒计时提醒程序的运行效果如图 7.9 所示。当运动计划时间到，程序会提示用户该运动了，如图 7.10 所示。当用户输入非法的日期和时间时，程序会提示用户日期或时间输入错误，并要求用户重新输入，如图 7.11 所示。

```
输入运动计划日期（格式：2020:2:20 ）2020:8:20
输入运动计划时间（格式：15:30 ）8:20


运动提醒时间： 2020:8:20 8:20
          运动提醒
距离运动还有:3天11小时26分50秒
```

图 7.9　设置提醒

```
输入运动计划日期（格式：2020:2:20 ）2020:8:20
输入运动计划时间（格式：15:30 ）8:20

运动提醒时间： 2020:8:20 8:20
          运动提醒

运动时间已到，该去运动了！
```

图 7.10　到时间自动提醒

```
输入运动计划日期（格式：2020:2:20 ）29:2:26 ———— 需要4位
日期位数不对，请重新输入！
输入运动计划日期（格式：2020:2:20 ）2020:2:2m ———— 不能输入字母
输入非法日期，请按照日期格式重新输入！

输入运动计划时间（格式：15:30 ）12:1d ———— 不能输入字母
输入非法时间，请按照时间格式，重新输入！
输入运动计划时间（格式：15:30 ）12 ———— 时间不完整
时间格式错误，请按照时间格式重新输入！
```

图 7.11　输入不符合要求的日期和时间提醒

实战任务

1. 仿一仿，试一试

（1）韩信点兵。韩信带领 1500 名士兵打仗，战死四五百人。剩余的士兵排成方阵，3 人站一排，多出 2 人；5 人站一排，多出 4 人；7 人站一排，多出 3 人。韩信很快说出剩余的士兵人数。计算剩余士兵人数的示例代码如下：

```
01 for i in range(1000,1100):
02     if i%3==2 and i%5==4 and i%7==3:
03         print("韩信说出的总人数是",i,"人")
```

（2）《孙子算经》中记载“今有雉兔同笼，上有三十五头，下有九十四足，问雉兔各几何？”。设鸡有 x 只，兔有 y 只，求解的示例代码如下：

```
01 heads=35
02 feet=94
03 for x in range(1,heads):
04     y=heads-x
05     if 2*x+4*y==feet:
06         print("鸡有"+str(x)+"只","兔有"+str(y)+"只")
```

2. 完善程序

本案例代码的用户输入验证部分，其实可以直接使用遇错处理程序简化验证过程。修改本案例代码的循环语句 while True（用其他 while 循环替换 while True），实现用户输入日期和时间信息的简化验证，请补全下面代码：

```
01 import sys                                   # 导入系统模块
02 import time                                  # 导入时间模块
03 import winsound                              # 导入声音模块
04 while ________:
05     while ________:
06         days=input("输入运动计划日期（格式：2020:2:20 ）").strip(" ")
07         s_day=days.split(':')                # 分解日期
08         try:
09             time.strptime(days, "%Y:%m:%d")  # 将输入的日期字符串转换为日期格式
10         except ValueError:
11             print ("日期设置超出允许范围，请重新输入！")
12             continue
13         break                                # 跳出循环
14     while ________:
15         times=input("输入运动计划时间（格式：15:30 ）").strip(" ")
16         s_time=times.split(':')              # 分隔输入的时间
```

```
17          try:
18              time.strptime(times, "%H:%M")        # 将输入的时间字符串转换为时间格式
19          except ValueError:
20              print ("时间设置超出允许范围，请重新输入！")
21              continue
22          break
```

案例 48　有多少个“1”——双层 for 循环嵌套语句

案例描述

案例讲解

编写一个程序，判断 1000 以内的整数，即 1、2、3、…、1000 中，数字“1”共出现了多少次。如“811”中数字“1”出现了两次。

知识点讲解

判断 1～1000 中有多少个“1”有多种解决方法。使用 for 循环嵌套语句是比较容易理解的方法。首先在 1～1000 中按数字循环，然后每个数字按位判断是否为“1”。在判断每位数时，注意此时获得的是数字为数字类型整数（数字类型整数非可迭代对象），不能使用 for 循环直接读取数字，需要使用 str()函数将其转换为字符型整数才可以循环读取，设计开发流程如图 7.12 所示。

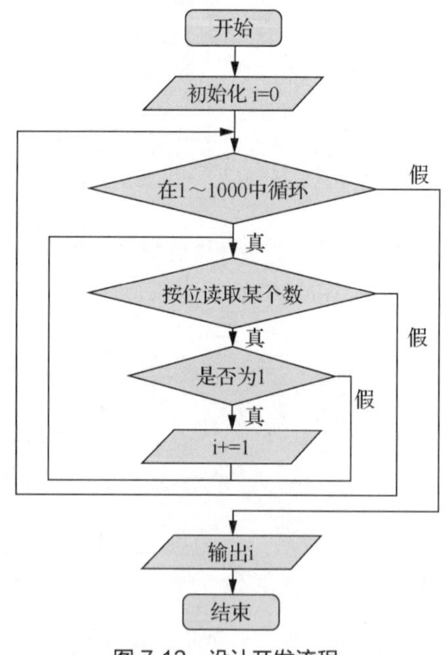

图 7.12　设计开发流程

案例实现

根据开发流程图，编写如下代码：

```
01  i=0                                    # 初始化统计变量i，用于记录1的个数
02  for item in range(1001):               # 循环1000次
03      for it in str(item):               # 循环读取数字的各位
```

```
04          if it=="1":                      # 如果该位数字为1
05              i+=1                         # 统计变量加1
06  print(i)                                 # 输出1的出现次数
```

运行程序，输出结果为 301，也就是说有 301 个 1。

实战任务

1. 仿一仿，试一试

（1）用 while 和 for 循环的嵌套判断 1000 以内的整数中数字“3”出现的总次数。示例代码如下：

```
01  i=0                                      # 初始化统计变量i，用于记录3的个数
02  j=0                                      # 初始化循环变量j，用于记录循环次数
03  while j<=1000:                           # 循环次数小于等于1000
04      for it in str(j):                    # 按位遍历数字
05          if it=="3":                      # 该位数字等于3
06              i+=1                         # 统计变量加1
07      j=j+1                                # 循环变量加1
08  print(i)
```

（2）用 while 循环嵌套判断在 1000 以内的整数中数字“9”出现的总次数。示例代码如下：

```
01  i=0                                      # 初始化统计变量i，用于记录9的个数
02  j=0                                      # 初始化循环变量j
03  while j<=1000:                           # 当j小于或等于1000，进行循环
04      j=str(j)                             # 把j转换为字符型，以便采用切片操作
05      m=0                                  # 记录某位数的内部索引
06      while m<len(j):                      # 索引值小于数字长度
07          if j[m]=="9":                    # 该索引位置的数字等于9
08              i+=1                         # 统计变量加1
09          m+=1                             # 索引值加1
10      j=int(j)+1                           # 数字递进
11  print(i)
```

2. 阅读程序写结果

```
01  num=int(input("请输入数字:"))
02  for item in range(20):
03      for it in str(item):
04          if it!="1":
05              num+=1
06  print(num)
```

输入：6

输出：____________

3. 完善程序

修改本案例代码，实现允许用户输入最大范围整数 count 和需要查找的数字 x（0～9），并计算输出 0～count 中 x 的个数（一个数可能包含多个 x，如 2xx 包含 2 个 x，56x 包含 1 个 x，xxx 包含 3 个 x）。请补全下面代码：

```
01  count=int(input("请输入最大范围:"))
02  x=input("请输入判断的数字:")
03  i=0
04  for item in range(____________):
05      for it in str(____________):
```

```
06          if it==x:
07              i+=1
08  print(i)
```

4. 手下留神

数字是不可迭代对象，不能对数字按位进行遍历，否则会弹出图 7.13 所示的错误提示。字符串是可迭代对象，如果要对数字进行按位遍历，需要将数字转换为字符串，如图 7.14 所示。

```
    for it in item:
TypeError: 'int' object is not iterable
```

图 7.13　错误提示

```
for item in range(1001):
    for it in item:
        if it=="1":
```

```
for item in range(1001):
    for it in str(item):
        if it=="1":
```

图 7.14　数字转换为字符串的输出效果

案例 49　统一社会信用代码——4 层 for 循环嵌套语句（1）

案例描述

自 2015 年 10 月 1 日起，我国将营业执照、组织机构代码证和税务登记证三证合一。将营业执照 15 位注册号调整为 18 位的法人和其他组织统一社会信用代码。统一社会信用代码用 18 位阿拉伯数字或大写英文字母表示，分别是 1 位登记管理部门代码、1 位机构类别代码、6 位登记管理机关行政区划码、9 位主体标识码、1 位校验码。今后，我国将以统一社会信用代码和相关基本信息作为法人和其他组织的“数字身份证”，成为管理和经营过程中识别法人和其他组织身份的手段。

请编写一个程序，根据统一社会信用代码，分别输出登记管理部门、机构类别和登记管理机关行政区域。例如，911101087975******的统一社会信用代码，从左往右，9 代表工商、1 代表企业、11 代表北京、01 代表北京市区、08 代表海淀区。

知识点讲解

法人和其他组织统一社会信用代码共 18 位，如图 7.15 所示。根据前两位信息可以判断登记管理部门和机构类别，如图 7.16 所示。根据第 3～8 位可以判断登记管理机关所属省（直辖市）、城市和区县。图 7.17 所示为北京市区域编码对应的区县。

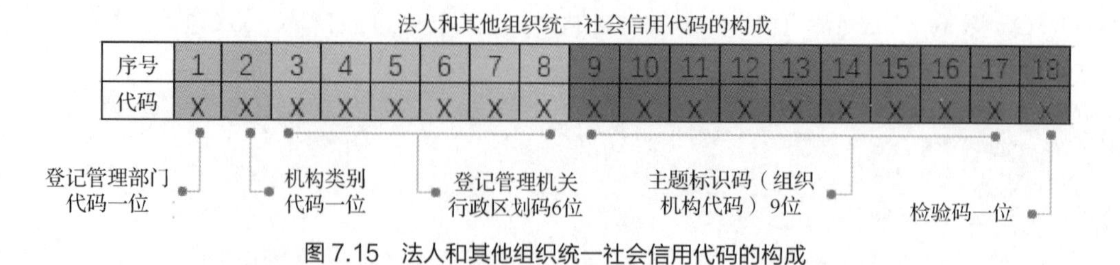

图 7.15　法人和其他组织统一社会信用代码的构成

统一社会信用代码前两位编码含义

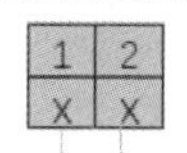

第1位代码		第2位代码	
登记管理部门	代码	机构类别	代码
机构编制	1	机关	1
		事业单位	2
		中编办直接管理机构编制的群众团体	3
		其他	9
民政	5	社会团体	1
		民办非企业单位	2
		基金会	3
		其他	9
工商	9	企业	1
		个体工商户	2
		农民专业合作社	3
		其他	9

图 7.16　前两位代码的含义

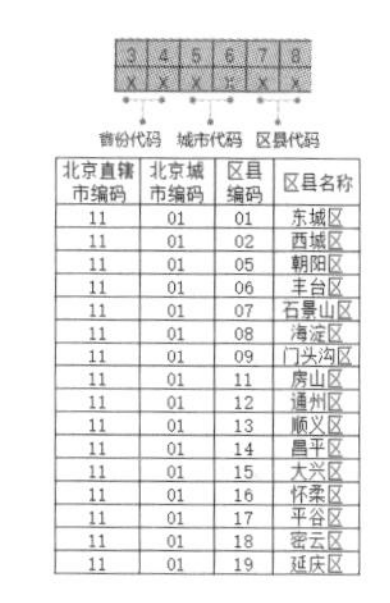

北京直辖市编码	北京城市编码	区县编码	区县名称
11	01	01	东城区
11	01	02	西城区
11	01	05	朝阳区
11	01	06	丰台区
11	01	07	石景山区
11	01	08	海淀区
11	01	09	门头沟区
11	01	11	房山区
11	01	12	通州区
11	01	13	顺义区
11	01	14	昌平区
11	01	15	大兴区
11	01	16	怀柔区
11	01	17	平谷区
11	01	18	密云区
11	01	19	延庆区

图 7.17　北京市 3～8 位区域代码含义

要从统一社会信用代码中将登记管理部门、机构类别、登记管理机关行政区域分别输出，可以使用 for 循环嵌套分别对相关类别进行判断。如果循环嵌套得较多，可以把程序按主业务流程和分业务流程功能分别设计业务流程图，如本程序将业务流程分成主业务流程、判断登记管理机关行政区划、判断登记管理部门和机构类别 3 个分业务流程分别设计流程图。主业务流程如图 7.18 所示，黄色框部分为分业务流程功能，其详细业务流程通过分业务流程图进行介绍。判断登记管理机关行政区划使用的是 3 层 for 循环嵌套，业务流程如图 7.19 所示。判断登记管理部门和机构类别使用的是双层 for 循环嵌套，开发流程如图 7.20 所示。

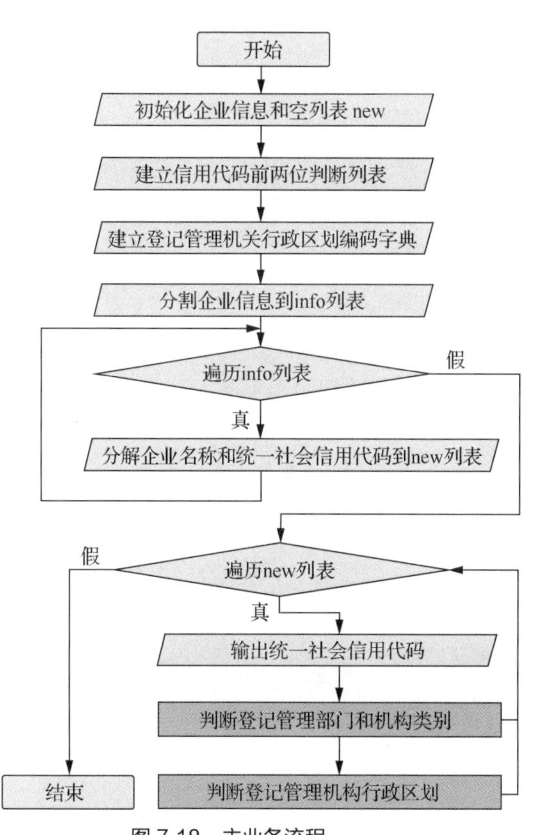

图 7.18　主业务流程

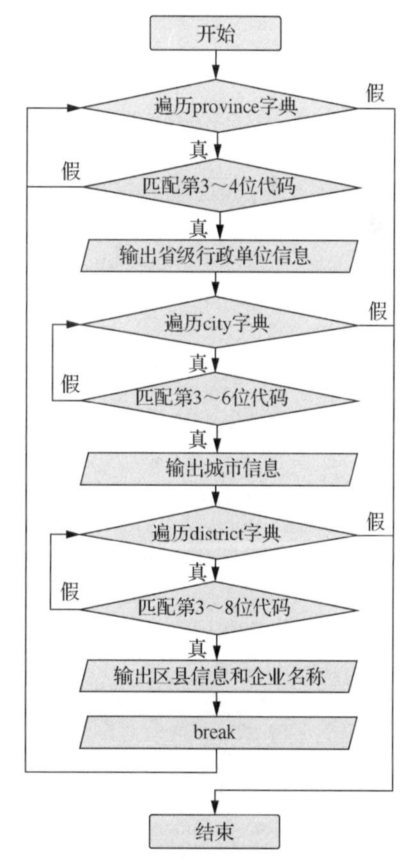

图 7.19　判断登记管理机关行政区划业务流程

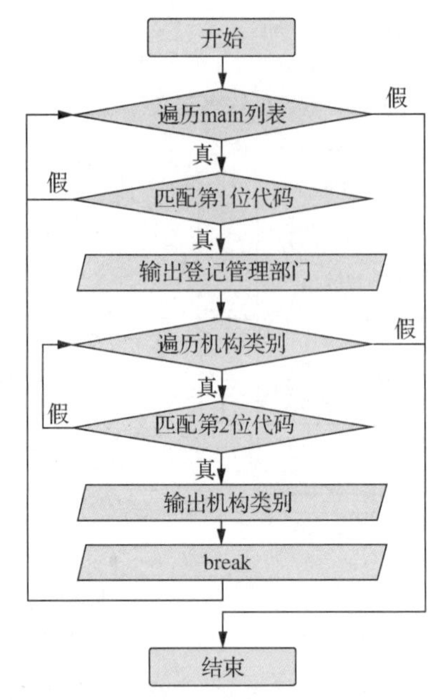

图 7.20 判断登记管理部门和机构类别的业务流程

案例实现

根据主业务流程图和分业务流程图，编写如下代码：

```
01 pro='''普源（北京）科技有限公司:911101087975******
02 初新网络（北京）科技有限公司:91110106MA019******
03 巴别（北京）文化传媒有限公司:91110106MA008******
04 东达（北京）文化传媒有限公司:9111010568921******
05 星方（北京）文化传媒有限公司:9111010807659******
06 玉东（北京）文化传媒有限公司:9111010755682******
07 方众（北京）文化传媒有限公司:9111011455309******
08 北京兴味餐饮中心:9111011509456******
09 北京普森文化传媒有限公司:9111011206964******
10 北京伍活科技有限公司:91110113MA01Q******
11 新果（北京）商贸有限公司:91110101MA01E******
12 米布科技（北京）有限公司:91110109MA01B******'''
13 main=[[1,'机构编制',[1,'机关',2,'事业单位',3,'群众团体',9,'其他']],[3,'司法行政',[1,'律师执业
   机构',2,'公证处',3,'法律服务所',4,'司法鉴定机构',5,'仲裁委员会',9,'其他']],[9,'工商',[1,'企业',2,
   '个体工商户',3,'农民专业合作社']]]
14 province={11:'北京市',12:'天津市',31:'上海市',13:'河北省',14:'山西省',32:'江苏省',33:'浙江省'}
15 city={1101:"北京",1201:"天津",3101:"上海"}
16 district={110101:'东城',110102:'西城',110105:'朝阳',110106:'丰台',110107:'石景山',110108:
   '海淀',110109:'门头沟',110112:'通州',110113:'顺义',110114:'昌平',110115:'大兴'}
17 new=[]                          # 创建空列表，用于保存企业名称和统一社会信用代码
18 info=pro.split('\n')            # 分隔企业信息字符串到列表info
19 for item in info:               # 遍历列表info
20     lin=item.split(':')         # 对每条企业信息进行分隔
21     new.append([lin[1],lin[0]]) # 保存企业名称和统一社会信用代码到new列表
22 for item in new:                # 遍历new列表
```

```
23      print(item[0])
24      for each in main:                              # 遍历列表main，对统一社会信用代码前两位进行判断
25          if item[0][0]==str(each[0]):               # 如果匹配到第1位信用代码
26              print(each[1],end='>>')                # 输出登记管理部门
27              for i in range(len(each[2])):          # 遍历机构类别信息
28                  if str(each[2][i])==item[0][1]:    # 匹配到机构类别代码
29                      print(each[2][i+1],end='>>')   # 输出机构类别信息
30                      break
31      for key,value in province.items() :            # 遍历省级行政单位信息
32          if item[0][2:4]==str(key):                 # 如果匹配到省级行政单位代码
33              print(value,end='>>')                  # 输出省级行政单位信息
34              for h,i in city.items() :              # 遍历城市信息
35                  if item[0][2:6]==str(h):           # 如果匹配到城市代码
36                      print(i,end='>>')              # 输出城市信息
37                      for m,n in district.items() :  # 遍历区县信息
38                          if item[0][2:8]==str(m):   # 如果匹配到区县代码
39                              print(n,end='>>')      # 输出区县信息
40                              print(item[1])         # 输出企业名称
41                              break                  # 退出循环
```

企业与统一社会信用代码如图 7.21 所示，运行程序，输出效果如图 7.22 所示。

```
普源（北京）科技有限公司:911101087975******
初新网络（北京）科技有限公司:91110106MA019******
巴别（北京）文化传媒有限公司:91110106MA008******
东达（北京）文化传媒有限公司:9111010568921******
星方（北京）文化传媒有限公司:9111010807659******
玉东（北京）文化传媒有限公司:9111010755682******
方众（北京）文化传媒有限公司:9111011455309******
北京兴味餐饮中心:9111011509456******
北京普森文化传媒有限公司:9111011206964******
北京伍活科技有限公司:91110113MA01Q******
新果（北京）商贸有限公司:91110101MA01E******
米布科技（北京）有限公司:91110109MA01B******
```

图 7.21　企业与统一社会信用代码

```
911101087975******
工商>>企业>>北京市>>北京>>海淀>>普源（北京）科技有限公司
91110106MA019******
工商>>企业>>北京市>>北京>>丰台>>初新网络（北京）科技有限公司
91110106MA008******
工商>>企业>>北京市>>北京>>丰台>>巴别（北京）文化传媒有限公司
9111010568921******
工商>>企业>>北京市>>北京>>朝阳>>东达（北京）文化传媒有限公司
9111010807659******
工商>>企业>>北京市>>北京>>海淀>>星方（北京）文化传媒有限公司
9111010755682******
工商>>企业>>北京市>>北京>>石景山>>玉东（北京）文化传媒有限公司
9111011455309******
工商>>企业>>北京市>>北京>>昌平>>方众（北京）文化传媒有限公司
9111011509456******
工商>>企业>>北京市>>北京>>大兴>>北京兴味餐饮中心
9111011206964******
工商>>企业>>北京市>>北京>>通州>>北京普森文化传媒有限公司
91110113MA01Q******
工商>>企业>>北京市>>北京>>顺义>>北京伍活科技有限公司
91110101MA01E******
工商>>企业>>北京市>>北京>>东城>>新果（北京）商贸有限公司
91110109MA01B******
工商>>企业>>北京市>>北京>>门头沟>>米布科技（北京）有限公司
```

图 7.22　输出效果

实战任务

1. 仿一仿，试一试

（1）输入身份证号，输出对应省级行政单位。示例代码如下：

```
01  dic={'11':'北京市','12':'天津市','13':'河北省','14':'山西省','15':'内蒙古自治区','21':'辽宁省','22':
'吉林省','23':'黑龙江省','31':'上海市',  '32':'江苏省','33':'浙江省','34':'安徽省','35':'福建省','36':
'江西省','37':'山东省','41':'河南省','42':'湖北省','43':'湖南省','44':'广东省','45':'广西壮族自治区','46':
'海南省','50':'重庆市','51':'四川省','52':'贵州省','53':'云南省','54':'西藏自治区','61':'陕西省','62':
'甘肃省','63':'青海省','64':'宁夏回族自治区','65':'新疆维吾尔自治区','71':'台湾地区','81':'香港','82':'澳门'}
02  def idget(str):
03      newstr=''
04      if dic.get(str):
```

```
05              newstr=dic[str]
06          return newstr
07  instr=input('请输入您的身份证号:\n')
08  if instr[:16].isdigit()and len(instr)==18:
09          print('你来自:',idget(instr[0:2]))
10          print('生日:'+instr[6:10]+'年'+instr [10:12]+'月'+instr[12:14]+'日')
11          gender='女' if int(instr[16])%2==0 else '男'
12          print('你的性别是:'+gender )
```

（2）输入要生成的福彩 3D 彩票组数，随机批量生成福彩 3D 彩票号码。示例代码如下：

```
01  import random
02  print("3D彩票号码: ")
03  for i in range(3):
04          num=random.randint(0, 9)
05          print(" ", num, end=" ")
06  print()
```

2. 完善程序

修改本案例代码，实现先按统一社会信用代码排序，再按图 7.23 所示效果输出企业信息。

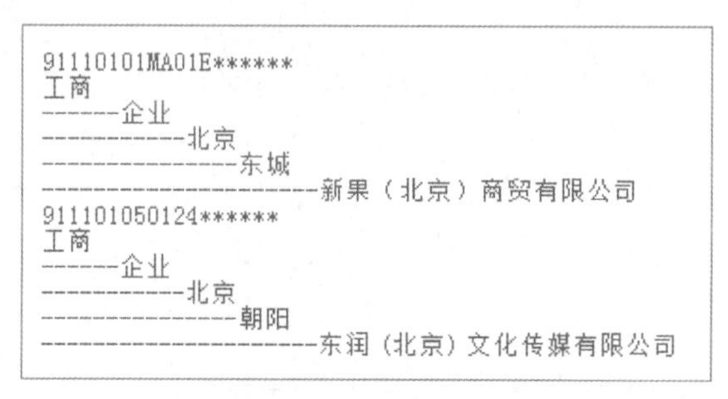

图 7.23　修改后的输出效果

请根据要求补全下面代码：

```
01  pro='''普源（北京）科技有限公司:911101087975******
02  初新网络（北京）科技有限公司:91110106MA019******
03  巴别（北京）文化传媒有限公司:91110106MA008******
04  东达（北京）文化传媒有限公司:9111010568921******
05  星方（北京）文化传媒有限公司:9111010807659******
06  玉东（北京）文化传媒有限公司:9111010755682******
07  方众（北京）文化传媒有限公司:9111011455309******
08  北京兴味餐饮中心:9111011509456******
09  北京普森文化传媒有限公司:9111011206964******
10  北京伍活科技有限公司:91110113MA01Q******
11  新果（北京）商贸有限公司:91110101MA01E******
12  米布科技（北京）有限公司:91110109MA01B******'''
13  main=[[1,'机构编制',[1,'机关',2,'事业单位',3,'群众团体',9,'其他']],[3,'司法行政',[1,'律师执业
机构',2,'公证处',3,'法律服务所',4,'司法鉴定机构',5,'仲裁委员会',9,'其他']],[9,'工商',[1,'企业',2,
'个体工商户',3,'农民专业合作社']]]
14  province={11:'北京',12:'天津市',31:'上海市',13:'河北省',14:'山西省',32:'江苏省',33:'浙江省'}
15  city={1101:" 北京",1201:" 天津",3101:" 上海"}
16  district={110101:'东城',110102:'西城',110105:'朝阳',110106:'丰台',110107:'石景山',110108:
'海淀',110109:'门头沟',110112:'通州',110113:'顺义',110114:'昌平',110115:'大兴区'}
```

```
17  new=[]                                              # 创建空列表，用于保存企业名称和信用代码
18  info=pro.split('\n')                                # 分隔企业信息字符串到列表info
19  for item in info:
20      lin=item.split(':')                             # 对每条企业信息进行分隔
21      new.append([lin[1],lin[0]])                     # 保存企业名称和信用代码到new列表
22  new.sort(key=lambda new:________________)           # 按企业社会信用代码排序
23  for item in new:                                    # 遍历new列表
24      print(item[0])
25      for each in main:                               # 遍历列表main,对前两位信用代码进行判断
26          if item[0][0]==str(each[0]):                # 如果匹配到第一位信用代码
27              print(each[1], ________________)        # 输出登记管理部门
28              for i in range(len(each[2])):           # 遍历机构类别信息
29                  if str(each[2][i])==item[0][1]:     # 匹配到机构类别代码
30                      print(each[2][i+1], ______________)# 输出机构类别信息
31                      break
32      for key,value in province.items() :             # 遍历省份信息
33          if item[0][2:4]==str(key):                  # 如果匹配到省份代码
34              print(value, ____________)              # 输出省份信息
35              for ____________in city.items() :       # 遍历城市信息
36                  if item[0][2:6]==str(h):            # 如果匹配到城市代码
37                      print(i, ________________)      # 输出城市信息
38                      for ____________ in district.items() :       # 遍历区县信息
39                          if item[0][2:8]==str(m):                 # 如果匹配到区县代码
40                              print(n,end=________________)        # 输出区县信息
41                              print(item[1])                       # 输出企业名称
42                              break
```

案例 50　运动竞赛——4 层 for 循环嵌套语句（2）

案例描述

案例讲解

某单位为活跃公司氛围，举行春季运动竞赛。各分公司按红队、蓝队、绿队和黄队参赛，每队派出 8 名选手，每个队为运动员建立 4 位编号，如 1001、2003 等，红队、蓝队、绿队和黄队队员编号分别以数字 1、2、3、4 开头。竞赛分为“射箭”“飞镖”“花式投篮”“保龄球”“乒乓接力”“跳绳”共 6 个项目，每个项目前 4 名被记入成绩并获得积分，积分分别为 8 分、5 分、3 分和 1 分。每个项目的前 4 名都以参赛人员的编号发布，最后竞赛成绩如图 7.24 所示。

编写一个程序，根据最后运动竞赛成绩，计算各队获得的总积分，并按降序发布各队运动竞赛成绩，程序运行效果如图 7.25 所示。

各项运动竞赛成绩排名

排　名	1	2	3	4
射　　箭:	3005	2002	4003	1008
飞　　镖:	1002	4006	2003	3004
花式投篮:	3001	2006	1007	4001
保 龄 球:	2004	4007	1003	3002
乒乓接力:	4006	1002	2001	3003
跳　绳 :	4008	3006	2005	1001

图 7.24　运动成绩排名

```
运动竞赛成绩发布
  NO.1 黄队 30
  NO.2 蓝队 27
  NO.3 绿队 24
  NO.4 红队 21
```

图 7.25　运行效果

知识点讲解

实现本案例的关键问题在于如何在各个项目的成绩中对各队队员的成绩进行统计。每项成绩可以使用列表保存，列表序号对应运动成绩排名。所有项目的成绩使用字典保存，项目名称作为字典的键，相应的成绩（列表）作为值，字典中键值与成绩、参赛队的关系如图 7.26 所示。

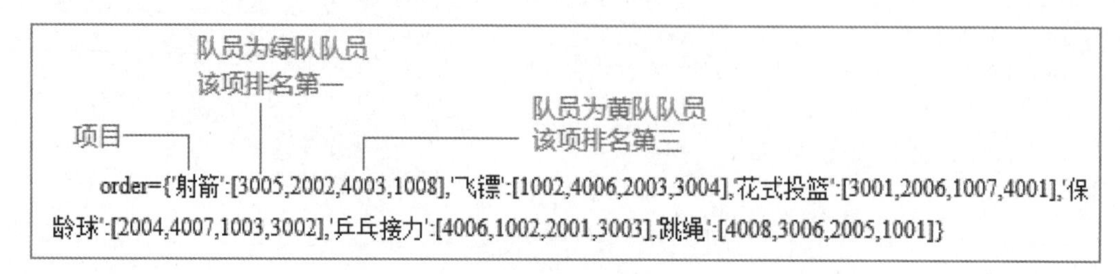

图 7.26　成绩字典对应关系

参赛队伍也使用字典来保存信息，队伍名称作为键，队员列表作为值。根据各项目成绩进行遍历，在参赛队队员中进行匹配，然后根据 count 列表中排名的分数，统计各队的积分。根据以上分析，需要建立 4 层 for 循环才能实现对各队积分的统计，主业务流程、积分统计业务流程如图 7.27 和图 7.28 所示。

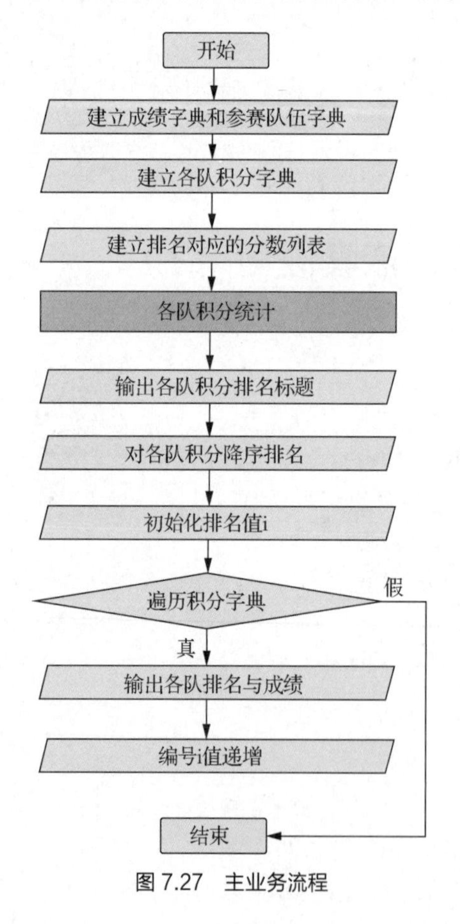

图 7.27　主业务流程

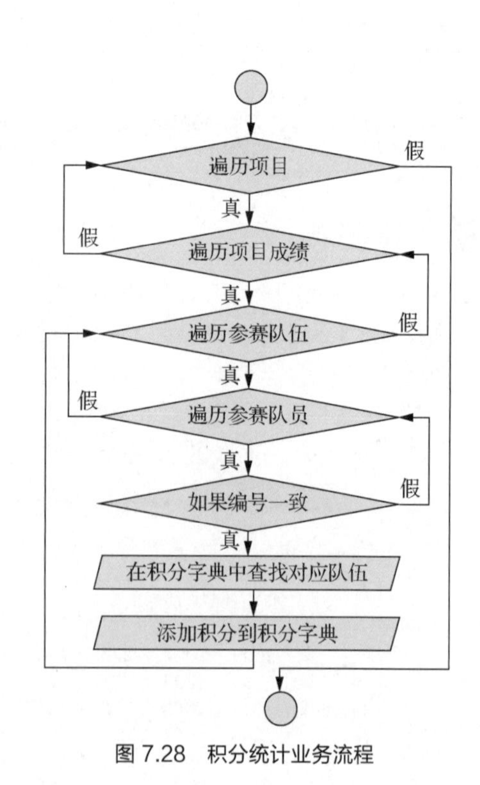

图 7.28　积分统计业务流程

案例实现

根据主业务流程图和积分统计业务流程图，编写如下代码：

```
01  team={'红队':[1001,1002,1003,1004,1005,1006,1007,1008],
02  '蓝队':[2001,2002,2003,2004,2005,2006,2007,2008],
03  '绿队':[3001,3002,3003,3004,3005,3006,3007,3008],
04  '黄队':[4001,4002,4003,4004,4005,4006,4007,4008]}
05  order={'射箭':[3005,2002,4003,1008],'飞镖':[1002,4006,2003,3004],'花式投篮':
[3001,2006,1007,4001],'保龄球':[2004,4007,1003,3002],'乒乓接力':[4006,1002,2001,3003],
'跳绳':[4008,3006,2005,1001]}
06  sum_team={'红队':0,'蓝队':0,'绿队':0,'黄队':0}          # 各队积分字典，初始值都为0
07  count=[8,5,3,1]                                         # 成绩第1、2、3、4名各得8、5、3、1分
08  for key,value in order.items():                         # 在各项运动竞赛成绩中遍历
09      for i in range(len(value)):                         # 对各项成绩进行遍历
10          for skey,svalue in team.items():                # 对各队进行遍历
11              for each in svalue:                         # 对队内的队员进行遍历
12                  if each==value[i]:                      # 如果队内队员编号匹配上成绩中的队员编号
13                      many=sum_team.get(skey)             # 在积分字典检索相应队伍
14                      sum_team[skey]=many+count[i]        # 添加积分到积分字典对应的队伍
15  print('运动竞赛成绩发布\n')
16  i=0
17  sort_team=sorted(sum_team.items(),key=lambda x:x[1], reverse=True) # 对各队成绩排名
18  for item in sort_team:                                  # 遍历积分字典，输出各队积分
19      i+=1
20      print(' No.'+str(i),item[0],item[1])
```

实战任务

1. 仿一仿，试一试

（1）修改本案例代码，按字典的值进行降序排列（用字典的 get()方法）。示例代码如下：

```
01  sort_team=sorted(sum_team,key=sum_team.get, reverse=True)
02  print(sort_team)
03  for item in sort_team:
04      i+=1
05      print(' NO'+str(i),item,sum_team.get(item))
```

（2）实现四进制递增计数，从 0000～3333，循环到 2222 退出。示例代码如下：

```
01  for i in range(4):
02      for j in range(4):
03          for m in range(4):
04              for n in range(4):
05                  print(i, j, m, n)
06                  if i==j==m==n==2:
07                      print('break')
08                      break
09              else:
10                  continue
11              break
12          else:
```

```
13                 continue
14             break
15         else:
16             continue
17         break
```

2. 阅读程序写结果

```
01 for i in range(4):
02     for j in range(4):
03         for k in range(4):
04             print(i, j, k)
05         else:
06             continue
07         break
08     else:
09         continue
10     break
```

运行程序，输出：__________

3. 完善程序

修改本案例代码，将竞赛排名用中文第一名、第二名的样式输出，如图 7.29 所示。

```
运动竞赛成绩发布

第一名 黄队 30
第二名 蓝队 27
第三名 绿队 24
第四名 红队 21
```

图 7.29　修改后的程序输出效果

请根据要求补全下面代码：

```
01 sort_team=sorted(sum_team.items(),key=lambda x:x[1], reverse=True)
02 upp=[___,___,___,___]
03 for item in sort_team:
04     print('第'+_______+'名',item[0],item[1])
05     i+=1
```

PART 08

第8章 文件与系统

本章要点

- 打开和读取文件
- 文件操作的常用方法
- 写入内容到指定文件
- 使用 with 语句处理文件
- 规避文件读取中的陷阱
- os 模块及其子模块 os.path
- 常用目录操作
- 文件高级操作
- 遍历目录与删除目录

■ 数据在变量、序列和对象中的存储是暂时的，程序结束后就会丢失。为了能够长时间地保存程序中的数据，需要将其保存到磁盘文件中。Python提供了内置的文件对象和对文件、目录进行操作的内置模块。通过这些技术可以很方便地将数据保存到文件（如文本文件等）中，以达到长时间保存数据的目的。本章将结合案例详细介绍在Python中进行文件和目录相关操作的方法。

案例 51 IMDb——打开和读取文件

案例讲解

案例描述

互联网电影资料库（Internet Movie Database，IMDb）是一个关于电影演员、电影、电视节目、电视明星和电影制作的在线数据库。IMDb 的资料中包括了影片的众多信息，包括演员、片长、内容介绍、分级、评论等。电影的评分目前使用较多的就是 IMDb 评分。250 佳片是 IMDb 很受欢迎的特色，里面列出了注册用户投票选出的十分推荐的 250 部电影。

请编写一个程序，读取 IMDb250.txt 文件，输出 250 部电影的评分信息，如图 8.1 所示。输入电影名称（部分名称即可），查看对应电影是否包含在 250 部电影里，如果包含，则输出相关电影的信息，如图 8.2 所示；如果不包含，则提示该电影不存在。

```
排名  评分  电影名称                                              投票人数
1     9.2   The Shawshank Redemption(1994)（肖申克的救赎）        2 063 695
2     9.1   The Godfather(1972)（教父）      1 415 817
3     9.0   The Godfather: Part II(1974)（教父2）     982 197
4     9.0   The Dark Knight(2008)（蝙蝠侠：黑暗骑士）          2 029 931
5     8.9   12 Angry Men(1957)（十二怒汉）    582 292
6     8.9   Schindler's List(1993)（辛德勒的名单）    1 069 084
7     8.9   The Lord of the Rings:The Return of the King(2003)（指环王：国王归来）    1 469 385
8     8.8   Pulp Fiction(1994)（低俗小说）    1 613 151
9     8.8   The Good,the Bad and the Ugly(1966)（黄金三镖客）        719 138
10    8.8   The Lord of the Rings: The Fellowship of the Ring (2001)（指环王：护戒使者）1 734 300
```

图 8.1 输出电影评分信息

```
请输入要查看的电影名字（输入0时退出查找）：蝙蝠

 排名   评分   电影名称
4       9.0    The Dark Knight(2008)（蝙蝠侠：黑暗骑士）         2 029 931
116     8.2    Batman Begins(2005)（蝙蝠侠：侠影之谜）            1 362 515
```

图 8.2 查询电影结果

知识点讲解

Python 中内置了文件（file）对象。在使用文件对象时，需要先通过内置的 open()函数创建一个文件对象，然后通过该对象提供的方法进行基本的文件操作。open()函数的语法格式如下：

```
file=open(filename[,mode[,buffering]])
```

说明如下。

☑ file：表示被创建的文件对象。

☑ filename：表示要创建或打开的文件的名称，需要使用单引号或双引号引起来。如果要打开的文件和当前文件在同一个目录下，那么直接写文件名即可，否则需要指定完整路径。

☑ mode：可选参数，用于指定文件的打开模式，其参数值及说明如表 8.1 所示。默认的打开模式为只读，即 r。

☑ buffering：可选参数，用于指定读写文件的缓冲模式，值为 0 时表示不缓存；值为 1 时表示缓存；如果值大于 1，则表示缓冲区的大小。默认值为 1。

表 8.1　mode 参数的参数值及说明

<table>
<tr><th>值</th><th>说　明</th><th>注　意</th></tr>
<tr><td>r</td><td>以只读模式打开文件。文件的指针将会放在文件的开头</td><td rowspan="4">文件必须存在</td></tr>
<tr><td>rb</td><td>以二进制格式打开文件，并且采用只读模式。文件的指针将会放在文件的开头</td></tr>
<tr><td>r+</td><td>打开文件后，可以读取文件内容，也可以写入新的内容覆盖原有内容</td></tr>
<tr><td>rb+</td><td>以二进制格式打开文件，并且采用读写模式。文件的指针将会放在文件的开头</td></tr>
<tr><td>w</td><td>以只写模式打开文件</td><td rowspan="4">文件存在，则将其覆盖，否则创建新文件</td></tr>
<tr><td>wb</td><td>以二进制格式打开文件，并且采用只写模式。一般用于非文本文件，如图片、声音等</td></tr>
<tr><td>w+</td><td>打开文件后，先清空原有内容，使其变为一个空的文件，对这个空文件有读写权限</td></tr>
<tr><td>wb+</td><td>以二进制格式打开文件，并且采用读写模式。一般用于非文本文件，如图片、声音文件等</td></tr>
<tr><td>a</td><td>以追加模式打开文件。如果该文件已经存在，文件指针将放在文件的末尾（新内容会被写到已有内容之后），否则，创建新文件用于写入</td><td>—</td></tr>
<tr><td>ab</td><td>以二进制格式打开文件，并且采用追加模式。如果该文件已经存在，文件指针将放在文件的末尾（新内容会被写到已有内容之后），否则，创建新文件用于写入</td><td>—</td></tr>
<tr><td>a+</td><td>以读写模式打开文件。如果该文件已经存在，文件指针将放在文件的末尾（新内容会被写到已有内容之后），否则，创建新文件用于读写</td><td>—</td></tr>
<tr><td>ab+</td><td>以二进制格式打开文件，并且采用追加模式。如果该文件已经存在，文件指针将放在文件的末尾（新内容会被写到已有内容之后），否则，创建新文件用于读写</td><td>—</td></tr>
</table>

在 Python 中打开文件后，可以读取文件中的内容。文件对象提供了 readline()方法用于每次读取一行数据。readline()方法的语法格式如下：

```
file.readline()
```

其中，file 为打开的文件对象。打开文件时需要指定打开模式为 r（只读）或者 r+（读写）。

```
01  file=open('IMDb250.txt', 'r')          # 打开文件
02  while True:
03      line=file.readline()
04      if line=='':
05          break                          # 跳出循环
06      print(line)                        # 输出一行内容
```

文件使用完后，需要及时将其关闭，以免对文件造成不必要的破坏。关闭文件可以使用文件对象的 close()方法实现。close()方法的语法格式如下：

```
file.close()
```

其中，file 为打开后要关闭的文件对象。

案例实现

```
01  filmlist=[]
02  file=open('IMDb250.txt', 'r')
03  while True:
```

```
04        line=file.readline().split('\t')          # 读取一条信息的第一行
05        if line==['']:                             # 读取完毕
06            break
07        else:
08            namelen=90-(len(line[2].encode('GBK'))-len(line[2]))
09            newline=line[0].replace(".","")+'\t'+line[1]+'\t'+line[2].ljust
(namelen)+'\t'+line[3]
10            print(newline)
11            filmlist.append(line)
12    # 查找电影
13    tag=True
14    while tag:
15        film=input('请输入要查看的电影名字（输入0时退出查找）：')
16        if film !='':
17            if film=='0':
18                tag=False
19            else:
20                flag=0                              # 标记是否为信息头
21                for f in filmlist:
22                    if f[2].find(film)>=0:
23                        if flag==0:                 # 如果为信息头，输出标题
24                            namelen=90-(len(filmlist[0][2].encode('GBK'))-len(filmlist[0][2]))
25                            newline=filmlist[0][0].replace(".","")+'\t'+filmlist[0][1]+
'\t'+filmlist[0][2].ljust(namelen)+'\t'+filmlist[0][3]
26                            print('\n', newline)
27                            flag=1
28                        namelen=90-(len(f[2].encode('GBK'))-len(f[2]))
29                        newline=f[0].replace(".","")+'\t'+f[1]+'\t'+f[2].ljust
(namelen)+'\t'+f[3]
30                        print(newline)
```

实战任务

（1）将福彩双色球大奖各期中奖信息读取到列表中。示例代码如下：

```
01  list1=[]
02  file=open('double.txt')                        # 读取文本文件
03  for line in file.readlines():
04      print(line)
05      line=line.strip('\n')
06      line=line.rstrip()
07      a=line.split()
08      list1.append(a)
```

（2）读取 ques.txt 文件内容，然后进行分解。示例代码如下：

```
01  file=open('ques.txt','r'):                     # 打开源文件
02      word=file.readlines()                      # 读取全部信息到列表
03  mylist=[i for i in word if i!="\n"]            # 去除列表中的空行
04  new=[i.replace('\n','') for i in mylist]       # 去除每个元素中的“\n”
```

案例 52　人物猜猜猜——文件操作的常用方法

案例讲解

案例描述

编写一个程序，先随机选出一部小说；然后随机输出 6 个人物，让用户判断是否为所选小说中的人物，回车确认是，输入任意内容再回车确认不是；判断正确加 3 分，判断错误减 3 分，最后输出得分（起始分为 30 分）。

知识点讲解

读取文件通常有 3 种方法：read()方法表示读取全部或部分内容；readline()方法表示逐行读取；readlines()方法表示读取所有行内容。下面重点介绍 read()方法和 readlines()方法。

（1）read()方法

read()方法用于读取文件的全部或部分内容，对于连续的面向“行”的读取，则不使用该方法。read()方法的语法格式如下：

```
fp.read([size])
```

其中，size 为可选参数，用于指定要读取文件内容的字符数（所有字符均按一个计算，包括汉字，如“name：无”的字符数为 6），如 read(8)，表示读取前 8 个字符。如果省略，则返回整个文件的内容。

使用 read()方法读取文件内容时，如果文件大于可用内存，则不能实现对文件的读取，而是返回空字符串。

（2）readlines()方法

readlines()方法返回一个列表，列表中每个元素为文件中的一行数据。readlines()方法的语法格式如下：

```
file.readlines()
```

除了文件读取操作，有时还需要进行获取或移动文件指针位置的操作，常用的操作方法有 tell()方法和 seek()方法。

（1）tell()方法

tell()方法返回一个整数，表示文件指针的当前位置，即在二进制模式下距离文件头的字节数。tell()方法的语法格式如下：

```
file.tell()
```

使用 tell()方法返回的位置与为 read()方法指定的 size 参数不同。tell()方法返回的不是字符的个数，而是字节数，其中汉字所占的字节数根据其采用的编码有所不同，如果采用 GBK 编码，则一个汉字按 2 个字节计算；如果采用 UTF-8 编码，则一个汉字按 3 个字节计算。

（2）seek()方法

seek()方法用于将文件的指针移动到新的位置，位置通过字节数指定。这里的数值与 tell()方法返回的数值的计算方法一致。seek()方法的语法格式如下：

```
file.seek(offset[,whence])
```

说明如下。

☑ file：表示已经打开的文件对象。

☑ offset：用于指定移动的字符个数，其具体位置与 whence 有关。

☑ whence：用于指定从什么位置开始计算。值为 0 表示从文件头开始计算，为 1 表示从当前位置开始计算，为 2 表示从文件尾开始计算，默认值为 0。

案例实现

根据人物猜猜猜程序的需求设计开发流程，如图 8.3 所示。

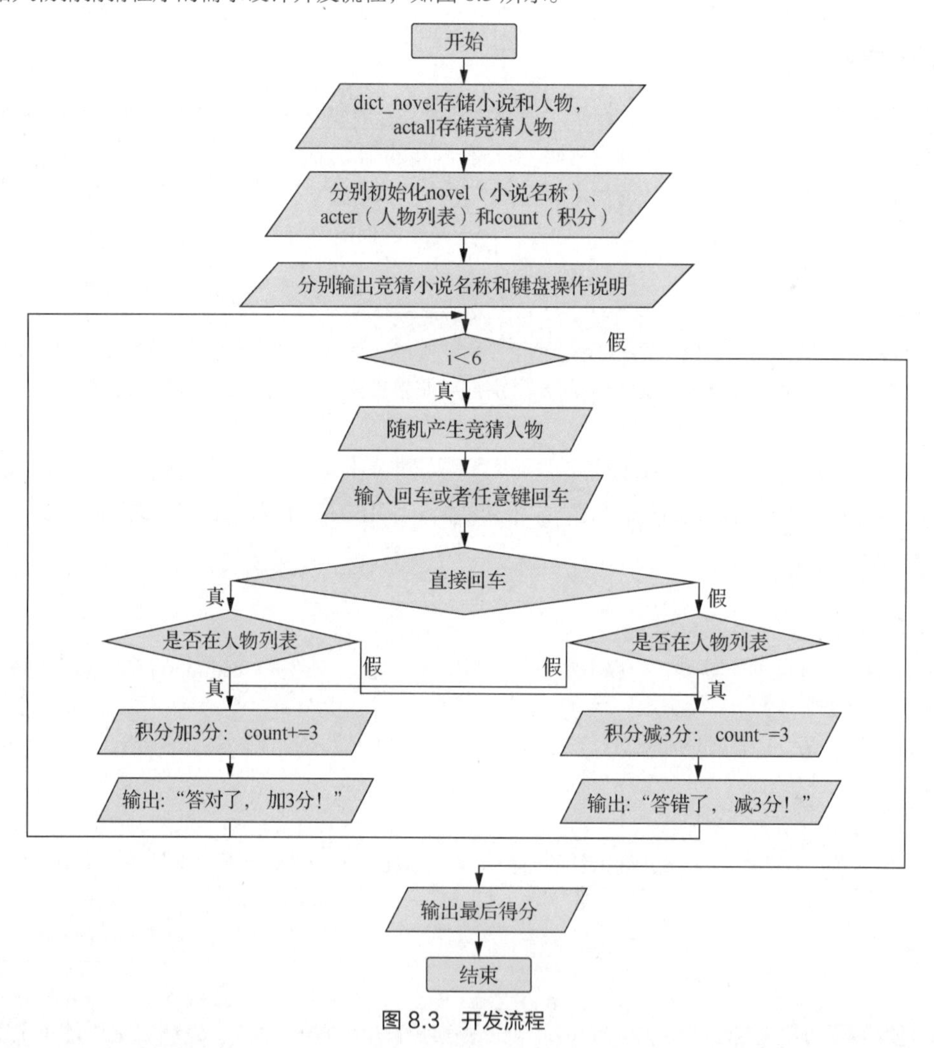

图 8.3　开发流程

根据人物猜猜猜程序的开发流程图，编写如下代码：

```
import random
dict_novel={}
list_novel=[]
file=open('novel.txt',encoding='UTF-8')                    # 以只写模式打开小说及主要人物文件
while True:
    line=file.readline().strip(' ').strip('\n')            # 读取小说及人物信息
```

```
        if line=='':                                    # 如果信息为空
            break                                       # 跳出循环
        novelline=line.split(":")                       # 分解小说与主要人物信息
        list_novel.append(novelline[0])

        list_acter=novelline[1].split(',')              # 分解主要人物信息到列表
        dict_novel[novelline[0]]=list_acter             # 把小说和主要人物信息添加到字典
    file.close()                                        # 关闭文件
    file=open('acter.txt')                              # 以只写模式打开文件
    while True:
        line=file.readline().strip(' ').strip('\n')
        # 读取所有人物信息
        if line=="":                                    # 如果信息为空
            break                                       # 跳出循环
        actall=line.split(",")                          # 分解人物信息
    file.close()                                        # 关闭文件
    novel=random.choice(list_novel)                     # 随机选择小说
    acter=dict_novel.get(novel)                         # 根据小说获取人物库，用于判断是否为本部小说人物
    count=30                                            # 竞猜起始分数为30分
    print("小说:", novel)
    print('判断人物是否是本部小说的人物。回车确认"是"，输入任意内容确认"不是"')
    for i in range(6):                                  # 6次竞猜
        new=random.choice(actall)                       # 随机选择人物
        print(new)                                      # 显示竞猜人物
        num=input("").strip()                           # 用户进行判断，选择回车还是其他键
        if not num:                                     # 选择回车，确认是该部小说人物
            if new in acter:                            # 如果该人物在本部小说人物库里面
                count+=3                                # 积分加3分
                print("答对了，加3分！")
            else:                                       # 答错了
                count-=3                                # 积分减3分
                print("答错了，减3分！")
            print("当前分数：", count)
        else:                                           # 选择其他键，确认不是该部小说人物
            if new in acter:                            # 如果该人物在本部小说人物库里面
                count-=3                                # 积分减3分
                print("答错了，减3分！")
            else:                                       # 答对了
                count+=3                                # 积分加3分
                print("答对了，加3分！")
            print("当前分数：", count)                  # 输出当前积分
    else:
        print("竞猜最高分为48分，你的最后分数：", count)
```

程序运行效果如下：

```
小说：三国演义
判断人物是否是本部小说的人物。回车确认"是"，输入任意键确认"不是"
曹操
n
```

```
答对了，加3分！
当前分数： 33
鲁智深

答错了，减3分！
当前分数： 30
刘备
n
答对了，加3分！
当前分数： 33
诸葛亮

答对了，加3分！
当前分数： 36
周瑜

答对了，加3分！
当前分数： 39
吕布

答对了，加3分！
当前分数： 42
竞猜最高分为48分，你的最后分数： 42
```

实战任务

1. 完善程序

（1）本案例程序在随机输出竞猜人物时，可能会出现一个人物出现多次的情况，修改程序，使竞猜时每个人物只能出现一次（修改核心代码）。请补全下面代码：

```
01  for i in range(6):
02      new=random.choice(actall)
03      actall.____________
04      print(new)
05      num=input("").strip()
```

（2）修改本案例代码，让用户可以输入“g”或“G”放弃当前人物的竞猜，跳到下一个竞猜人物，不加分也不减分。请补全下面代码：

```
01  count=30
02  add=______________
03  print("小说:",novel)
04  print('判断人物是否为本部小说的人物。回车确认"是"，输入任意内容再回车确认"不是"')
05  for i in range(len(actall)):
06      if add________________:
07          print("最后得分：",count)
08          break                  # 退出循环
09  
10      new=random.choice(actall)
11      print(new)
12      num=input("").strip()
13      if num.lower()=='g':
```

```
14            print("过，不加分，不减分！")
15        else:
16            add=add+1
17            if not num:
```

2. 手下留神

在默认情况下，使用 open()函数打开一个不存在的文件，会抛出图 8.4 所示的异常。

```
File   Edit   Shell   Debug   Options   Window   Help
Traceback (most recent call last):
  File "F:/Python开发技术大全/Python 趣味编程/Python趣味案例编程文档
    with open('ascii1.txt','r') as f:
FileNotFoundError: [Errno 2] No such file or directory: 'ascii1.txt'
```

图 8.4　打开不存在的文件时抛出的异常

调用 read()方法读取文件内容的前提是，打开文件时，指定的打开模式为 r（只读）或者 r+（读写），否则，将抛出图 8.5 所示的异常。

```
File   Edit   Shell   Debug   Options   Window   Help
Traceback (most recent call last):
  File "F:/Python开发技术大全/Python 趣味编程/Python趣味案例编程
趣味案例编程2-7单元跟踪问题/第7单元/551.py", line 2, in <module>
    f.read()
io.UnsupportedOperation: not readable
```

图 8.5　没有读取权限抛出的异常

案例 53　随机出题程序——写入内容到指定文件

案例讲解

案例描述

1984 年，在湖北江陵张家山汉墓出土的《算数书》是现在人们所知道的中国传统数学最早的专著。它的内容十分丰富、深刻，包含了初等数学中的整数与分数运算、代数运算、几何运算，代表了公元前 2 世纪我国的数学发展水平。

请编写一个程序，随机给出 20 道 100 以内的加减法计算题，然后分别保存为不带答案（math.txt）和带答案（key.txt）的文件，如图 8.6 和图 8.7 所示（提示：整型变量要转换为字符串，再用“+”输出算式）。

```
97+1 =        21-12 =
89+4 =        27-13 =
94+1 =        65-24 =
76-21 =       82-6 =
21+78 =       51+31 =
23+19 =       94-3 =
```

图 8.6　计算题不带答案

```
97+1 = 98        21-12 = 9
89+4 = 93        27-13 = 14
94+1 = 95        65-24 = 41
76-21 = 55       82-6 = 76
21+78 = 99       51+31 = 82
23+19 = 42       94-3 = 91
```

图 8.7　计算题带答案

知识点讲解

利用文件对象提供的 write()方法，可以向文件中写入内容。write()方法的语法格式如下：

```
file.write(string)
```

其中，file 为打开的文件对象；string 为要写入的字符串。

例如，打开 word.txt 文件，并向其中写入字符串“有时候你觉得特别难，也许因为有更大的收获”的代码如下：

```
01  f=open('word.txt','w')                                  # 以写入的方式打开文件
02  f.write('有时候你觉得特别难，也许因为有更大的收获')        # 将信息写入文件
03  f.close()                                               # 关闭文件
```

如果文件中存在内容或需要不断补充内容，则要以追加的方式（a+）打开文件。例如，将生成的 IP 地址 192.168.111.1～192.168.200 保存到文件 ips.txt 中的代码如下：

```
01  for i in range(1, 201):                                 # 循环200次
02      ip_txt='192.168.111.'+str(i)+'\n'
03      f=open('ips.txt', 'a+')                             # 以追加的方式打开文件
04      f.write(ip_txt)                                     # 将信息写入文件
05      f.close()                                           # 关闭文件
```

有的时候，需要以指定的编码格式（如 UTF-8）将内容写入文件。例如，将书名“Python 实效编程百例”写入 book.txt 后保存编码格式为 UTF-8 的代码如下：

```
01  with open('book.txt', 'w', encoding='UTF-8') as file:
02      file.write('Python 实效编程百例'+'\n')               # 写入内容后若要换行就要加“\n”
```

案例实现

实现代码如下：

```
01  import random
02
03  str1,str2='',''                                 # 定义变量str1、str2并赋值
04  exp1,exp2='',''
05  j,num=0,0                                       # 初始化j和num
06  for i in range(1,100):                          # 为了保证出满20道题，循环取一个大数100
07      if j<20:
08          flag=random.choice(['+', '-'])      # 随机从“+”“-”中取一个符号
09          # 如果是加法，则两个数都不能大于50
10          if flag=="+":
11              a=random.randint(1, 50)             # 随机从1～49中取一个数
12              b=random.randint(1, 50)
13              result=a+b                          # 计算相加结果
14              a=str(a).ljust(2, ' ')              # 对加数左对齐
15              b=str(b).ljust(2, ' ')
16              exp1=a+flag+b+'='                   # 输出计算题（不带答案）
17              exp2=a+flag+b+'='+str(result)       # 输出计算题（带答案）
18          # 如果是减法，则被减数和减数都应小于100
19          else:
20              a=random.randint(1, 100)            # 随机从1～99中抽取一个整数
21              b=random.randint(1, 100)            # 随机从1～99中抽取一个整数
22              # 比较a和b，较大的数为被减数
```

```
23              if a<b:
24                  a,b=b,a                         # 交换两个数值
25                  result=a-b
26                  a=str(a).ljust(2, ' ')          # 左对齐
27                  b=str(b).ljust(2, ' ')
28                  exp1=a+flag+b+'='
29                  exp2=a+flag+b+'='+str(result)
30          if num<1:
31              str1=str1+exp1+'\t'
32              str2=str2+exp2+'\t'
33              num=num+1
34              # 一行达到两个题目，换行
35          else:
36              str1=str1+exp1+'\n'
37              str2=str2+exp2+'\n'
38              num=0
39          j=j+1
40  with open('math.txt','w') as f:
41      f.write(str1)
42  with open('key.txt','w') as f:
43      f.write(str2)
44  print(str1)
45  print(str2)
```

实战任务

1. 仿一仿，试一试

（1）输出并保存目录信息到文件。示例代码如下：

```
01  import os
02  path=input('请输入要获取文件夹列表的目录：')
03  with open('folder.txt','w') as file:            # 以写方式打开文件
04      if path !='' and os.path.exists(path):
05          dirs=list(os.walk(path))                # 遍历指定目录并转换为列表
06          folder=dirs[0][1]                       # 获取文件夹列表
07          file.write(dirs[0][0]+'包含如下文件夹：\n')
08          for item in folder:
09              file.write(item+'\n')               # 写入获取到的各个文件夹
10  print('获取文件夹列表完毕。')
```

（2）输出字母大小写到文件。示例代码如下：

```
01  # ASCII值为48～57表示0～9共10个阿拉伯数字；65～90表示26个大写英文字母；97～122表示26个小写英文字母
02  str1=''.join([chr(i) for i in range(48,58)])
03  str2=''.join([chr(i) for i in range(65,91)])
04  str3=''.join([chr(i) for i in range(97,123)])
05  print('数字：'+str1+'\n','大写：'+str2+'\n','小写：'+str3+'\n',sep='',end='')
06  # 写入文本文件
07  with open('ascii.txt','w') as f:
08      f.write('数字：'+str1+'\n')
09      f.write('大写：'+str2+'\n')
10      f.write('小写：'+str3+'\n')
```

2. 完善程序

修改本案例代码，要求根据输入出题数量出题，运行效果如图 8.8 所示。

```
输入出题数: 100
20 + 46 =        21 + 21 =
21 + 21 =        62 - 33 =
62 - 33 =        10 + 49 =
39 - 18 =        17 + 49 =
17 + 49 =        25 + 39 =
68 - 33 =        98 - 65 =
36 + 19 =        81 - 13 =
22 + 26 =        25 + 17 =
14 + 38 =        34 + 18 =
```

图 8.8　输入出题量 100 的输出效果（部分）

请根据要求补全下面代码：

```
01  import random
02  str1,str2='',''
03  exp1,exp2='',''
04  j,num=0,0
05  count=input("输入出题数：").strip('')
06  count=______________
07  for i in range(1,3*_________):
08      if j<______________:
09          flag=random.choice(['+', '-'])
```

3. 手下留神

调用 write()方法向文件中写入内容的前提是：打开文件时，指定的打开模式为 w（可写）或者 a（追加），否则，将抛出图 8.9 所示的异常。

```
File  Edit  Shell  Debug  Options  Window  Help
Traceback (most recent call last):
  File "F:/Python开发技术大全/551.py", line 7, in <module>
    f.write('数字：'+str1+'\n')
io.UnsupportedOperation: not writable
```

图 8.9　没有写入权限时抛出的异常

案例 54　文档目录修改——使用 with 语句处理文件

案例描述

案例讲解

处理文档时，有时需要对文档的一些内容和格式进行调整，人工操作费时费力，容易出错，使用程序可以高效地完成这一任务。图 8.10 所示为人民邮电出版社出版的《Java Web 程序设计 慕课版》一书的目录，要求把目录的二级标题空 2 个空格，三级标题空 4 个空格进行排版，同时去掉目录后的页码，效果如图 8.11 所示。

请编写一个程序，实现目录内容的自动修改（提示：判断各级目录可以使用 split()方法分解每行数据，然后对分解的第一个元素使用 count()方法统计"."的数量，为 0，是章标题；为 1，是二级标题；为 2，是三级标题）。

第1章 Web应用开发简介 1
1.1 网络程序开发体系结构 1
1.1.1 C/S体系结构介绍 1
1.1.2 B/S体系结构介绍 2
1.1.3 两种体系结构的比较 2
1.2 Web简介 3
1.2.1 什么是Web 3
1.2.2 Web应用程序的工作原理 3
1.2.3 Web的发展历程 4
1.3 Web开发技术 5
1.3.1 客户端应用的技术 5
1.3.2 服务器端应用的技术 8
小 结 9
习 题 9
第2章 网页前端开发基础 10
2.1 HTML 10
2.1.1 创建第一个HTML文件 10
2.1.2 HTML文档结构 12
2.1.3 HTML常用标记 13

图 8.10 原目录

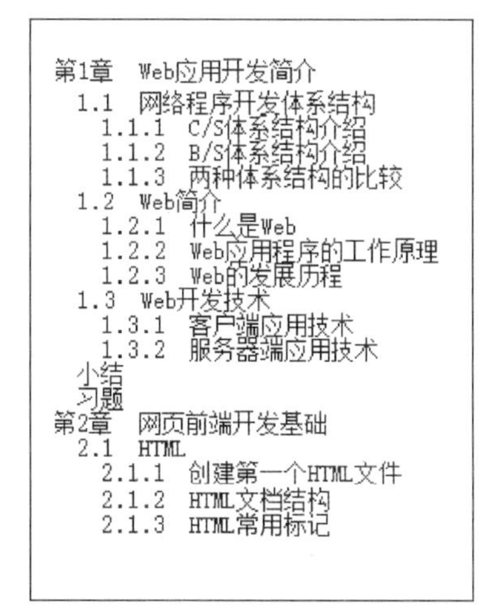
第1章 Web应用开发简介
1.1 网络程序开发体系结构
1.1.1 C/S体系结构介绍
1.1.2 B/S体系结构介绍
1.1.3 两种体系结构的比较
1.2 Web简介
1.2.1 什么是Web
1.2.2 Web应用程序的工作原理
1.2.3 Web的发展历程
1.3 Web开发技术
1.3.1 客户端应用技术
1.3.2 服务器端应用技术
小结
习题
第2章 网页前端开发基础
2.1 HTML
2.1.1 创建第一个HTML文件
2.1.2 HTML文档结构
2.1.3 HTML常用标记

图 8.11 修改后的目录

知识点讲解

文件使用完后，要及时将其关闭，如果忘记关闭，可能会出现意想不到的问题。另外，如果在打开文件时抛出了异常，那么将导致文件不能被及时关闭。为了更好地避免此类问题发生，可以使用 Python 提供的 with 语句，实现在处理文件时，无论是否抛出异常，都保证 with 语句执行完毕后关闭已经打开的文件。with 语句的语法格式如下：

```
with expression as target:
    with-body
```

说明如下。

☑ expression：用于指定一个表达式，这里可以是打开文件的 open()函数。

☑ target：用于指定一个变量，expression 的结果将保存到该变量中。

☑ with-body：用于指定 with 语句体，其中可以是执行 with 语句后相关的一些操作语句。如果不想执行任何语句，可以直接使用 pass 语句代替。

例如，在打开文件时使用 with 语句的示例代码如下：

```
01  print("\n", "="*10, "Python经典应用", "="*10)
02  with open('message.txt', 'w') as file:          # 创建或打开保存“Python经典应用”信息的文件
03      pass
04  print("\n 即将显示……\n")
```

打开文件时使用 with 语句与 readline()方法读取文件的示例代码如下：

```
01  print("\n","="*20,"Python经典应用","="*20,"\n")
02  with open('message.txt','r') as file:           # 打开保存“Python经典应用”信息的文件
03      number=0                                    # 记录行号
04      while True:
05          number+=1
06          line=file.readline()
07          if line=='':
08              break                               # 跳出循环
09          print(number,line,end="\n")             # 输出一行内容
10  print("\n","="*20,"over","="*20,"\n")
```

执行上面的代码，将输出图 8.12 所示的结果。

```
=============== Python经典应用 ===============
1 人生三重境界—— print()函数应用
2 古诗加拼音—— input()函数应用
3 燃烧你的卡路里——数据类型与运算符
4 温度转换——str()函数
5 圆锥体积计算——format()函数
6 数字序号转换器——使用ASCII码与字符串
==================== over ====================
```

图 8.12　输出效果

案例实现

实现代码如下：

```
01 with open('Java Web程序设计 慕课版.txt', 'r') as file:
02     with open('Java Web程序设计 慕课版1.txt', 'w') as mfile:
03         while True:
04             line=file.readline()                # 读取一行
05             if line=='':                        # 读取完毕
06                 break
07             else:
08                 temp=line.split('  ')           # 按两个空格分隔
09                 if len(temp)==3:
10                     num=temp[0].count('.')      # 统计点的数量
11                     if num==0:                  # 章标题
12                         mfile.write(temp[0]+'  '+temp[1]+'\n')
13                     elif num==1:                # 二级标题
14                         mfile.write('  '+temp[0]+'  '+temp[1]+'\n')
15                     else:                       # 三级标题
16                         mfile.write('    '+temp[0]+'  '+temp[1]+'\n')
17                 elif len(temp)==2:              # 篇及小结、上机指导、习题
18                     if temp[0][0]=='第':        # 篇
19                         mfile.write(temp[0]+'  '+temp[1])
20                     else:                       # 小结、上机指导、习题
21                         mfile.write('  '+temp[0]+'\n')
22                 else:                           # 实例
23                     mfile.write('      '+temp[0])
24 print('修改完成！')
```

实战任务

1. 仿一仿，试一试

（1）读取 2019 年 5 月汽车销量数据到 listline 列表并输出，如图 8.13 和图 8.14 所示。

```
201905 - 记事本
文件(F) 编辑(E) 格式(O) 查看(V) 帮助(H)
1
朗逸
36232/156574
大众汽车销量非常高的车，其外形与价格深受欢迎
2
轩逸
33448/145205
第14代日产轩逸
3
桑塔纳
23276/91186
外观时尚、内饰温馨，很适合年轻人驾驶
```

图 8.13　201905.txt 文件的数据

```
1	朗逸	36232/156574	大众汽车销量非常高的车，其外形与价格深受欢迎
2	轩逸	33448/145205	第14代日产轩逸
3	桑塔纳	23276/91186	外观时尚、内饰温馨，很适合年轻人驾驶
4	卡罗拉	20373/82836	热销十万A级车，外形动感，驾驶轻盈
5	速腾	20277/76567	新换代车型即将发布
6	捷达	19870/103014	皮实耐用的代表
7	思域	19729/73104	本田的杀手锏车型
```

图 8.14　输出的数据

代码如下：

```
01  listline=[]
02  strline=''                                        # 记录读取的数据
03  i=0                                               # 记录排行编号
04  with open('201905.txt','r') as file:
05      for line in file:
06          strline=strline+'\t'+line.strip('\n')
07          i=i+1
08          if (i/4)==int(i/4):
09              listline.append(strline)
10              strline=''
11      print('\n'.join(listline))
```

（2）打开 mulu.txt 文件，去掉绿色线指示的“.docx”后将内容输出，如图 8.15 所示。

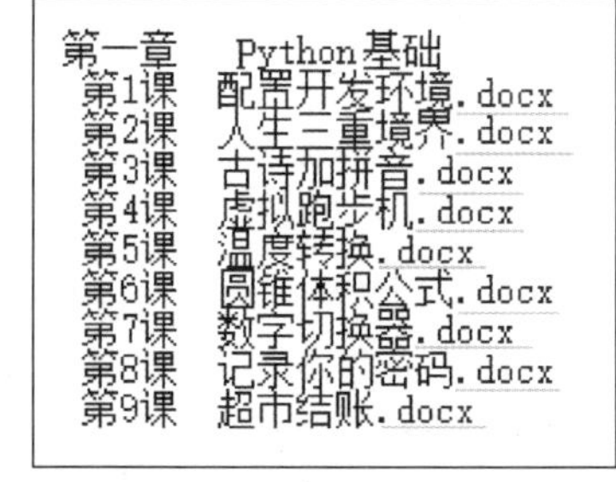

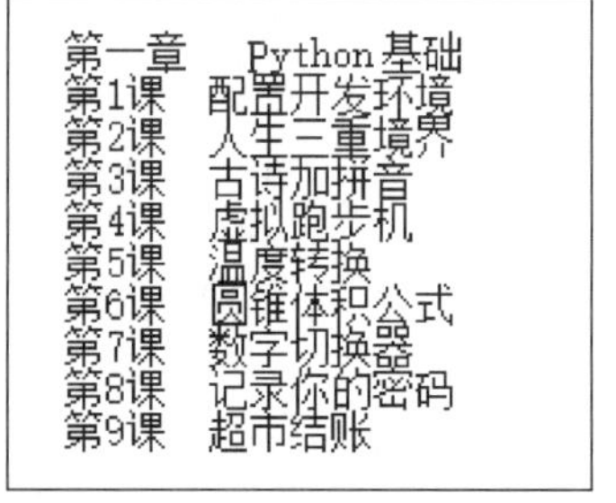

图 8.15　运行效果

代码如下：

```
01  mystr=""
02  with open('mulu.txt','r') as file:
03      while True:
```

```
04          line=file.readline()                # 读取一行
05          if line=='':                        # 读取完毕
06              break
07          else:
08              temp=line.split(".")            # 按“.”分隔
09              mystr+=temp[0].strip()+"\n"
10  print(mystr)
```

2. 完善程序

修改本案例代码，保留章节目录的后面页码，并且使页码居右对齐，如图 8.16 所示。

请根据要求补全下面代码：

```
01  line=file.readline()                        # 读取一行
02  if line=='':                                # 读取完毕
03      break
04  else:
05      temp=line.split('  ')                   # 按两个空格分隔
06          print(temp)
07          if len(temp)==3:
08              num=temp[0].count('.  ')        # 统计点的数量
09              len1=60-len(temp[1].__________)-len(temp[0])
10              if num==0:                      # 章标题
11                  mfile.write(temp[0]+'  '+temp[1]+________ *'-'+temp[2]+'\n')
12              elif num==1:                    # 二级标题
13                  mfile.write('  '+temp[0]+'  '+temp[1]+________ *'-'+temp[2]+'\n')
14              else:                           # 三级标题
15                  mfile.write('    '+temp[0]+'  '+temp[1]+______*'-'+temp[2]+'\n')
```

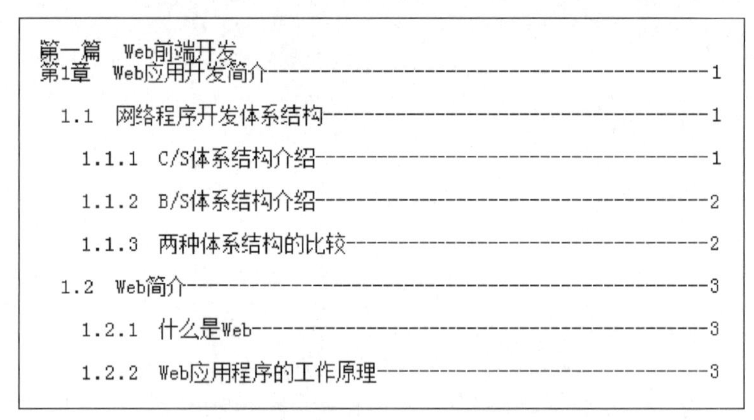

图 8.16　保留页码，并使页码居右对齐的输出效果

案例 55　人物关系圈——规避文件读取中的陷阱

案例讲解

案例描述

朋友圈也叫关系圈，它是一个由熟人、半熟人组成的圈子，是现实社交在网络世界的延伸，也是个人获取信息的重要渠道。在朋友圈中主要有家人、亲戚、同学、同事，大家共同组成一个规

模不等的圈子。

编写一个程序，可以实现对关系人关系圈（亲属和朋友）的简单管理。如添加与关系人相关的人物的姓名、关系、电话号码和距离，输出关系人朋友圈的关系图。运行程序，输出效果如图 8.17 和图 8.18 所示。

```
请输入主关系人姓名:朱元璋
添加亲属关系，包括添加与关系人的姓名、同主关系人的关系、电话和距离主关系人家的距离，输入“q”或“Q”退出系统!
亲属姓名:朱五四
关系:父亲
电话:20000000
距离（km）:10
亲属姓名:朱棣
关系:儿子
电话:30000000
距离（km）:5
亲属姓名:q
退出系统!
添加朋友关系，包括添加与关系人的姓名、同主关系人的关系、电话和距离主关系人家的距离，输入“q”或“Q”退出系统!
朋友姓名:郭子兴
关系:上司
电话:50000000
距离（km）:100
朋友姓名:常遇春
关系:下属
电话:60000000
距离（km）:2
朋友姓名:q
退出系统!
```

图 8.17　输入内容

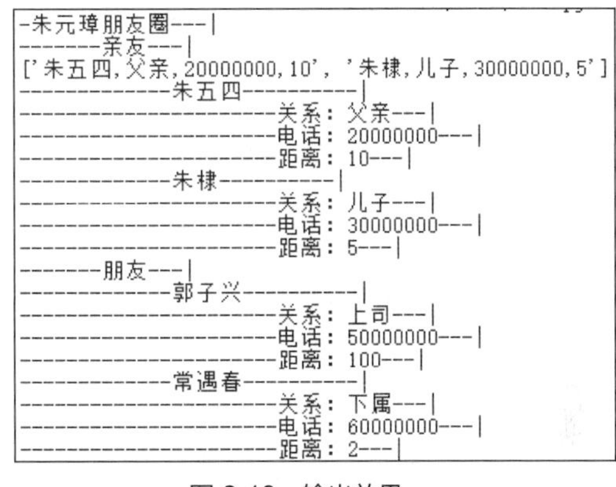

图 8.18　输出效果

知识点讲解

文件读取中的常见陷阱如下。

1. 文件不存在的陷阱

在默认的情况下，使用 open()函数打开一个不存在的文件，会抛出异常错误。可以使用 os.path 模块提供的 exists()函数判断文件是否存在。例如，读取文件 book.txt，如果文件存在，则读取文件并输出内容；如果文件不存在，则新建 book.txt 文件。实现代码如下：

```
01  import os
02  if os.path.exists('book.txt'):
03      with open('book.txt', 'r') as file:
04          for line in file:
05              print(line)
06  else:
07      file=open('book.txt', 'w')                        #  创建一个空文件
08      file.close()
```

2. 读取不同编码格式文件时的陷阱

由于文件保存格式的不同，在读取文件时如果格式不正确，将会出现乱码问题或抛出异常。例如，读取编码格式为 UTF-8 的 html.txt 文件，抛出图 8.19 所示异常的代码如下：

```
with open('html.txt', 'r') as file:
```

```
UnicodeDecodeError: 'gbk' codec can't decode byte 0xa8 in position 44: illegal multibyte sequence
```

图 8.19　文件读取异常

可以使用以下 3 种方法来解决编码格式造成的各种问题。

1. 在打开文件时指定文件的格式

例如，读取编码格式为 GBK 的文件 main.txt，在打开文件时设置编码格式为“encoding='GBK'”，实现代码如下：

```
01 if os.path.exists('main.txt')==True:
02     with open('main.txt','r',encoding='GBK') as file:
03         while True:
04             main=file.readline()
05             if main=="":
06                 break
07             print(main)
```

读取编码格式为 UTF-8 的文件 html.txt，在打开文件时设置编码格式为“encoding='UTF-8'”，实现代码如下：

```
01 with open(' html.txt ', 'r', encoding='UTF-8') as file:
02     for line in file:
03         print(line)
```

如果不知道所读取文件的编码格式，可以使用异常处理语句判断编码格式，实现对不同编码格式文件的读取，例如，读取文件 work.txt，采用异常处理语句判断编码格式的实现代码如下：

```
01 try:
02     with open(' work.txt ', 'r', encoding='UTF-8') as file:
03         for line in file:
04             print(line)
05 except Exception:
06     with open(' work.txt ', 'r', encoding='GBK') as file:
07         for line in file:
08             print(line,2)
```

2. 以二进制方式打开文件，然后对读取的内容进行编码

用 Python 读取文件时经常会出现字符编码错误，用二进制方式打开文件，就不会出现错误了，但需要在读取文件时进行编码。先使用 isinstance()函数判断读取的内容是否为 str 类型，如果是，则直接读取文件内容；如果不是，则使用异常处理程序尝试使用 UTF-8 方式解码，否则采用 GBK 方式解码。实现代码如下：

```
01 with open('123.txt', 'rb') as file:
02     for line in file:
03         if isinstance(line, str) :                  # 如果为str类型，则直接读取
04             print(new)
05         else:
06             try:
07                 new=line.decode("UTF-8")            # 按UTF-8方式解码
08                 print(new)
09             except:
10                 try:
11                     new=line.decode("GBK")          # 按GBK方式解码
12                     print(new)
13                 except:
14                     pass
```

上述代码读取文件采用的是按行读取模式，也可以采用整体读取模式，实现代码如下：

```
01 with open('123.txt', 'rb') as file:
02     lines=file.read()
```

```
03      if isinstance(lines, str) :
04          print(new)
05      else:
06          try:
07              new=lines.decode("UTF-8")
08              print(new)
09          except:
10              try:
11                  new=lines.decode("GBK")
12                  print(new)
13              except:
14                  pass
```

3. 强制以某种模式读取文件，忽略编码错误

有时我们需要以某种格式读取指定文件，且忽略编码错误带来的乱码问题。例如，以二进制方式读取文件 main.txt 中的内容，然后用 GBK 编码强制读取该文件，实现代码如下：

```
01  with open('main.txt', 'rb') as file:
02      article=file.read()
03      new=article.decode('GBK', errors='ignore')
04      print(new)
```

以二进制方式读取文件 song.txt 中的内容，然后用 UTF-8 编码强制读取该文件，实现代码如下：

```
01  with open('song.txt', 'rb') as file:
02      article=file.read()
03      new=article.decode('UTF-8', errors='ignore')
```

案例实现

实现代码如下：

```
01  new=[]
02  with open('main.txt', 'rb') as file:           # 以二进制形式打开文件main.txt
03      for line in file:                          # 按行读取文件内容
04
05          if isinstance(line, str):              # 如果内容为str类型，则直接赋值
06              main=line
07          else:
08              try:                               # 使用异常处理语句获取异常
09                  main=line.decode("UTF-8")      # 按UTF-8方式解码读取文件
10              except:
11                  try:                           # 使用异常处理语句获取异常
12                      main=line.decode("GBK")    # 按GBK方式解码读取文件
13                  except:
14                      pass
15          if main=="":
16              break
17          new.append(main)                       # 添加读取的内容到new列表
18  for item in new:                               # 遍历new列表
19      sub=item.split(":")                        # 按“:”分隔主联系人和关联大类
20      print('-'+sub[0]+'朋友圈---|')
21      kins=sub[1].split(">")                     # 按“>”分隔亲属类别与亲属关联信息
```

```
22        print('---------'+kins[0]+'---|')
23        kins_relat=kins[1].split("<")                    # 按“<”分隔具体亲属关联人
24        for it in kins_relat:                            # 遍历读取亲属关联人信息
25            em=it.split(",")
26            print('--------------------'+em[0]+'---|')
27            print('------------------------关系：'+em[1]+'---|')
28            print('------------------------电话：'+em[2]+'---|')
29            print('------------------------距离：'+em[3]+'---|')
30        frid=sub[2].split(">")                           # 分隔朋友类别与朋友关联信息
31        print('---------'+frid[0]+'---|')                # 输出朋友类别
32        frid_relat=frid[1].split("<")                    # 按“<”分隔具体朋友关联人
33        for it in frid_relat:                            # 遍历读取朋友关联人信息
34            em=it.split(",")
35            print('--------------------'+em[0]+'---|')
36            print('------------------------关系：'+em[1]+'---|')
37            print('------------------------电话：'+em[2]+'---|')
38            print('------------------------距离：'+em[3]+'---|')
39  # 添加新的人物关系圈
40  kinsfolk=""                                             # 定义空字符串kinsfolk，用于保存亲属关系信息
41  friend=""                                               # 定义空字符串friend，用于保存朋友关系信息
42  main=input("请输入主关系人姓名:")
43  print('添加亲属关系，包括添加与关系人的姓名、同主关系人的关系、电话和距离主关系人家的距离，输入“q”
或“Q”退出系统！')
44  while True:
45      name=input("亲属姓名:").strip(" ").strip(" ")
46      if name.lower()=="q":                               # 输入“q”或“Q”退出添加
47          print('退出系统！')
48          break
49      relation=input("关系:").strip(" ").strip(" ")
50      if relation.lower()=="q":
51          print('退出系统！')
52          break
53      phone=input("电话:").strip(" ").strip(" ")
54      if phone.lower()=="q":
55          print('退出系统！')
56          break
57      distance=input("距离（km）:").strip(" ").strip(" ")
58      if distance.lower()=="q":
59          print('退出系统！')
60          break
61      kinsfolk+=name+","+relation+","+phone+","+distance+"<" # 保存亲属关系信息
62  print('添加朋友关系，包括添加与关系人的姓名、同主关系人的关系、电话和距离主关系人家的距离，输入“q”
或“Q”退出系统！')
63  while True:
64      name=input("朋友姓名:").strip(" ").strip(" ")
65      if name.lower()=="q":                               # 输入“q”或“Q”退出系统
66          print('退出系统！')
67          break
```

```
68          relation=input("关系:").strip(" ").strip(" ")
69          if relation.lower()=="q":
70              print('退出系统！')
71              break
72          phone=input("电话:").strip(" ").strip(" ")
73          if phone.lower()=="q":
74              print('退出系统！')
75              break
76          distance=input("距离（km）:").strip(" ").strip(" ")
77          if distance.lower()=="q":
78              print('退出系统！')
79              break
80          friend+=name+","+relation+","+phone+","+distance+"<"       # 保存朋友关系信息
81      main=main+":亲友"+">"+kinsfolk+":朋友"+">"+friend              # 保存亲属和朋友关系信息
82      file=open('main.txt', 'a+')                                     # 以追加模式打开main.txt文件
83      file.write(main)                                                # 写入新添加的关系信息
84      file.close()                                                    # 关闭打开的文件
```

实战任务

1. 仿一仿，试一试

（1）输出济南市和青岛市所辖的区。示例代码如下：

```
01  city={'济南市':['历下区','市中区','槐荫区','天桥区','历城区','长清区','章丘区'],'青岛市':
['市南区','市北区','黄岛区','崂山区','李沧区','城阳区','即墨区']}
02  for key ,value in city.items():
03      print(key)
04      for item in value:
05          print('-----'+item)
```

（2）用 UTF-8 编码格式打开文件 work.txt，按行读取并将其转换为列表，将列表中的第一个元素添加到 work 列表中。示例代码如下：

```
01  work=[]
02  file=open('work.txt','r',encoding='UTF-8')
03  file.seek(0,0)
04  for line in file:
05      new=line.split(":")
06      work.append(new[0])
07  file.close()
```

（3）用二进制形式打开文件，然后对读取的整体内容进行 UTF-8 编码并按回车符转换为列表输出。示例代码如下：

```
01  file=open('nba.txt','rb')
02  lines=file.read().decode('UTF-8').replace("\r","")
03  print(lines.split("\n"))
04  file.close()
```

2. 阅读程序写结果

```
01  num=[1,2,3,4,5,6,7,8,9,10]
02  digit=int(input('输入一个整数：'))
03  sum=100
04  for item in num:
```

```
05        sum+=item
06        for m in str(sum):
07            digit+=2
08    print(digit)
```

输入：10

输出：__________

案例 56　统计随机生成的 IP 地址——os 模块及其子模块 os.path

案例讲解

案例描述

在网络的世界里，如何识别并访问网络中的计算机呢？对网络上的计算机的访问大多数是通过计算机的 IP 地址实现的。一个 IP 地址就好似一个门牌号，例如，访问明日科技网站，就要访问 64.4.11.42 这个 IP 地址。但是 IP 地址不容易记忆，所以需要通过网站域名进行访问。域名链接的就是指定的 IP 地址。IP 地址为 xxx.xxx.xxx.xxx 的数据形态，其中，xxx 为 0～255 的整数。

编写一个程序，生成一个大文件 ips.txt，要求随机生成 500 行 192.168.111.0/18 段的 IP 地址。读取 ips.txt 文件统计这个文件中频率排前 10 的 IP 地址，程序运行效果如图 8.20 和图 8.21 所示。

```
192.168.111.12
192.168.111.03
192.168.111.15
192.168.111.01
192.168.111.09
192.168.111.05
192.168.111.03
192.168.111.17
192.168.111.15
192.168.111.14
192.168.111.05
192.168.111.05
```

图 8.20　生成 500 个 IP 地址（部分）

```
192.168.111.05
192.168.111.06
192.168.111.14
192.168.111.13
192.168.111.10
192.168.111.09
192.168.111.01
192.168.111.12
192.168.111.15
192.168.111.11
```

图 8.21　出现频率排前 10 的 IP 地址

知识点讲解

Python 内置了 os 模块及其子模块 os.path，用于对目录或文件进行操作。在使用 os 模块或者 os.path 模块时，应先使用 import 语句将其导入，然后才可以使用它们提供的函数或方法。

1. 常用操作目录的函数

os 模块提供了一些操作目录的函数，如表 8.2 所示。

表 8.2 os 模块提供的操作目录的相关函数及说明

函　　数	说　　明
getcwd()	返回当前的工作目录
listdir(path)	返回指定路径下的文件和目录信息
mkdir(path [,mode])	创建目录
makedirs(path1/path2…[,mode])	创建多级目录
rmdir(path)	删除目录
removedirs(path1/path2…)	删除多级目录
chdir(path)	将 path 设置为当前工作目录
walk(top[,topdown[,onerror]])	遍历目录树，该函数返回一个元组，包括所有路径名、目录列表和文件列表 3 个元素

os.path 模块也提供了一些操作目录的函数，如表 8.3 所示。

表 8.3 os.path 模块提供的操作目录的相关函数及说明

函　　数	说　　明
abspath(path)	用于获取文件或目录的绝对路径
exists(path)	用于判断目录或者文件是否存在，如果存在则返回 True，否则返回 False
join(path,name)	将目录与目录或者文件名拼接起来
splitext()	分离文件名和扩展名
basename(path)	从一个目录中提取文件名
dirname(path)	从一个路径中提取文件路径，不包括文件名
isdir(path)	用于判断是否为路径

2. 相对路径与绝对路径

（1）相对路径

在学习相对路径之前，应先了解什么是当前工作目录。当前工作目录是指当前文件所在的目录。在 Python 中，可以通过 os 模块提供的 getcwd()函数获取当前工作目录。例如，在“E:\program\Python\Code\demo.py”文件中编写以下代码：

```
01  import os
02  print(os.getcwd())                        # 输出当前工作目录
```

执行上述代码，将显示以下目录，这个目录就是当前工作目录：

```
E:\program\Python\Code
```

相对路径是依赖于当前工作目录的。如果在当前工作目录下有一个名称为 message.txt 的文件，那么在打开这个文件时，就可以直接使用文件名，这时采用的就是相对路径，message.txt 文件的实际路径就是当前的工作目录“E:\program\Python\Code”再加上相对路径，即“E:\program\Python\Code\message.txt”。

如果在当前工作目录下有一个子目录 demo，并且该子目录下保存着文件 message.txt，那么在打开这个文件时应使用“demo/message.txt”，代码如下：

```
01  with open("demo/message.txt") as file:    # 通过相对路径打开文件
02      pass
```

（2）绝对路径

绝对路径是指在使用文件时指定的文件实际路径，它不依赖于当前工作目录。在 Python 中，可以通过 os.path 模块提供的 abspath()函数获取一个文件的绝对路径。abspath()函数的语法格式如下：

```
os.path.abspath(path)
```

其中，path 为要获取绝对路径的相对路径，可以是文件，也可以是目录。

例如，要获取相对路径“demo\message.txt”的绝对路径，可以使用下面的代码：

```
01  import os
02  print(os.path.abspath(r"demo\message.txt"))                    # 获取绝对路径
```

如果当前工作目录为“E:\program\Python\Code”，则结果如下：

```
E:\program\Python\Code\demo\message.txt
```

3. 拼接路径

如果要将两个或者多个路径拼接组成一个新的路径，可以使用 os.path 模块提供的 join()函数实现。join()函数语法格式如下：

```
os.path.join(path1[,path2[,…]])
```

其中，path1、path2 代表要拼接的文件路径，路径间使用逗号分隔。如果在拼接的路径中没有一个绝对路径，那么最后拼接出来的将是一个相对路径。

例如，将“E:\program\Python\Code”和“demo\message.txt”路径拼接在一起，可以使用如下代码：

```
01  import os
02  print(os.path.join("E:\program\Python\Code","demo\message.txt"))       # 拼接字符串
```

执行上述代码，结果如下：

```
E:\program\Python\Code\demo\message.txt
```

在使用 join()函数时，如果要拼接的路径中存在多个绝对路径，那么以从左到右最后一次出现的绝对路径为准，并且该路径之前的参数都将被忽略。代码如下：

```
01  import os
02  print(os.path.join("E:\\code","E:\\python\\mr","Code","C:\\","demo"))
```

执行结果为：

```
“C:\demo”。
```

案例实现

实现代码如下：

```
01  import random                              # 导入随机模块
02  import os                                  # 导入os模块
03  # 创建ips.txt文件的函数
04  def create_ip():
05      for i in range(0, 500):                # 循环500次
06          ip_txt='192.168.111.'+str(random.randint(0, 18))+'\n'
07          f=open('ips.txt', 'a+')            # 以追加的方式打开文件
08          f.write(ip_txt)                    # 将信息写入文件
09      f.close()                              # 关闭文件
10  # 对结果排序
11  def result_sort():
12      f=open('ips.txt', 'r')                 # 以读取的方式打开文件
13      ip_txt=f.read()                        # 读取所有IP地址信息
14      ip_list=ip_txt.split('\n')             # 分隔数据
15      ip_set=set(ip_list)                    # 去重
```

```
16      dict={}                                              # 创建字典
17      for item in ip_set:                                  # 遍历所有内容
18          dict.update({item: ip_list.count(item)})         # 将IP地址与对应数量添加到字典中
19      result_list=sorted(dict.items(), key=lambda x: x[1],reverse=True)
20      for i in range(10):                                  # 循环10次
21          print(result_list[i][0])                         # 输出出现频率排前10的IP地址
22  if __name__=='__main__':
23      if not os.path.exists('ips.txt'):                    # 如果没有ips.txt文件就创建ips.txt文件
24          create_ip()
25  result_sort()                                            # 调用显示排序结果的函数
```

实战任务

1. 仿一仿，试一试

（1）遍历指定目录下的所有文件。示例代码如下：

```
01  import os
02  for root,dirs,files in os.walk("20190718"):
03  for file in files
04      txt_path=os.path.join(root,file)
05      print(txt_path)
```

（2）制作创意记录本。示例代码如下：

```
01  import datetime                                          # 导入日期时间模块
02  import os.path
03  txt=input('请输入你的创意：')
04  # 获取当前日期与时间
05  time_str=datetime.datetime.now().strftime('%Y-%m-%d%H:%M:%S')
06  result_txt='\n'+time_str+'\n'+txt                        # 连接字符串结果
07  if os.path.exists('创意记录本.txt'):                      # 判断文件是否存在
08      f=open('创意记录本.txt','a+')                         # 以追加的方式打开文件
09      f.write(result_txt)                                  # 将信息写入文件
10      f.close()                                            # 关闭
11  else:
12      f=open('创意记录本.txt','w')                          # 以写入的方式打开文件
13      f.write(result_txt)                                  # 将信息写入文件
14      f.close()                                            # 关闭
```

2. 手下留神

读取程序所在目录“\note\root\”下的 fish.txt 文件，代码如下：

```
01  import os.path
02
03  print('\note\root\fish.txt')
04  if os.path.exists('\note\root\fish.txt'):                # 判断文件是否存在
05      f=open('\note\root\fish.txt', 'a+')                  # 以追加的方式打开文件
06
07      f.write("good")                                      # 将信息写入文件
08      f.close()                                            # 关闭
09  else:
10      print("文件不存在！")
```

运行程序，提示“文件不存在”，如图 8.22 所示。打开“\note\root\”目录，可以看到 fish.txt 文件是存在的，如图 8.23 所示。

文件不存在!

图 8.22　文件不存在

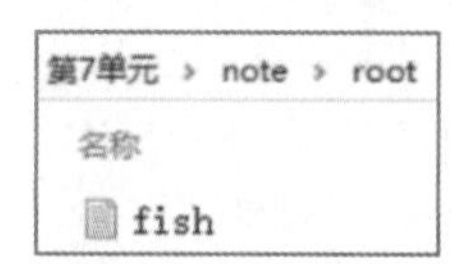

图 8.23　文件路径

使用“print("\note\root\fish.txt")”输出该路径，结果如图 8.24 所示。因为“\n”是系统的换行符，“\r”是系统的回车符，“\f”是系统的换页符，所以路径“\note\root\fish.txt”被系统识别为如图 8.25 所示的路径。

oteoot♠ish. txt

图 8.24　输出路径

换行符　回车符　换页符
\note\root\fish. txt
oteoot♠ish. txt

图 8.25　系统识别结果

如何解决上述路径的问题呢？下面介绍 3 种方法。

（1）修改“\note\root\fish.txt”为“\\note\\root\\fish.txt”。

（2）修改“\note\root\fish.txt”为“/note/root/fish.txt”。

（3）修改“\note\root\fish.txt”为“r'\note\root\fish.txt'”。

在字符串前面加 r 表示使用原生字符串，例如，“r'c:\gold.txt'”表示将单引号内的所有转义字符恢复为其本义，如反斜杠“\”代表着本身。使用 r 取消转义字符的文件描述符，并读取文件内容的示例代码如下：

```
01   import os.path
02   if os.path.exists(r'\note\root\fish.txt'):                # 判断文件是否存在
```

案例 57　自动创建日期文件——常用目录操作

案例讲解

案例描述

编写一个程序，在程序相对路径下创建 mingri 文件夹，然后在该文件夹下批量创建 20 个以“日期+时间（到秒）+序号（1～19）”为文件名称的文件，将字符串“go big or go home”保存到每个文件中，如图 8.26 所示。然后读取 mingri 文件夹下的所有文件名称并输出，如图 8.27 所示。退出程序时删除所有 mingri 文件夹下创建的文件。

202112220827220.txt	202112220827221.txt	202112220827222.txt
202112220827223.txt	202112220827224.txt	202112220827225.txt
202112220827236.txt	202112220827237.txt	202112220827238.txt
202112220827239.txt	2021122208272310.txt	2021122208272311.txt
2021122208272312.txt	2021122208272313.txt	2021122208272314.txt
2021122208272315.txt	2021122208272316.txt	2021122208272317.txt
2021122208272318.txt	2021122208272319.txt	

图 8.26　mingri 文件夹下创建的文件

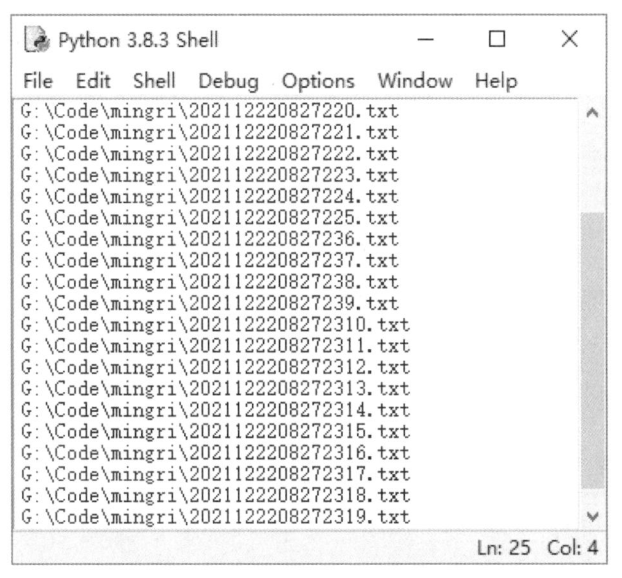

图 8.27 mingri 文件夹下文件的路径和名称

知识点讲解

1. 判断目录是否存在

在 Python 中，有时需要判断给定的目录是否存在，这时可以使用 os.path 模块提供的 exists()函数实现。exists()函数的语法格式如下：

```
os.path.exists(path)
```

参数说明如下。

☑ path 为要判断的目录，可以采用绝对路径，也可以采用相对路径。

☑ 返回值：如果给定的路径存在，则返回 True，否则返回 False。

例如，判断绝对路径“C:\demo”是否存在的代码如下：

```
01  import os
02  print(os.path.exists("C:\\demo"))              # 判断目录是否存在
```

执行上述代码，如果在 C 盘根目录下没有 demo 子目录，则返回 False，否则返回 True。

2. 创建目录

在 Python 中，os 模块提供了两个用于创建目录的函数，一个用于创建一级目录，另一个用于创建多级目录。下面分别进行介绍。

（1）创建一级目录

创建一级目录是指一次只能创建一级目录，在 Python 中，可以使用 os 模块提供的 mkdir()函数实现。使用该函数只能创建指定路径中的最后一级目录，如果该目录的上一级不存在，则抛出 FileNotFoundError 异常。mkdir()函数的语法格式如下：

```
os.mkdir(path, mode=0777)
```

参数说明如下。

☑ path：用于指定要创建的目录，可以使用绝对路径，也可以使用相对路径。

☑ mode：用于指定数值模式，默认值为 0777。在非 UNIX 系统上无效或被忽略。

例如，在 Windows 系统上创建一个“C:\demo”目录的代码如下：

```
01  import os
```

```
02  os.mkdir("C:\\demo")                          # 创建“C:\demo”目录
```

（2）创建多级目录

创建多级目录可以使用 os 模块提供的 makedirs()函数，该函数采用递归的方式创建目录。makedirs()函数的语法格式如下：

```
os.makedirs(name, mode=0777)
```

参数说明如下。

☑ name：用于指定要创建的目录，可以使用绝对路径，也可以使用相对路径。

☑ mode：用于指定数值模式，默认值为 0777。该参数在非 UNIX 系统上无效或被忽略。

例如，在 Windows 系统上，在刚刚创建的“C:\demo”目录下再创建子目录“test\dir\mr”（对应的目录为“C:\demo\test\dir\mr”）的代码如下：

```
01  import os
02  os. makedirs ("C:\\demo\\test\\dir\\mr ")       # 创建“C:\demo\test\dir\mr”目录
```

案例实现

实现代码如下：

```
01  import os                                      # 导入os模块
02  import datetime                                # 导入日期时间模块
03  text='go big go home'                          # 向文件写入的内容
04  b=os.getcwd()+'\\mingri\\'                     # 创建文件的目标路径
05  if not os.path.exists(b):                      # 判断当前路径是否存在，若不存在则创建文件夹
06      os.makedirs(b)                             # 创建指定文件夹
07  for i in range(20):                            # 循环创建20个文件
08      mytime=str(datetime.datetime.utcnow().strftime("%Y%m%d%H%M%S"))  # 设置日期信息
09      files=b+mytime+str(i)+'.txt'               # 设置要创建的日期文件名称
10      file=open(files,'w')                       # 以写入模式打开指定日期文件
11      file.write(text)                           # 写入内容信息
12      file.close()                               # 关闭文件
13      print (files)                              # 输出生成的文件名称（包含路径）
```

实战任务

1. 仿一仿，试一试

（1）实现倒计时计算。示例代码如下：

```
01  import datetime
02  day20=datetime.datetime.strptime('2021-1-1 0:0:0','%Y-%m-%d%H:%M:%S')
03  now=datetime.datetime.today()
04  delta=day20-now                                # delta存储两个时间的时间差，精确到毫秒
05  day=delta.days                                 # 获取两个时间之间的天数
06  hour=int(delta.seconds/60/60)                  # 使用int()函数对小时取整
07  minute=int((delta.seconds-hour *60*60)/60)     # 使用int()函数对分钟取整
08  second=delta.seconds-hour *60*60-minute*60     # 获取倒计时中的秒数
```

（2）计算 5 天后的日期。示例代码如下：

```
01  import datetime
02  print(datetime.datetime.now())
03  print(datetime.datetime.now()+datetime.timedelta(days=5))
```

输出为：

```
2020-12-5 16：20：06.162288
```

（3）计算 5 天前的日期。示例代码如下：

```
import datetime
print(datetime.datetime.now()-datetime.timedelta(days=5))
```

输出为：

```
2020-11-25 12：20：06.573243
```

（4）计算 300 小时后的日期。示例代码如下：

```
01  import datetime
02  print(datetime.datetime.now())
03  print(datetime.datetime.now()+datetime.timedelta(hours=300))
```

输出为：

```
2020-11-30 16：27：29.639791
2020-12-13 4：27：29.63979
```

2. 完善程序

读取程序目录下的 ques.txt 文件，如图 8.28 所示，将该文件中的 25 个问题每隔 2 秒分别保存到名称为“日期+时间（到秒）+序号”的文件里，效果如图 8.29 所示。

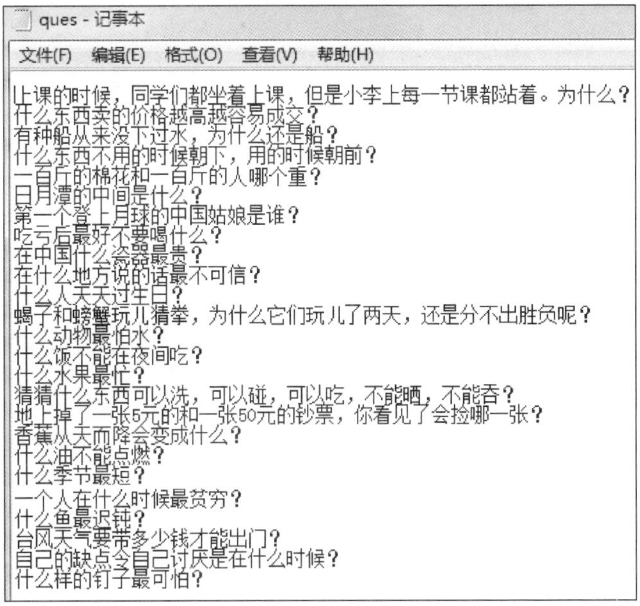

```
ques - 记事本
文件(F)  编辑(E)  格式(O)  查看(V)  帮助(H)
上课的时候，同学们都坐着上课，但是小李上每一节课都站着。为什么？
什么东西卖的价格越高越容易成交？
有种船从来没下过水，为什么还是船？
什么东西不用的时候朝下，用的时候朝前？
一百斤的棉花和一百斤的人哪个重？
日月潭的中间是什么？
第一个登上月球的中国姑娘是谁？
吃亏后最好不要喝什么？
在中国什么瓷器最贵？
在什么地方说的话最不可信？
什么人天天过生日？
蝎子和螃蟹玩儿猜拳，为什么它们玩儿了两天，还是分不出胜负呢？
什么动物最怕水？
什么饭不能在夜间吃？
什么水果最忙？
猜猜什么东西可以洗，可以碰，可以吃，不能晒，不能吞？
地上掉了一张5元的和一张50元的钞票，你看见了会捡哪一张？
香蕉从天而降会变成什么？
什么油不能点燃？
什么季节最短？
一个人在什么时候最贫穷？
什么鱼最迟钝？
台风天气要带多少钱才能出门？
自己的缺点令自己讨厌是在什么时候？
什么样的钉子最可怕？
```

图 8.28　问题文件

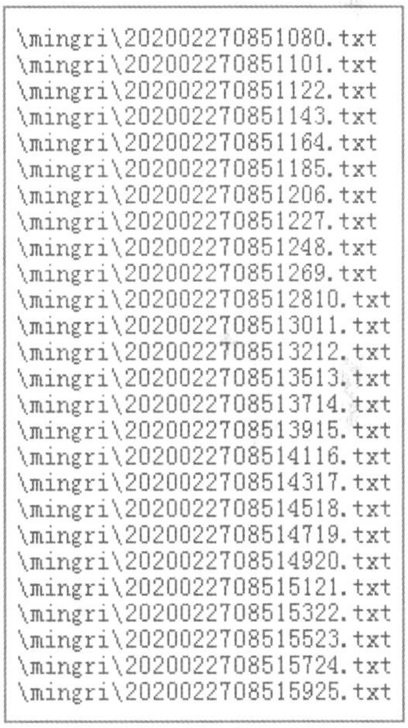

```
\mingri\2020022708510 80.txt
```

```
\mingri\20200227085108 0.txt
\mingri\20200227085110 1.txt
```

```
\mingri\20200227085108 0.txt
```

图 8.29　mingri 文件夹下创建的文件

请按要求补全下面代码：

```
01  import os
02  import time
03  import datetime
04  list=[]
05  with open('ques.txt',______) as file:            # 以只读方式打开文件
06      while True:
07          line=file.__________()                    # 行读取文件信息
08          if line=='':                              # 行信息为空
```

```
09                break                            # 跳出循环
10            list.____________(line)              # 添加行信息到列表
11  newpath=os.getcwd()+'\mingri\\'
12  if not os.path.exists(newpath):                # 判断新文件夹是否存在
13      os.makedirs(newpath)                       # 没有则创建新文件夹
14  for i in range(________(list)):                # 创建新文件
15      mytime=str(datetime.datetime.utcnow().strftime("%Y%m%d%H%M%S"))
16      files=newpath+mytime+str(i)+'.txt'
17      file=open(files,'w')                       # 以写入方式打开文件
18      file.write(list[i])                        # 写入内容到文件
19      file.close()
20      print (files)
21      time.sleep(2)                              # 暂停2秒
```

3. 手下留神

如果在创建目录时，目录已经存在，将抛出 FileExistsError 异常。例如，在 D 盘创建 demo 文件夹的代码如下：

```
01  import os
02  os.mkdir("D:\\demo")                           # 创建"D:\demo"目录
```

运行程序，如果 D 盘中已经存在 demo 文件夹（如果不存在 demo 文件夹，则运行 2 次程序），将抛出图 8.30 所示的异常。

```
    os.mkdir("D:\\demo")                           # 创建"D:\demo"目录
FileExistsError: [WinError 183] 当文件已存在时，无法创建该文件。: 'D:\\demo'
```

图 8.30 创建“D:\demo”目录失败的异常

为解决上述问题，可以在创建目录前，先判断指定的目录是否存在，只有当目录不存在时才创建目录。示例代码如下：

```
01  import os
02  path="C:\\demo"                    # 指定要创建的目录
03  if not os.path.exists(path):       # 判断目录是否存在
04      os.makedirs(path)              # 创建目录
05      print("目录创建成功！")
06  else:
07      print("该目录已经存在！")
```

案例 58 照片按日期批量归档——文件高级操作

案例讲解

案例描述

1975 年，仅毕业两年的柯达公司的电子工程师史蒂文・赛尚（Steven Sasson）发明了“手持电子照相机”，他也因此成为“数码相机之父”。但当时这个全球最具有价值的品牌之一，世界上最大的影像产品公司——柯达，为了主营胶卷业务，而没有及时启动数码相机业务。仅 6 年后，索尼公司就推出了第一台正式出售的数码相机，开启了划时代的数码相机时代。

喜欢拍照的朋友们都知道，如果相册里的照片太多，那么查找照片将是一件费时费力的事。如果把照片

按拍摄日期归类到相应的文件夹，查找起来就方便多了。编写一个程序，实现可以自动按照照片拍摄日期建立对应的年、月、日的文件夹，程序运行效果如图 8.31 所示。

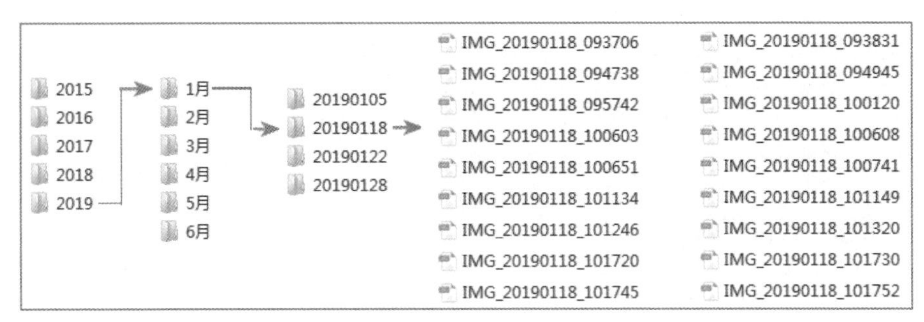

图 8.31　运行效果

知识点讲解

Python 内置的 os 模块除了可以对目录进行操作，还可以对文件进行一些高级操作，具体函数如表 8.4 所示。

表 8.4　os 模块提供的操作文件的相关函数及说明

函　数	说　明
access(path,accessmode)	对文件是否有指定的访问权限（读取/写入/执行权限）。参数 accessmode 的值为 R_OK（读取）、W_OK（写入）、X_OK（执行）或 F_OK（存在）。如果有指定的权限，则返回 1，否则返回 0
chmod(path,mode)	修改 path 指定文件的访问权限
remove(path)	删除 path 指定的文件路径
rename(src,dst)	将文件或目录 src 重命名为 dst
stat(path)	返回 path 指定文件的信息
startfile(path [, operation])	使用关联的应用程序打开 path 指定的文件

1. 删除文件

Python 没有内置删除文件的函数，但是在内置的 os 模块中提供了删除文件的 remove()函数，该函数的语法格式如下：

```
os. remove(path)
```

其中，path 为要删除的文件路径，可以使用相对路径，也可以使用绝对路径。

例如，删除当前工作目录下的 mrsoft.txt 文件的代码如下：

```
01  import os                    # 导入os模块
02  os.remove("mrsoft.txt")      # 删除当前工作目录下的mrsoft.txt文件
```

2. 重命名文件和目录

os 模块提供了重命名文件和目录的函数 rename()，如果指定的路径是文件，则重命名文件；如果指定的路径是目录，则重命名目录。rename()函数的语法格式如下：

```
os.rename(src, dst)
```

其中，src 用于指定重命名的目录或文件；dst 用于指定重命名后的目录或文件。

同删除文件一样，在进行文件或目录的重命名时，如果指定的目录或文件不存在，也将抛出

FileNotFoundError 异常，所以在进行文件或目录重命名时，建议先判断文件或目录是否存在，只有文件存在时才可以进行重命名操作。

例如，将“C:\demo\test\dir\mr\mrsoft.txt”文件重命名为“C:\demo\test\dir\mr\mr.txt”的代码如下：

```
01 import os                                          # 导入os模块
02 src="C:\\demo\\test\\dir\\mr\\mrsoft.txt"          # 要重命名的文件
03 dst="C:\\demo\\test\\dir\\mr\\mr.txt"              # 重命名后的文件
04 if os.path.exists(src):                            # 判断文件是否存在
05     os.rename(src, dst)                            # 重命名文件
06     print("文件重命名完毕！")
07 else:
08     print("文件不存在！")
```

使用 rename()函数重命名目录与重命名文件的操作基本相同，只要把原来的文件路径替换为目录即可。例如，将当前目录下的 demo 目录重命名为 test 的代码如下：

```
01 import os                                          # 导入os模块
02
03 src="demo"                                         # 要重命名的目录为当前目录下的demo
04 dst="test"                                         # 重命名后的目录为test
05 if os.path.exists(src):                            # 判断目录是否存在
06     os.rename(src, dst)                            # 重命名目录
07     print("目录重命名完毕！")
08 else:
09     print("目录不存在！")
```

3. 获取文件基本信息

在计算机上创建文件后，文件本身会包含一些信息。例如，文件的最后一次访问时间、最后一次修改时间及文件大小等。使用 os 模块的 stat()函数可以获取到文件的这些基本信息。stat()函数的语法格式如下：

```
os.stat(path)
```

其中，path 为要获取文件基本信息的文件路径，可以是相对路径，也可以是绝对路径。

stat()函数的返回值是一个对象，该对象包含表 8.5 所示的属性。访问这些属性可以获取文件的基本信息。

表 8.5　stat()函数返回对象的常用属性

属　性	说　明	属　性	说　明
st_mode	保护模式	st_dev	设备名
st_ino	索引号	st_uid	用户 ID
st_nlink	硬连接号（被连接数目）	st_gid	组 ID
st_size	文件大小，单位为字节	st_atime	最后一次访问时间
st_mtime	最后一次修改时间	st_ctime	最后一次状态变化的时间（系统不同返回结果也不同，例如，在 Windows 系统下返回的是文件的创建时间）

例如，获取 message.txt 文件的路径、大小和最后一次修改时间的代码如下：

```
01 import os                                                    # 导入os模块
02 if os.path.exists("message.txt"):                            # 判断文件是否存在
03     fileinfo=os.stat("message.txt")                          # 获取文件的基本信息
04     print("文件完整路径：", os.path.abspath("message.txt"))  # 输出文件的完整路径
05     print("文件大小：", fileinfo.st_size, " 字节")           # 输出文件的大小
```

```
06      print("最后一次修改时间：", fileinfo.st_mtime)              # 输出文件的最后一次修改时间
```

案例实现

实现代码如下：

```
01  import os                                          # 导入os模块，用于创建文件夹
02  import exifread                                    # 导入第三方模块exifread，用于获取照片的日期信息
03  import shutil                                      # 导入shutil模块，用于复制照片文件
04  imgpath='photo'                                    # 设置照片所在photo文件夹
05  for filename in os.listdir(imgpath):               # 遍历照片所在photo文件夹
06      oldfilename=imgpath+'/'+filename               # 照片原路径和文件名
07      print(oldfilename)                             # 输出照片原路径和文件名
08      fd=open(oldfilename, 'rb')                     # 以二进制方式打开照片文件
09      tags=exifread.process_file(fd)                 # 获取照片信息
10      fd.close()                                     # 关闭文件
11      FIELD='EXIF DateTimeOriginal'                  # 日期信息标志
12      if FIELD in tags:                              # 如果存在日期信息
13          print("\nstr(tags[FIELD]):%s"%(str(tags[FIELD])))   # 输出照片拍摄日期信息
14          new_name=str(tags[FIELD]).replace(':', '').replace(' ', '_')+os.path.splitext(filename)[1]
                                                       # 设置新目标文件名称
15          time=new_name.split(".")[0][:13]           # 对文件日期进行分解
16          # 按年、月、日设置文件路径
17          file_dir=imgpath+'/'+time[0:4]+'/'+time[4:6]+'月'+'/'+time[0:8]
18          isfolder=os.path.exists(file_dir)          # 判断文件夹是否存在
19          if not isfolder:                           # 如果文件夹不存在，则创建相应文件夹
20              os.makedirs(imgpath+'/'+time[0:4]+'/'+time[4:6]+'月'+'/'+time[0:8])
21          isfile=os.path.exists(file_dir+'/'+filename)  # 判断文件是否存在
22          if not isfile:
23              shutil.copy(oldfilename,file_dir)      # 复制照片到指定文件夹
```

实战任务

1. 仿一仿，试一试

（1）根据输入的歌曲名称输出歌词。示例代码如下：

```
01  name=input('请输入要查询的歌曲名称：')          # 获取输入的歌曲名称
02  s=open('song.txt','r')                         # 以读取方式打开指定文件
03  txt=s.read()                                   # 读取全部歌词
04  lyric_all=txt.split('\n\n')                    # 以空行对所有歌词进行分隔
05  for i in lyric_all:                            # 循环遍历所有歌词
06      if name in i:                              # 判断歌曲名称是否存在歌词中
07          a=i.replace(' ','\n')                  # 将空格替换为换行
08          print(a)                               # 输出歌词
```

（2）将数据去重后保存到文件中。示例代码如下：

```
01  txt=input('请输入需要去重的字符串：')
02  # 删除字符串中重复数据的函数
03  def delete_duplication(str):
04      result_str=''                              # 结果字符串
05      for char in str:                           # 循环遍历用户输入的字符串
06          if not char in result_str:             # 如果当前的字符不存在，就进行字符串的连接
```

```
07                    result_str+=char
08          return result_str                # 返回结果
09  result_txt=delete_duplication(txt)       # 去重后的字符串
10  f=open('word.txt','w')                   # 以写入的方式打开文件
11  f.write(result_txt)                      # 将信息写入文件
12  f.close()                                # 关闭文件
```

2. 手下留神

删除当前工作目录下的 mrsoft.txt 文件的代码如下：

```
01  import os                                # 导入os模块
02  os.remove("mrsoft.txt")                  # 删除当前工作目录下的mrsoft.txt文件
```

执行上述代码后，如果当前工作目录下存在 mrsoft.txt 文件，即可将其删除，否则将显示图 8.32 所示的异常。

```
    os.remove("mrsoft.txt")      # 删除当前工作目录下的mrsoft.txt文件
FileNotFoundError: [WinError 2] 系统找不到指定的文件。: 'mrsoft.txt'
```

图 8.32　要删除的文件不存在时显示的异常

为解决上述异常，可以在删除文件时，先判断文件是否存在，只有文件存在时才执行删除操作。示例代码如下：

```
01  import os                                # 导入os模块
02  path="mrsoft.txt"                        # 要删除的文件
03  if os.path.exists(path):                 # 判断文件是否存在
04          os.remove(path)                  # 删除文件
05          print("文件删除完毕！")
06  else:
07          print("文件不存在！")
```

案例 59　文件名称批量修改——遍历目录与删除目录

案例描述

案例讲解

生活中常常需要用手机或者相机拍摄照片，通常拍摄的照片是按照拍摄日期+时间来命名的。例如，用某手机拍摄的照片均是以统一头标题“IMG”加上“日期+时间”来命名照片的。例如，照片“IMG_20170529_152552”，其文件命名规则如图 8.33 所示。如果能将照片名称修改为“拍摄地+日期+时间”的形式，在查找照片时就更方便了。

IMG	20170529	152552
头标题	日期	时间
统一头标题	2017年5月29日	15:25:52

图 8.33　原照片命名规则

请编写一个程序，实现按用户输入的时间查找照片，并将相应照片的头标题“IMG”批量重命名为用户输入的旅游地点，如图 8.34 所示。这样用户看到重命名的照片时，就能知道照片是在什么地点、什么时间

拍摄的，输出效果如图 8.35 所示。

名称	修改日期	类型
IMG_20170529_152552	2019/7/15 11:37	JPG 文件
IMG_20170529_152608	2019/7/15 11:38	JPG 文件
IMG_20170529_152631	2019/7/15 11:38	JPG 文件
IMG_20170529_152646	2019/7/15 11:38	JPG 文件
IMG_20170529_152933	2019/7/15 11:37	JPG 文件
IMG_20170529_165131	2019/7/15 11:37	JPG 文件
IMG_20170529_165148	2019/7/15 11:38	JPG 文件

图 8.34　原文件

长春净月潭_20170529_152552
长春净月潭_20170529_152608
长春净月潭_20170529_152631
长春净月潭_20170529_152646
长春净月潭_20170529_152933
长春净月潭_20170529_165131
长春净月潭_20170529_165148

图 8.35　输出修改后的照片

知识点讲解

1. 删除目录

删除目录可以使用 os 模块提供的 rmdir()函数实现。使用 rmdir()函数删除目录时，只有当要删除的目录为空时才起作用。rmdir()函数的语法格式如下：

```
os.rmdir(path)
```

其中，path 为要删除的目录，可以使用相对路径，也可以使用绝对路径。

例如，删除“C:\demo\test\dir\mr”目录的代码如下：

```
01  import os
02  os.rmdir("C:\\demo\\test\\dir\\mr")          # 删除“C:\demo\test\dir\mr”目录
```

执行上述代码后，将删除“C:\demo\test\dir”目录下的 mr 子目录。

如果要删除的目录不存在，那么将抛出“FileNotFoundError: [WinError 2] 系统找不到指定的文件。”异常。因此，在执行 os.rmdir()函数前，建议先判断要删除的目录是否存在，可以使用 os.path.exists()函数来判断。示例代码如下：

```
01  import os
02  path="C:\\demo\\test\\dir\\mr"                # 指定要删除的目录
03  if os.path.exists(path):                     # 判断目录是否存在
04      os.rmdir("C:\\demo\\test\\dir\\mr")      # 删除目录
05      print("目录删除成功！")
06  else:
07      print("该目录不存在！")
```

使用 rmdir()函数只能删除空的目录，如果想要删除非空目录，则需要使用 Python 内置的标准模块 shutil 中的 rmtree()函数实现。例如，删除不为空的“C:\demo\test”目录的代码如下：

```
01  import shutil
02  shutil.rmtree("C:\\demo\\test")              # 删除“C:\demo”目录下的test子目录及其内容
```

2. 遍历目录

“遍历”在古汉语中的意思是全部走遍，到处周游。在 Python 中，“遍历”的意思与古汉语中的相似，就是将指定目录下的全部目录（包括子目录）及文件浏览一遍。在 Python 中，os 模块的 walk()函数用于实现遍历目录的功能。walk()函数的语法格式如下：

```
os.walk(top[, topdown][, onerror][, followlinks])
```

参数说明如下。

☑ top：用于指定要遍历内容的根目录。

☑ topdown：可选参数，用于指定遍历的顺序，如果值为 True，则表示自上而下遍历（先遍历根目录）；

如果值为 False，则表示自下而上遍历（先遍历最后一级子目录）。其默认值为 True。

☑ onerror：可选参数，用于指定错误处理方式，默认为忽略，如果不想忽略，可以指定一个错误处理函数。通常情况下采用默认方式。

☑ followlinks：可选参数，默认情况下，walk()函数不会向下转换成解析到目录的符号链接，将该参数值设置为 True，用于指定在支持的系统上访问由符号链接指向的目录。

☑ 返回值：一个包括 3 个元素的元组生成器对象（dirpath，dirnames，filenames），其中，dirpath 表示当前遍历的目录，是一个字符串；dirnames 表示当前目录下包含的子目录，是一个列表；filenames 表示当前目录下包含的文件，也是一个列表。

例如，遍历指定目录“E:\program\Python\Code\01”的代码如下：

```
01  import os                                              # 导入os模块
02  tuples=os.walk("E:\\program\\Python\\Code\\01")        # 遍历“E:\program\Python\Code\01”目录
03  for tuple1 in tuples:                                  # 通过for循环输出遍历结果
04      print(tuple1, "\n")                                # 输出每一级目录的元组
```

遍历当前目录下的文件和目录的代码如下：

```
01  import os                                              # 导入os模块
02  for root, dirs, files in os.walk("."):                 # 遍历当前目录下的路径、目录和文件
03      print(dirs)                                        # 遍历目录
04      print(files)                                       # 遍历文件
```

案例实现

实现代码如下：

```
01  import tkinter as tk                                   # 导入tkinter模块
02  import os                                              # 导入os模块
03  import tkinter.filedialog                              # 导入tkinter.filedialog模块
04
05  def select_file():                                     # 选择文件夹
06      global a
07      a=tk.filedialog.askdirectory()
08      txt.set(a)                                         # 显示文件夹路径
09  def rename():                                          # 文件重命名
10      global a
11      path=a                                             # 设置文件夹路径
12      fileList=os.listdir(path)                          # 获取指定文件夹下的所有文件，并存入列表
13      n=150000                                           # 文件起始编号
14      for i in fileList:                                 # 遍历文件
15          # 原文件名
16          name=path+os.sep+i                             # 使用os.sep添加系统分隔符
17          # 批量修改文件名
18          newname=path+os.sep+'长春净月潭_20170529_'+str(n+1)+'.JPG'
19          os.rename(name,newname)                        # 用os模块中的rename()函数对文件重命名
20          print(name,'===>',newname)
21          n+=1
22  # 设置窗口
23  main=tk.Tk()
24
25  main.geometry('400x120')                               # 设置窗口的大小
```

```
26  main.title('按日期批量修改文件名称')                # 设置标题栏
27  txt=tk.StringVar()
28  txt_entry=tk.Entry(main, width=55, textvariable=txt)
29  txt_entry.pack()
30  button1=tk.Button(main,width=10, height=1,text='选择文件夹',fg='red',bg='yellow',command=
    select_file).place(x=30, y=50)
31  button2=tk.Button(main,width=10, height=1,text='批量重命名',fg='red',bg='green',command=
    rename).place(x=120, y=50)
32  main.mainloop()                                      # 执行主循环
```

实战任务

（1）遍历当前目录 mingri 文件夹下所有的文件夹和文件。示例代码如下：

```
01  import os                                            # 导入os模块
02  fileall=""
03  dirall=""
04  for root, dirs, files in os.walk(".\\mingri\\"):    # 遍历当前目录mingri文件夹下所有的路径、文件夹和文件
05      for dir in dirs:                                 # 遍历文件夹
06          dirall+=dir+"\n"
07      for file in files:                               # 遍历文件
08          fileall+=file+"\n"
09  print("当前目录mingri文件夹下所有文件夹：\n"+dirall)
10  print("当前目录mingri文件夹下所有文件：\n"+fileall)
```

（2）输出当前目录下所有的.gif 文件。示例代码如下：

```
01  import os                                            # 导入os模块
02  import os.path                                       # 导入os.path模块
03  for root, dirs, files in os.walk("."):               # 遍历当前目录下的路径、文件夹和文件
04      for file in files:                               # 在文件中遍历
05          new=os.path.splitext(file)                   # 分解文件名和扩展名
06          if new[1]==".gif":                           # 如果是.gif文件
07              print(file)
```

PART 09

第9章 函数

本章要点

- 自定义函数
- 函数参数传递
- 函数的返回值
- 局部变量和全局变量

■ 在编写代码时，有时某段代码需要使用多次，那么就需要将该段代码进行多次复制和粘贴，这种做法势必会影响开发效率，因此在实际项目开发中其并不可取。如果我们想多次使用某段代码，应该怎么做呢？在Python中可以使用函数来达到这个目的。我们把实现某一功能的代码定义为一个函数，在需要使用它时，随时调用即可，十分方便。本章将结合具体案例对函数的相关内容进行详细介绍。

案例 60　强力球彩票——使用自定义函数

案例描述

强力球彩票始于 1991 年，是美国非常受欢迎的彩票玩法之一。美国 44 个州和维京群岛都有强力球彩票出售。强力球彩票玩法是从 69 个白球中选出 5 个，再从 26 个红球中选出 1 个，若 6 个号码全中即可中得头等奖，头等奖获得者的奖金通常是几亿美元。

请编写一个程序，根据用户输入的彩票投注注数，生成对应的强力球彩票号码，输出效果如图 9.1 所示。

```
请输入强力球彩票注数：
6
--- 强力球彩票 ---
==================
52 21 31 23 58  20
14 23 27 53 16  10
15 55 08 13 58  06
30 46 09 18 41  15
10 35 44 14 43  15
06 44 15 25 48  22
```

图 9.1　输出效果

知识点讲解

在 Python 中，函数的应用非常广泛。前文已经多次提及函数，如 input()、print()、str()、range()、len()等，这些都是 Python 的内置函数，可以直接使用。除了可以直接使用的内置函数外，Python 还支持自定义函数，即将一段有规律的、可重复使用的代码定义为函数，从而达到一次编写、多次调用的目的。

len()函数可以直接获得一个字符串的长度。但如果没有 len()函数，就需要编写代码来实现此功能。此功能可以使用以下代码实现：

```
01  count=0
02  for item in "www.mingrisoft.com":
03      count+=1
04  print(count)
```

上述代码和 len()函数实现的效果是一样的。如果能把一些重复的、经常使用的代码定义为函数，就可以通过调用这些函数来提高编程效率。下面介绍如何创建函数和调用函数。

1. 创建函数

创建函数（也称为定义函数）可以理解为创建一个具有某种用途的工具，使用 def 关键字实现，语法格式如下：

```
def functionname([parameterlist]):
    ['''comments''']
    [functionbody]
```

说明如下。

☑ functionname：表示函数名称，在调用函数时使用。

☑ parameterlist：可选参数，用于指定向函数中传递的参数。如果有多个参数，则各参数间使用逗号“,”分隔；如果不指定，则表示该函数没有参数，在调用时，也不用指定参数。

☑ '''comments'''：可选参数，表示为函数指定的注释，注释内容通常用于说明函数的功能、要传递的参数的作用等，是可以为用户提供友好提示和帮助的内容。

☑ functionbody：可选参数，用于指定函数体，即函数被调用后，要执行的功能代码。如果函数有返回值，则可以使用 return 语句返回；如果函数只有函数体，则可以使用 pass 语句占位。

创建函数的目的是重复调用，提高开发效率。例如，定义函数 get_digit()，将输入的字符串中的数字提取出来，代码如下：

```
01 def get_digit(instr):
02     num=""
03 for item in instr:
04     if item.isdigit():
05         num+=item
06 print(num)
```

2. 调用函数

调用函数也就是执行函数。如果把创建函数理解为创建一个具有某种用途的工具，那么调用函数就相当于使用工具。调用函数的语法格式如下：

```
functionname([parametersvalue])
```

说明如下。

☑ functionname：表示要调用的函数名称，必须是已经创建好的函数的名称。

☑ parametersvalue：可选参数，用于指定各个参数的值。如果需要传递多个参数值，则各参数值间使用逗号“,”分隔；如果函数没有参数，则不用输入。

例如，调用刚刚创建的 get_digit()函数，可以使用下面的代码：

```
01 word=input("")
02 get_digit(word)
```

示例输出结果如图 9.2 所示。

```
www.hao123.com
123
```

图 9.2 调用 get_digit ()函数的结果

案例实现

实现代码如下：

```
01 import random
02 def strong(count):
03     print("---强力球彩票---")                          # 程序标题
04     print("==================")                        # 程序标题的修饰线
05     ball=""                                            # 记录投注的强力球号码
06     for i in range(count):
07         white=random.sample(range(1,60),5)              # 生成5个不同的白球号码
08         for item in white:                             # 遍历白球
09             ball+=str(item).zfill(2)+" "               # 把生成的白球统一为两位编码，不够两位的用0补足
10         red=random.choice(range(1,36))                 # 生成一个红球号码
11         ball+=" "+str(red).zfill(2)+"\n"               # 生成一注强力球号码
12     print(ball)                                        # 输出投注的强力球彩票的号码
13 count=int(input('请输入强力球彩票注数：\n'))
14 strong(count)
```

实战任务

1. 仿一仿，试一试

（1）判断用户输入的手机号码是否合法。示例代码如下：

```
01 def phone(num):
02     if num.isdigit():                          # 判断是否为数字类型
03         if len(num)==11:                       # 判断手机号码位数
04             print("输入的手机号码合法！")
05         else:
06             print("输入的手机号码位数有误！")
07     else:
08         print("输入的手机号码含有非法字符！")
09 instr=input("请输入11位手机号码：")
10 phone(instr)
```

（2）将列表中手机号码的中间 5 位数字用星号替换。示例代码如下：

```
01 phone=[19900012345,19199000000,18080001234,19923567891]
02 def rep(temp):
03     num=[]
04     for item in temp:
05         new=str(item)[0:3]+"*****"+str(item)[8:]
06         num.append(new)
07     print("\n".join(num))
08 rep(phone)
```

2. 完善程序

修改本案例代码，输入出生日（如 22）作为红球号码，然后根据输入的彩票投注注数，生成相应的强力球彩票号码。请根据要求补全下面代码：

```
01 import random
02 def strong(count,dirth):
03     print("---强力球彩票---")
04     print("==================")
05     ball=""
06     for i in range(count):
07         white=random.sample(range(1,60),5)
08         for item in white:
09             ball+=str(item).zfill(2)+" "
10         red=________________
11         ball+=" "+red+"\n"
12     print(ball)
13 date=input('请输入您的出生日，如22或者3：\n')
14 count=int(input('请输入强力球彩票注数：\n'))
15 strong(_________,__________)
```

3. 手下留神

使用 random.sample()方法或者 random.choice()方法从数值对象中获取随机数字时，取得的元素如果是数字，则不能直接使用 zfill()方法，否则会出现图 9.3 所示的错误，代码如下：

```
01 white=random.sample(range(1,60),5)
02 for item in white:
03     ball+=item.zfill(2)+" "
```

```
    ball+=item.zfill(2)+" "
AttributeError: 'int' object has no attribute 'zfill'
```

图 9.3　错误提示

数字元素需要通过 str()函数转换为字符串类型后才可以使用 zfill()方法，将上述相应代码修改如下：

```
ball+=str(item).zfill(2)+" "
```

案例 61　星座判断程序——函数参数的传递

案例讲解

案例描述

两千多年前，希腊天文学家希巴克斯为标示太阳在黄道上运行的位置，将黄道带分成 12 个区段，依次对应白羊、金牛、双子、巨蟹、狮子、处女、天秤、天蝎、射手、摩羯、水瓶、双鱼等 12 个星群，且认为地球运转到某星群所占时段出生的婴儿，其星座就是相应的星座。星座标志、星座名称与出生日期的对应关系如表 9.1 所示。

表 9.1　星座标志、星座名称与出生日期的对应关系

标　志	星　座	出生日期（公历）
♑	摩羯座	12 月 22 日～1 月 19 日
♒	水瓶座	1 月 20 日～2 月 18 日
♓	双鱼座	2 月 19 日～3 月 20 日
♈	白羊座	3 月 21 日～4 月 19 日
♉	金牛座	4 月 20 日～5 月 20 日
♊	双子座	5 月 21 日～6 月 21 日
♋	巨蟹座	6 月 22 日～7 月 22 日
♌	狮子座	7 月 23 日～8 月 22 日
♍	处女座	8 月 23 日～9 月 22 日
♎	天秤座	9 月 23 日～10 月 23 日
♏	天蝎座	10 月 24 日～11 月 22 日
♐	射手座	11 月 23 日～12 月 21 日

编写一个程序，实现根据当前日期判断星座，并输出对应星座标志及星座运势的功能，程序运行效果如图 9.4 所示。

```
今天：2020-04-03
星座：白羊座
标志：♈
运势：方向比努力更重要，关注经济环境发展，适当改变。不要与长辈计较，多关心他们。
```

图 9.4　程序运行效果

知识点讲解

在调用函数时，大多数情况下，主调函数和被调用函数之间有数据传递关系，这就是有参数的函数形式。函数参数的作用是传递数据给函数使用，函数利用接收的数据进行具体的操作。

函数参数在定义函数时放在函数名称后面的一对小括号中，如图 9.5 所示。

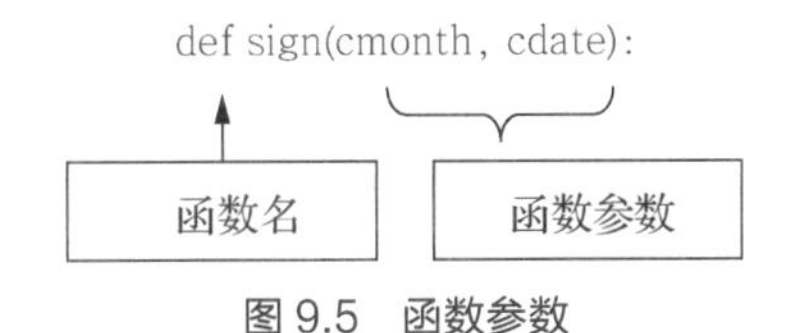

图 9.5　函数参数

1. 形参与实参

在使用函数时，经常会用到形式参数（形参）和实际参数（实参），两者都叫作参数。

形式参数和实际参数在作用上的区别如下。

☑ 形式参数：在定义函数时，函数名后面括号中的参数为“形式参数”，也称为形参。

☑ 实际参数：在调用一个函数时，函数名后面括号中的参数为“实际参数”，也就是函数的调用者提供给函数的参数称为实际参数，也称为实参。

根据实参的类型不同，可以分为将实参的值传递给形参和将实参的引用传递给形参两种情况。其中，当实参为不可变对象时，进行的是值传递；当实参为可变对象时，进行的是引用传递。实际上，值传递和引用传递的基本区别就是，进行值传递后，形参的值改变，而实参的值不变；进行引用传递后，形参的值改变，实参的值也一同改变。

2. 位置参数

位置参数也称为必备参数，必须按照正确的顺序传到函数中。即调用函数时指定的参数的数量和位置必须和定义时的一样，下面分别进行说明。

在调用函数时，指定的实参数量必须与形参数量一致，否则将抛出 TypeError 异常，提示缺少必要的位置参数。

在调用函数时，指定的实参位置必须与形参位置一致，否则将产生以下两种结果。

（1）抛出异常。如果指定的实参与形参的位置不一致，数据类型也不一致，那么就抛出异常。

（2）不抛出异常，但是得到的结果与预期不一致。如果指定的实参与形参的位置不一致，数据类型一致，就不会抛出异常，但是得到的结果与预期不一致。

案例实现

实现代码如下：

```
01  import datetime
02  sdate=[20,19,21,20,21,22,23,23,23,24,23,22]                  # 星座判断列表
03  conts=['摩羯座','水瓶座','双鱼座','白羊座','金牛座','双子座','巨蟹座','狮子座','处女座',
    '天秤座','天蝎座','射手座','摩羯座']
04  signs=['♑','♒','♓','♈','♉','♊','♋','♌','♍','♎','♏','♐','♑']
05  luck={}
06  day=datetime.datetime.today()
07  print("今天："+format(day,"%Y-%m-%d"))
08  with open('star.txt','r',encoding='UTF-8') as file:
09      while True:
```

```
10            line=file.readline()
11            if line=='':
12                break
13            line=line.replace("\n","")
14            group=line.split("：")
15            if len(group)==2:
16                luck[group[0]]=group[1]
17  new=format(day,"%Y-%m-%d").strip(' ')
18  cbir=new.split('-')                                    # 分隔年月日到列表
19  cmonth=str(cbir[1])                                    # 提取月数据
20  cdate=str(cbir[2])                                     # 提取日数据
21  def sign(cmonth,cdate):                                # 判断星座运势函数
22      if int(cdate)<sdate[int(cmonth)-1]:                # 如果日数据早于对应月列表中对应的日期
23          print("星座："+conts[int(cmonth)-1])           # 直接输出星座列表对应月对应的星座
24          print("标志："+signs[int(cmonth)-1])           # 直接输出星座列表对应月对应的标志
25          print("运势："+luck.get(conts[int(cmonth)-1])) # 输出星座对应运势
26      else:
27          print("星座："+conts[int(cmonth)])             # 输出星座列表下一月对应的星座
28          print("标志："+signs[int(cmonth)])             # 输出星座列表下一月对应的标志
29          print("运势："+luck.get(conts[int(cmonth)]))   # 输出星座对应运势
```

实战任务

1. 仿一仿，试一试

（1）计算指定范围内数字的个数与总和。示例代码如下：

```
01  def add(start,end):                                    # 计算指定范围内数字的个数与总和
02      num=range(start,end)
03      lenall=len(num)
04      sumall=sum(num)
05      print("数字个数：",lenall)
06      print("数字之和：",sumall)
07  print(add(12,20))
```

（2）比较输入的 3 个数字的大小，运行结果如图 9.6 所示。

```
请输入 3 个数字，用空格间隔：
27 15 66
比较结果： 66 > 27 >= 15
```

图 9.6 比较 3 个数字大小的运行结果

```
01  def compare(one, two, three):              # 比较3个数的大小
02      if one>=two:
03          if two>=three:
04              print("比较结果：", one, ">=", two, ">=", three)
05          else:
06              if one>=three:
07                  print("比较结果：", one, ">=", three, ">", two)
08              else:
09                  print("比较结果：", three, ">", one, ">=", two)
```

```
10      else:
11          if one>=three:
12              print("比较结果：", two, ">", one, ">=", three)
13          else:
14              if two>=three:
15                  print("比较结果：", two, ">=", three, ">", one)
16              else:
17                  print("比较结果：", three, ">", two, ">", one)
18
19  a, b, c=input("请输入3个数字，用空格间隔：\n").split(" ")
20  compare(int(a), int(b), int(c))
```

2. 阅读程序写结果

```
01  def add(add1,add2):                          # 计算指定范围内数字的和
02      add1+=add2
03      if add1%2==0:
04          add2+=add1
05          print(add2)
06      else:
07          add1+=add2
08          print(add1)
09  a,b=input("请输入2个数字，用空格间隔：\n").split(" ")
10  add(int(a),int(b))
```

输入：7 5

输出：__________

案例讲解

案例62 IQ测试——函数的返回值

案例描述

智商即智力商数（Intelligence Quotient），是衡量个人智力高低的标准。20世纪初，法国心理学家比奈（Alfred Binet）和他的学生编制了世界上第一套智力量表，这套智力量表将一般人的平均智商定为100，而正常人的智商，根据这套测验，大多在85到115之间。后来，这套智力量表被介绍到美国并修订为斯坦福-比奈智力量表，该表使用心理年龄与生理年龄之比作为评定智力水平的指数，这个比被称为智力商数。智商主要反映人的认知能力、思维能力、语言能力、观察能力、计算能力、律动能力等，也就是说，它主要表现人的理性能力。智商可以通过一系列的标准测试评价相应年龄段的智力发展水平，表9.2所示为9级智商评测标准。

表9.2 9级智商评测标准

分数	140以上	120～140	110～119	90～109	80～89	70～79	60～69	50～59	<50
等级	智商9级	智商8级	智商7级	智商6级	智商5级	智商4级	智商3级	智商2级	智商1级
类别	天才	精英	人才	聪慧	凡人	临界	轻度智力缺陷	中度智力缺陷	重度智力缺陷

请编写一个程序，实现根据提供的30道测试题测试智商的效果，程序运行效果如图9.7所示。每题回

答正确加 6 分，回答错误不加分。回答完毕根据总分和表 9.2 输出答题者的智商等级和所属类别，如图 9.8 和图 9.9 所示。

```
====================== 智力测试 ======================
----------------------------------------------------------
约翰（男）的妹妹数了一下兄弟姐妹的人数，发现自己的姐妹比兄弟多2人，问约翰的姐妹比他的兄弟多几人？
1.5人
2.4人
3.3人
4.2人
5.1人

请输入正确答案前面的数字编号：2
找出与众不同的一个：
1. 金
2. 锡
3. 银
4. 铁
5. 钢
请输入正确答案前面的数字编号：5
```

图 9.7　智商测试题

```
您的IQ测试成绩为：  144 智商9级：天才
```

图 9.8　根据分数输出智商等级与类别（a）

```
您的IQ测试成绩为：  72 智商4级：临界
```

图 9.9　根据分数输出智商等级与类别（b）

知识点讲解

在 Python 中，可以在函数体内使用 return 语句为函数指定返回值。该返回值可以是任意类型的，并且无论 return 语句出现在函数的什么位置，只要执行，就会直接结束函数的执行。return 语句的语法格式如下：

```
result=return [value]
```

说明如下。

☑ result：用于保存返回结果，如果返回一个值，那么 result 中保存的就是返回的一个值，该值可以是任意类型的；如果返回多个值，那么 result 中保存的就是一个元组。

☑ value：可选参数，用于指定要返回的值，可以返回一个值，也可以返回多个值。

当函数中没有 return 语句，或者省略了 return 语句的参数时，将返回 None，即返回空值。

例如，定义一个函数 test()，用于判断用户输入的分数属于优秀、良好、及格还是不及格。在函数体外调用该函数，并获取返回值的代码如下：

```
01 def test(count):
02     if count>=90:
03         msg="你的成绩为优秀!"
04     elif count>=75:
05         msg="你的成绩为良好!"
06     elif count>=60:
07         msg="你的成绩为及格！"
08     else:
```

```
09              msg="你的成绩为不及格！"
10          return msg
11  print(test(int(input("请输入你的考试分数："))))
```

运行程序，输入 98，输出结果如图 9.10 所示。

```
请输入你的考试分数：98
你的成绩为优秀!
```

图 9.10　输出结果

其实可以在函数内不同位置给出不同的多个返回值，但最终只能返回一个值。例如，上述代码可以修改为在各条件判断语句中分别返回分数对应的类别。代码如下：

```
01  def test(count):
02      if count>=90:
03          return "你的成绩为优秀!"
04      elif count>=75:
05          return "你的成绩为良好!"
06      elif count>=60:
07          return "你的成绩为及格!"
08      else:
09          return "你的成绩为不及格!"
10  print(test(int(input("请输入你的考试分数："))))
```

案例实现

实现代码如下：

```
01  def readfile(path,filename):                    # 通过path和filename读取指定路径的文件
02      str=""
03      with open(path+"\\"+filename,'r',encoding='UTF-8') as file:
04          while True:
05              line=file.readline()                # 按行读取文件内容
06              if line=='':
07                  break
08              str+=line
09      return str                                  # 返回读取的内容
10  def judge(file,xans,count):                     # 判断用户输入的答案与正确答案是否一致的函数
11      ans=readfile("ans",file)                    # 读取测试题对应的答案
12      if ans==xans:                               # 如果答案一致，加6分
13          count+=6
14      return count                                # 返回总分
15  def go(iq):                                     # 判断智商水平的函数
16      if iq>=140:
17          iqis="智商9级：天才"
18      elif 140>iq>=120:
19          iqis="智商8级：精英"
20      elif 120>iq>=110:
21          iqis="智商7级：人才"
22      elif 110>iq>=90:
```

```
23            iqis="智商6级：聪慧"
24        elif 90>iq>=80:
25            iqis="智商5级：凡人"
26        elif 80>iq>=70:
27            iqis="智商4级：临界"
28        elif 70>iq>=60:
29            iqis="智商3级：轻度智力缺陷"
30        elif 60>iq>=50:
31            iqis="智商2级：中度智力缺陷"
32        else:
33            iqis="智商1级：重度智力缺陷"
34        return iqis                          # 返回智商评价
35    add=0
36    print(format("智力测试","=^50"))
37    print("-"*54)
38    print("说明：测试时间：30分钟，测试题数：30")
39    for i in range(1,31):
40        quefile="que"+str(i)+".txt"
41        print(readfile("que",quefile))
42        ans=input("请输入正确答案前面的数字编号：")
43        ansfile="ans"+str(i)+".txt"
44        total=judge(ansfile,ans,add)
45        add=total
46    print("您的IQ测试成绩为：",total,go(total))
```

实战任务

1. 仿一仿，试一试

（1）定义函数 count()，统计在指定的整数范围内数字 3 出现的次数。示例代码如下：

```
01    def count(start,end):
02        i=0
03        for item in range(start,end+1):
04            for it in str(item):
05                if it=="3":
06                    i+=1
07        return i
08    print(count(1,100))
```

（2）定义函数 sum_3()，计算从 1 到指定输入数字中可以被 3 整除的所有数的和。示例代码如下：

```
01    def sum_3(num):
02        add=0
03        for item in range(num):
04            if item%3==0:
05                add+=item
06        return add
07    num=int(input("请输入一个整数:"))
08    print(sum_3 (num))
```

2. 完善程序

修改本案例代码，实现随机出题，随机测试的效果。请将下方代码补全：

```
01 add=0
02 print(format("智力测试","=^50"))
03 print("-"*54)
04 num=[str(i) for i in range(1,31)]
05 while ________>0:
06         ______=random.choice(num)
07         quefile="que"+str(i)+".txt"
08         print(readfile("que",quefile))
09         ans=input("请输入正确答案前面的数字编号：")
10         ansfile="ans"+str(i)+".txt"
11         total=judge(ansfile,ans,add)
12         add=total
13         num.remove(______)
14 print("您的IQ测试成绩为：",total,go(total))
```

案例 63　身份证号码批量生成——在函数中使用局部变量

案例描述

案例讲解

我国的居民身份证号码都是唯一的，第二代身份证号码为 18 位，前 6 位为区域代码，其中前两位为省级行政单位编号，第 3、4 位为城市代码，第 5、6 位为区县代码；第 7～14 位为出生日期，其中第 7～10 位为出生年，第 11～12 位为出生月，第 13～14 位为出生日期；第 15～17 位数字表示户籍所在地同日出生的顺序码；第 17 位数字表示性别，奇数表示男性，偶数表示女性；第 18 位数字是校检码，校检码可以是 0～10 的数字，如果是 10 则用字母 X 表示。根据以上规则编写程序，实现根据输入的身份证号码判断对应人所属的省级行政单位、出生日期和性别。例如，输入身份证号码“11022920030705122X”，可以判断出对应人所属地区为北京市延庆县，出生日期是 2003 年 7 月 5 日，性别是女。居民身份证各数字位的含义如图 9.11 所示。

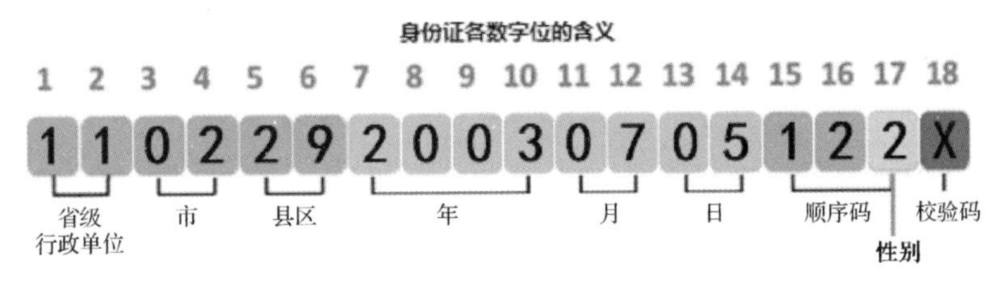

图 9.11　居民身份证各数字位的含义

在编写或测试程序时，经常需要生成一些虚拟的数据，以实现对程序的调试。请编写一个程序，实现根据输入的身份证号码生成数量，批量生成相应的虚拟身份证号码，运行效果如图 9.12 所示。

```
====身份证号码批量生成系统====
******************************
请输入要生成的身份证号码数量：5
430412319940918051 6
231222319740806167 7
130530120020702795 1
140900119711014695 6
130530119821023595 0
231222319881212661 7
```

图 9.12　运行效果

知识点讲解

局部变量是指在函数内部定义并使用的变量，它只在函数内部有效。即函数内部的变量只在函数运行时才会创建，在函数运行之前或之后，所有的内部变量都不存在。定义一个名称为 five 的函数，用于计算在 0 到用户输入的数字之间，一共有多少个能被 5 整除的数，在函数内部需要定义一个局部变量 count，用于记录能被 5 整除的数的个数，代码如下：

```
01 def five(num):
02     count=0
03     for i in range(0,num+1):
04         if i%5==0:
05             count+=1
06     print("0到{0}能被5整除的数有{1}个".format(num,count))
07 res=int(input("请输入数的上限："))
08 five(res)
```

运行程序，输出效果如图 9.13 所示。

```
请输入数的上限：45
0到45能被5整除的数有10个
```

图 9.13　输出效果

局部变量只在函数内部有效，在函数外部无效。如果在函数内部和外部都定义了同名的变量，那么它们代表的是不同的变量值。例如，定义一个函数 total()，用于计算 0 到指定值的和，在该函数内部定义一个 count 变量，用于计算所有数的和；在该函数的外部定义一个 count 变量（值为 20）的代码如下：

```
01 count=20
02 def total(num):
03     count=0
04     for i in range(0,num+1):
05         count+=i
06     print("函数内部count的值为：",count)
07 total(100)
08 print("函数外部count的值为：",count)
```

运行程序，输出效果如图 9.14 所示。

```
函数内部count的值为： 5050
函数外部count的值为： 20
```

图 9.14　函数内外部同名变量的输出效果

如果在函数外部没有定义变量，直接使用函数内部定义的变量，就会抛出 NameError 异常。例如定义函数 add()，用于计算指定两个数之间所有整数的和（包括这两个数），函数内部定义了 count 变量用于计算所有数的和，在函数外部直接调用变量 count 的代码如下：

```
01 def add(num1,num2):
02     count=0
03     for i in range(num1,num2+1):
04         count+=i
05     return count
```

```
06  print("函数内部count的值为：",add(10,100))
07  print(count)
```

运行代码，将显示图 9.15 所示的异常。

```
    print(count)
NameError: name 'count' is not defined
```

图 9.15　要访问的变量不存在

案例实现

实现代码如下：

```
01  import random
02  import time
03
04  card=[]                                                    # 存储身份证号码的前6位区域编号
05
06
07  def opefile():
08      with open('sfz.txt', 'r', encoding='UTF-8') as file:   # 打开存储区域信息的文件
09          while True:
10              line=file.readline()
11              if line=='':
12                  break
13              card.append(line[0:7])                         # 读取前6位信息
14
15
16  def region():                                              # 随机在区域编号列表中选择区域编号的函数
17      opefile()                                              # 调用区域编号读取函数
18      first=random.choice(card)                              # 随机在区域编号列表中选择区域编号
19      return first
20
21
22  def birth():                                               # 随机产生出生日期信息的函数
23      now=time.strftime('%Y')                                # 读取当前年份信息
24      year=str(random.randint(1948, int(now)-15))            # 随机产生年份信息
25      month=str(random.randint(1, 12)).zfill(2)              # 随机产生月份信息
26      if month in ["1", "3", "5", "7", "8", "10", "12"]:     # 根据大月（31天）产生随机日期
27          day=random.randint(1, 31)
28      elif month in ["4", "6", "9", "11"]:                   # 根据小月（30天）产生随机日期
29          day=random.randint(1, 30)
30      else:
31          day=random.randint(1, 29)                          # 对2月产生随机日期
32      day=str(day).zfill(2)
33      return year+month+day
34
35
36  def order():                                               # 随机生成身份证号码后4位的函数
```

```
37          randis=str(random.randint(1, 9999)).zfill(4)
38          return randis
39
40
41
42  print("======身份证批量生成系统======")
43  print("*"*30)
44  count=int(input("请输入要生成的身份证号码数量："))
45  for i in range(count+1):
46          rancard=region()+birth()+order()
47          print(rancard)
```

实战任务

仿一仿，试一试

（1）输入一个身份证号码，输出出生日期和性别。示例代码如下：

```
01  def card(idcard):
02          if instr[:17].isdigit() and len(instr)==18:
03                  print('你的生日是:'+instr[6:10]+'年'+instr [10:12]+'月'+instr[12:14]+'日')
04                  gender='女' if int(instr[16])%2==0 else '男'
05                  print('你的性别是:'+gender )
06          else:
07                  print("身份证号码输入有误，请重新输入！")
08  instr=input('请输入您的身份证号码:\n')
09  card(instr)
```

（2）编写一个简单的掷骰子猜点数游戏，程序随机输出一个骰子点数，让用户猜。例如，猜中则提示用户“恭喜你，猜对了!竞猜的点数为：5”；猜错则提示用户“竞猜失败，竞猜的点数为：4”。运行效果如图 9.16 和图 9.17 所示。

```
==========猜点数游戏=========
****************************
骰子已掷出，点数为*
请猜一猜骰子的点数！
5
恭喜你，猜对了！竞猜的点数为： 5
```

图 9.16　竞猜成功

```
==========猜点数游戏=========
****************************
骰子已掷出，点数为*
请猜一猜骰子的点数！
3
竞猜失败，竞猜的点数为： 4
```

图 9.17　竞猜失败

示例代码如下：

```
01  import random
02  print("==========猜点数游戏=========")
03  print("****************************")
04  def get(x):
05          num=input("请猜一猜骰子的点数！ \n")
06          if int(num)==x:
07                  print("恭喜你，猜对了！竞猜的点数为：",luck)
08          else:
09                  print("竞猜失败，竞猜的点数为：",luck)
10  luck=random.choice(range(1,7))
```

```
11  print("骰子已掷出，点数为*")
12  get(luck)
```

案例 64　掷骰子游戏——在函数中使用全局变量

案例描述

最常见的骰子是六面骰，为立方体，每面分别有 1～6 个孔（或数字），其相对两面数字之和必为 7，如图 9.18 所示。掷骰子猜大小是民间骰子游戏中最常见的玩法。

图 9.18　常见骰子点数

编写一个人机对话的掷骰子游戏，实现在玩家选择大或者小之后计算机（按概率）也选择大或者小，玩家单击“开始”按钮，程序开始投掷骰子，根据骰子点数的和，判断玩家和计算机谁是赢家。运行效果如图 9.19 所示。

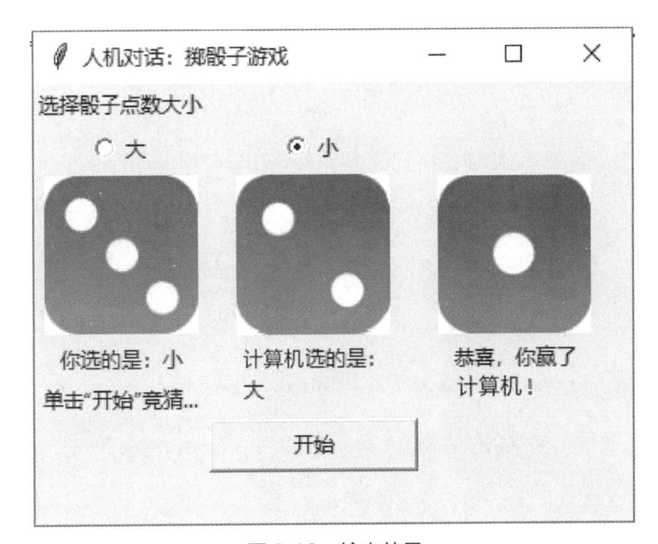

图 9.19　输出效果

知识点讲解

在程序开发中，有时需要在函数外设定变量的初始值，然后在函数内对其进行访问、修改，这就需要定义全局变量。函数内外都可以访问的变量叫作全局变量。全局变量主要有以下两种情况。

（1）如果一个变量是在函数外定义的，那么该变量不仅在函数外可以访问到，在函数内也可以访问到。

例如，定义全局变量 msg1、msg2、msg3、msg4，然后定义函数 judge()，在该函数内根据输入成绩输出全局变量 msg1、msg2、msg3、msg4 的值，代码如下：

```
01  result=int(input("请输入一个分数："))
02  msg1="成绩优秀"
```

```
03  msg2="成绩良好"
04  msg3="成绩及格"
05  msg4="成绩不及格"
06
07  def judge(num):
08      if num>=90:
09          print(msg1)
10      elif num>=80:
11          print(msg2)
12      elif num>=60:
13          print(msg3)
14      elif:
15          print(msg4)
16  judge(result)
```

运行上面的代码，分别输入成绩“89”和“45”，运行结果如图 9.20 和图 9.21 所示。

```
请输入一个分数：89
成绩良好
```

图 9.20　输入“89”的输出效果

```
请输入一个分数：45
成绩不及格
```

图 9.21　输入“45”的输出效果

在函数体外定义的全局变量，只能访问，不能修改。例如，定义全局变量 count，定义函数 add()，在函数内对 count 进行修改赋值，运行程序，将提示图 9.22 所示的错误。代码如下：

```
01  count=10
02  def add(x):
03      count+=x
04  add(6)
05  print(count)
```

```
    count+=x
UnboundLocalError: local variable 'count' referenced before assignment
```

图 9.22　在函数内修改全局变量时的错误提示

（2）如果在函数体内使用 global 关键字定义变量为全局变量，那么在函数体外也可以访问该变量，并且在函数体内可以对变量进行修改。例如，上面定义的函数 add()，在函数内使用 global 对变量 count 进行声明，运行程序，结果如图 9.23 所示。代码如下：

```
01  count=10
02  def add(x):
03      global count                    # 将count定义为全局变量
04      count+=x
05  add(6)
06  print(count)
```

```
16
```

图 9.23　运行效果

案例实现

实现代码如下：

```
01  from tkinter import*                        # 导入tkinter模块
02  from tkinter.messagebox import*             # 导入tkinter消息对话框
03  import random                               # 导入随机因子模块
04  import time                                 # 导入时间模块
05
06  root=Tk()                                   # 建立根窗口
07
08
09  def call():                                 # 骰子动态随机输出
10      global image1                           # 骰子1
11      global image2                           # 骰子2
12      global image3                           # 骰子3
13      global count
14      global add
15      global flag
16      flag=False
17      num=random.choice(range(1, 7))          # 为第一个骰子产生随机数
18      img=str(num)+"t.png"
19        img='touzi/'+img
20        image1=PhotoImage(file=img)
21        label=Label(root, image=image1).grid(column=0, row=2)
22        add=num
23
24        num=random.choice(range(1, 7))        # 为第二个骰子产生随机数
25        img=str(num)+"t.png"
26        img='touzi/'+img
27        image2=PhotoImage(file=img)
28        labe2=Label(root, image=image2).grid(column=1, row=2)
29        add+=num
30
31        num=random.choice(range(1, 7))        # 为第三个骰子产生随机数
32        img=str(num)+"t.png"
33        img='touzi/'+img
34        image3=PhotoImage(file=img)
35        labe3=Label(root, image=image3).grid(column=2, row=2)
36
37        add+=num
38        count+=1
39        if count<20:                          # 动态输出20次效果
40            root.after(100, call)
41        else:
42            judge()                           # 调用判断函数
43
44
45  def option_value():                         # 用户选择大或小
```

```
46        global value
47        global big
48        global little
49        global s_sel
50        if cvar.get()==1:
51            value="大"
52        else:
53            value="小"
54        labe4=Label(root, text="你选的是："+value).grid(column=0, row=3)
55        s_sel=sys_value(big, little)
56        return value
57
58
59    def sys_value(value1, value2):                # 电脑选择大或小
60        if value1<=value2:
61            labe5=Label(root, text="电脑选的是：大").grid(column=1, row=3)
62            return "大"
63        else:
64            labe5=Label(root, text="电脑选的是：小").grid(column=1, row=3)
65            return "小"
66
67
68    def judge():                                  # 判断用户和电脑谁赢
69        global big
70        global little
71        global s_sel
72        global y_sel
73        global count
74        global add
75        if add>10:
76            big+=1
77            if y_sel=="大":
78                if s_sel=="小":
79                    labe6=Label(root, text="恭喜，你赢了电脑！").grid(column=2, row=3)
80                else:
81                    labe6=Label(root, text="哦，你和电脑打平了！").grid(column=2, row=3)
82            else:
83                if s_sel=="大":
84                    labe6=Label(root, text="哦耶，电脑赢了！").grid(column=2, row=3)
85                else:
86                    labe6=Label(root, text="哦，你和电脑都输了！").grid(column=2, row=3)
87        else:
88            little+=1
89            if y_sel=="大":
90                if s_sel=="小":
91                    labe6=Label(root, text="哦耶，电脑赢了！").grid(column=2, row=3)
92                else:
93                    labe6=Label(root, text="哦，你和电脑都输了！").grid(column=2, row=3)
94            else:
```

```
95                if s_sel=="大":
96                    labe6=Label(root, text="恭喜，你赢了电脑！").grid(column=2, row=3)
97                else:
98                    labe6=Label(root, text="哦，你和电脑打平了！").grid(column=2, row=3)
99
100
101 def start():  # 开始游戏
102     global y_sel
103     global count
104     count=0
105     y_sel=option_value()
106     labe4=Label(root, text="你选的是："+y_sel).grid(column=0, row=3)
107     call()
108
109
110 root.title('人机对话：掷骰子游戏')
111 root.wm_attributes('-topmost', 1)
112 root.geometry('350x250')
113 big=0
114 little=0
115 count=0
116 title=Label(root, text="选择骰子点数大小").grid(column=0, row=0)
117 cvar=IntVar()
118 cvar.set('1')
119 Radiobutton(root, text="大", variable=cvar, value=1, command=option_value).grid(column=0, row=1)
120 Radiobutton(root, text="小", variable=cvar, value=0, command=option_value).grid(column=1, row=1)
121 image1=PhotoImage(file='touzi/6t.png')
122 label=Label(root, image=image1).grid(column=0, row=2)
123 image2=PhotoImage(file='touzi/6t.png')
124 labe2=Label(root, image=image2).grid(column=1, row=2)
125 image3=PhotoImage(file='touzi/6t.png')
126 labe3=Label(root, image=image3).grid(column=2, row=2)
127 labe4=Label(root, text="你选的是："+option_value()).grid(column=0, row=3)
128 labe5=Label(root, text="电脑选的是："+s_sel).grid(column=1, row=3)
129 title2=Label(root, text="单击\"开始\"竞猜…").grid(column=0, row=4)
130 startButton=Button(root, height=1, width=10, text="开始", command=start).grid(column=1, row=5)
```

实战任务

（1）计算0到指定数字（包含指定数字）范围内的偶数和。示例代码如下：

```
01  count=0                          # 初始化count为0
02  def even(num):                   # 计算0～num的偶数和
03      global count                 # 将count定义为全局变量
04      for i in range(0,num+1):
05          if i%2==0:
06              count+=i
07      print("0到"+str(num)+"的偶数和：",count)
08  res=int(input("请输入数的上限："))
09  even(res)
```

（2）某在线商城进行会员超值商品限购，限购名额为 50，输入会员卡号（5 位，如 M0001）和购买数量，实时输出目前会员购买商品的数量（升序排列）。如果总计数量超过 1000 件，则用 Windows 系统提供的声音“SystemHand”进行提示；如果低于或等于 1000 件，则用 Windows 系统提供的声音“SystemDefault”进行提示。示例代码如下：

```
01 import winsound                          # 导入系统的声音模块
02
03 stud={}                                  # 会员购物字典
04 total=0                                  # 会员购物总数量
05
06
07 def add(x, y):                           # 添加会员和购物数量并按升序排列、计算总购物数量
08     global total
09     stud[x]=int(y)
10     total+=int(y)
11     up=sorted(stud.items(), key=lambda x: x[1])  # 升序排列
12     for item in up:
13         print(item[0], item[1], end='\n')
14
15
16 def msg():                               # 声音提示函数
17     global total
18     if total>1000:
19         winsound.PlaySound("SystemHand", winsound.SND_ALIAS)
20     else:
21         winsound.PlaySound("SystemDefault", winsound.SND_ALIAS)
22
23
24 while len(stud)<=50:                     # 限购50人
25     name, money=input("请输入会员卡号和购买数量，并用英文逗号间隔:").split(",")
26     add(name, money)
27     msg()
28     print("目前会员订购数量:", total)
```